环境工程综合实验指导书

主　审　冯　涛

主　编　张惠灵　龚　洁

副主编　范先媛　陈永亮

华中科技大学出版社

中国·武汉

内容提要

本书针对环境工程专业实验教学目标的要求，设置了三种不同层次的实验：基础性实验、综合性实验以及创新性实验。本书内容包括：环境化学、环境工程微生物学、环境监测、水污染控制工程、大气污染控制工程、噪声污染控制、固体废物处理与处置对应的实验项目以及与实践环节对应的环境仿真实验。

本书可作为高等学校环境工程、环境科学及其他相关专业的实验教材，也可供环境工程领域科研和工程技术人员参考。

图书在版编目(CIP)数据

环境工程综合实验指导书/张惠灵，龚洁主编. —武汉：华中科技大学出版社，2019.6
全国高等院校环境科学与工程统编教材
ISBN 978-7-5680-5201-6

Ⅰ.①环…　Ⅱ.①张…　②龚…　Ⅲ.①环境工程-实验-高等学校-教材　Ⅳ.①X5-33

中国版本图书馆 CIP 数据核字(2019)第 091852 号

环境工程综合实验指导书
Huanjing Gongcheng Zonghe Shiyan Zhidaoshu
张惠灵　龚洁　主编

策划编辑：王新华
责任编辑：李　佩　王新华
封面设计：潘　群
责任校对：李　琴
责任监印：周治超
出版发行：华中科技大学出版社(中国·武汉)　电话：(027)81321913
武汉市东湖新技术开发区华工科技园　邮编：430223
录　排：武汉正风天下文化发展有限公司
印　刷：武汉华工鑫宏印务有限公司
开　本：787mm×1092mm　1/16
印　张：15
字　数：390 千字
版　次：2019 年 6 月第 1 版第 1 次印刷
定　价：38.00 元

本书若有印装质量问题，请向出版社营销中心调换
全国免费服务热线：400-6679-118　竭诚为您服务
版权所有　侵权必究

前　言

随着党中央、国务院对生态环境保护工作的日益重视，社会对环境工程专业人才的需求也在逐渐增加，同时对环境工程专业人才的综合素质也提出了更高的要求。实验教学是环境工程学科重要的实践环节，是培养具有工程应用能力和创新意识的高素质环境工程专业人才的重要手段。本书以能力培养为核心，将环境工程专业课程与工程实际问题相结合，设置基础性、综合性、创新性三种不同层次的实验；利用环境仿真软件实操加深学生对水污染控制工程、大气污染控制工程、固体废弃物处理与处置工艺等基本理论的理解，培养学生设计实验方案、使用实验仪器设备、分析与处理实验数据的基本技能，提升学生专业技能和工程应用能力，使其在就业中体现出良好的竞争优势。

本书按照教育部环境科学与工程教学指导委员会提出的环境工程本科教学规范编写，内容包括绪论、环境化学实验、环境工程微生物学实验、水污染控制实验、大气污染控制实验、固体废物处理与处置实验、噪声污染控制实验、环境监测实验、环境仿真实验等。为加强学生科研创新能力的培养，设置了基础性、综合性、创新性三种不同层次的实验，实验标题中标注有“Δ”号的为综合性实验，标注有“*”号的为创新性实验。

本书由武汉科技大学张惠灵、龚洁担任主编，范先媛、陈永亮担任副主编，武汉科技大学冯涛教授主审。本书在编写过程中得到了武汉科技大学资源与环境工程学院领导与各系教师的帮助与支持，蒋炘鑫、胡传智、田立欣、周华、陈博彧、代馨悦、王文沛、喻红艳、蒋杉等同学参与了录入、绘图、校对等工作。同时本书的编写由北京东方仿真软件技术有限公司提供了仿真软件、数字化教学资源以及大量的专业设备实物图片，在此表示诚挚的感谢。

本书可作为高等学校环境工程、环境科学专业以及其他相关专业的实验教材，也可供环境工程领域科研和工程技术人员参考。

由于编者水平有限，书中难免存在不当之处，本教材也将在实践过程中不断改进，恳请读者批评指正。

编　者

2019 年 1 月

前言

目　　录

第一章　绪　　论

第一节　环境工程实验的教学目的与要求

环境工程是一门涉及多个学科交叉融合的专业。环境工程实验教学是培养高素质环境工程专业人才的重要环节。本书结合教育部环境科学与工程教学指导委员会提出的环境工程本科教学规范的建议，将本专业所需要开设的各门实验融为一体，并结合环境工程专业课程以及工程实际问题，设置了基础性、综合性(△表示)、创新性(＊表示)三种不同层次的实验，内容包括环境化学、环境监测、环境工程微生物、水污染控制工程、大气污染控制工程、噪声污染控制、固体废物处理与处置对应的实验项目，以及与实践环节对应的环境仿真实验，可逐步巩固和加深学生对环境工程相关基础理论及主要污染治理技术的理解和认识，提高学生的实践能力。

本书的目的和任务是通过实验环节使学生掌握本专业的基础知识，掌握水污染控制工程、大气污染控制工程、固体废物处理与处置技术等基本污染控制技术及实验技能，其中包括实验设计、实验操作、仪器设备的使用、处理设施的基本调试、样品的监测分析、数据的统计及处理、实验报告的编写等综合技能的训练和培养；掌握正确的数据处理和图表绘制方法，培养学生运用所学理论进行科学研究、分析问题与解决问题的能力；并在环境仿真实操中，进一步结合工程实践，巩固和加深对所学基本原理的理解，提升学生的专业技能与工程应用能力。本书实现了理论教学与实验教学、操作实验与虚拟实验的有机结合，注重培养学生的专业基础素质、科研能力、工程应用和创新能力，体现环境工程的实验特色。

实验的教学要求如下。

1. 课前预习

为了保证实验质量，学生在进行实验课程之前必须认真预习实验内容，掌握实验目的、要求和原理，了解实验步骤以及实验装置的实际操作并写出简明的预习报告，其主要内容包括实验目的、实验内容、测试方法、所涉及的实验设备、注意事项及记录表格。

2. 实验设计

对部分创新实验，还需要学生自行检索与查阅有关文献资料，设计实验方案，包括实验目的、原理、装置组装以及操作步骤等。

3. 实验操作

学生实验前应仔细检查实验设备、仪器仪表是否运行正常。实验时，严格按照操作规程操作，观察实验现象，记录实验数据。实验结束后，要将实验设备和仪器仪表恢复原状，清理实验台面，将周围环境整理干净。

4. 实验数据处理

学会处理实验数据，以及图表的绘制方法，并通过实验现象以及数据进行分析，得出正确的实验结论。

5. 撰写实验报告

将实验结果整理编写成一份完整的实验报告，主要内容包括：①实验目的；②实验原理；③实验设备与试剂；④实验步骤；⑤数据分析及实验结果；⑥思考题。对于创新性实验报告，最后还要列出参考文献、实验报告重点给出实验数据的处理分析以及实验结果。要求整篇实验报告内容实事求是、分析全面、文字简练、撰写清晰、图表规范、结果正确。

第二节 实验设计

优化实验设计是在实验开展前根据实验目的及要解决的问题利用数学原理科学地安排实验，迅速寻求最佳实验方案。实验设计主要包括：明确实验目标、选择实验条件或参数、确定需要控制或改变的条件、选择实验方法、确定实验方案以及数据处理等。实验设计是科学研究和实际生产过程中的重要内容，通过实验设计可以更科学合理地安排实验，减少实验次数、节省实验时间、节约人力和物力，更快获取有用的信息。例如，在进行混凝沉淀效果实验的研究中，分别研究了药剂种类、投加量和反应 pH 值 3 个影响因素，每个因素分别设置 3 个水平。如果采用全面实验，需要 27 次才能完成，而采用正交实验，9 次即可完成。

优选法是根据科研课题和生产中的不同问题，采用数学原理，科学合理地安排实验点，减少实验次数，在最短时间内找到最佳点的一类方法，因此在环境工程实验中通常采用优选法来设计实验，其中包括单因素的黄金分割法、对分法和多因素的正交实验设计法。

一、单因素优化实验设计

通常将在实验中只有一个影响因素或者影响因素多但是只考虑一个对目标影响最大的因素，其他因素尽量保持不变的实验称为单因素实验。单因素优选法首先假定：$y=f(x)$是定义在区间(a,b)的目标函数，y 代表实验结果，x 代表因素取值。在实验设计中，区间(a,b)表示实验因素的取值范围。实验过程中用尽量少的实验次数，来确定 $f(x)$的最大值。在环境工程领域常用的单因素优选法包括对分法、黄金分割法、分数法、分批实验法等。

1. 对分法

对分法的特点是每个实验点的位置都在实验区间的中点，每做一次实验，实验区间长度就缩短一半。具体方法：首先确定实验区间(a,b)，则第一次实验点设在(a,b)的中点 $x_1\left(x_1=\frac{a+b}{2}\right)$。若实验结果在$(a,x_1)$这一侧，则去掉$(x_1,b)$。第二次实验点则安排在$(a,x_1)$的中点 $x_2\left(x_2=\frac{a+x_1}{2}\right)$。若实验结果在$(x_1,b)$这一侧，则去掉$(a,x_1)$这一侧，并在$(x_1,b)$这一侧继续取点，直至选出合适的值。对分法的优点是每次实验将实验范围缩小 1/2，缺点是要求每次实验能确定下次实验的方向。

2. 黄金分割法(0.618 法)

黄金分割法的基本方法：设实验范围为(a,b)，则第一个实验点 x_1 选在实验范围的 0.618 位置上，第二个实验点 x_2 则取 x_1 的对称点，即实验范围的 0.382 位置上。即

$$x_1=a+0.618(b-a) \tag{1-1}$$

$$x_2=a+0.382(b-a) \tag{1-2}$$

如果 $f(x_1)>f(x_2)$，$f(x_1)>f(a)$，$f(x_1)>f(b)$，则极值点在(b,x_2)之间，去掉(x_2,a)，然后在余下范围内继续寻找点，直到得出合适的结果，如图 1-1 所示。

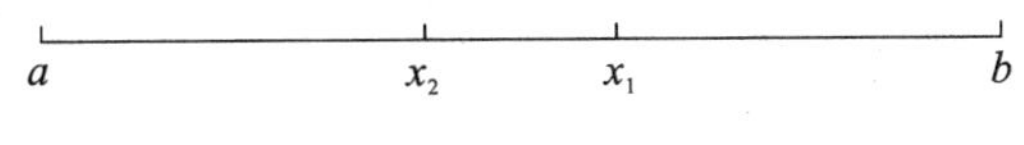

图 1-1　0.618 法示意图

例如：为了降低水中的 SS 值，可加入某种药剂，最佳投加量为 20～40 mg/L，通过 0.618 法找到此点，可先在实验范围的 0.618 处做第一个实验点，$x_1=20+0.618\times(40-20)=32.36$ mg/L，第二个试验点，$x_2=20+0.382\times(40-20)=27.64$ mg/L。比较两次实验结果，如果 x_1 比 x_2 好，则去掉低于 27.64 mg/L 的那一部分，在(27.64，40)区间内，再找到第三个实验点，$x_3=27.64+0.618\times(40-27.64)=35.28$ mg/L；如果仍然是 x_1 点效果好，则去掉大于 35.28 的那一部分，剩下区间(27.64，35.28)计算第四个实验点，$x_4=27.64+0.382\times(35.28-27.64)=30.56$ mg/L。如果这一点效果比 x_1 好，则去掉大于 32.36 的那一部分，留下的区间按相同的方法继续做实验，最终找到最佳点。

3. 分数法

分数法又叫斐波那契数列法，是利用斐波那契数列进行单因素优化实验设计的一种方法，是由斐波那契(Fibonacci)数列(1，2，3，5，8，13，21，34，55，89，144，233…)得出分数数列(1/2，2/3，3/5，5/8，8/13，13/21，21/34，34/55，55/89…)然后用分数数列来安排实验点的一种优选法。

通常，在实验条件受限只能做几次实验时，采用分数法较好，实验数只能取整数。在使用分数法进行单因素优选时，首先根据实验区间确定分数。

分数法实验点的位置，可用公式(1-3)和公式(1-4)求得：

$$\text{第一个实验点}=(\text{大数}-\text{小数})\times\frac{F_n}{F_{n+1}}+\text{小数} \tag{1-3}$$

$$\text{新实验点}=(\text{大数}-\text{中数})+\text{小数} \tag{1-4}$$

式中：中数为已实验的实验点数值。

新实验点安排在余下范围内与已实验点相对称的位置上，新实验点到余下范围中点的距离等于已实验点到中点的距离，同时新实验点到左端点的距离也等于已实验点到右端点的距离(图 1-2)，即

$$\text{新实验点}-\text{左端点} = \text{右端点}-\text{已实验点}$$

移项后即得式(1-4)。

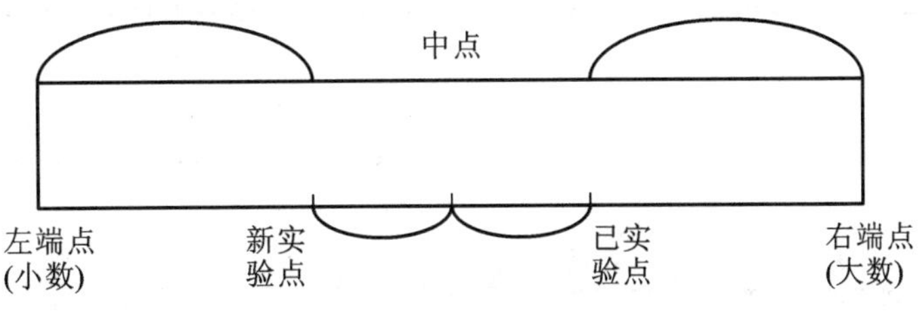

图 1-2　分数法实验点位置示意图

表 1-1 列出了分数法实验点位置与实验次数。

表 1-1 分数法实验点位置与实验次数

分数F_n/F_{n+1}	第一批实验点位置	等分实验范围的份数F_{n+1}	实验次数
2/3	2/3,1/3	3	2
3/5	3/5,2/5	5	3
5/8	5/8,3/8	8	4
8/13	8/13,5/13	13	5
13/21	13/21,8/21	21	6
21/34	21/34,13/34	34	7
34/55	34/55,21/55	55	8

4. 分批实验法

为缩短实验时间,可采用同一批次多个实验同时进行的方法,即分批实验法。该方法又可分为均分法和比例分割法。

(1) 均分法。

具体实验步骤:如果要做 n 次实验,就把实验范围等分成 $n+1$ 份,在各个分点上做实验,如图 1-3 所示。

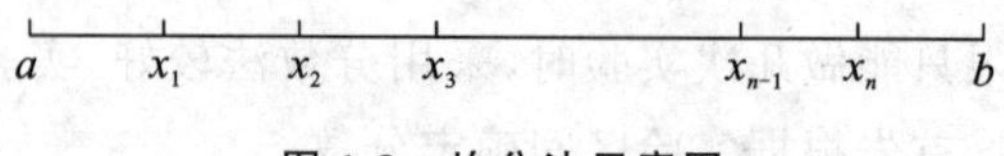

图 1-3 均分法示意图

做第一批实验,比较实验结果,留下效果好的点及相邻左右一段,然后把这两段都等分为 $n+1$ 段,在分点处继续做第二批实验,直至得出合适的值。均分法优点是只需要把实验放在等分点上,既可以同时安排,又可以一个接一个地安排,缺点是实验次数较多。

(2) 比例分割法。

具体实验步骤:每批设定 $2n+1$ 个实验,先把实验范围划分为 $2n+2$ 段,相邻两段长度为 a 和 $b(a>b)$,长短段比例为

$$\lambda=\frac{1}{2}\left(\sqrt{\frac{n+5}{n+1}}-1\right) \tag{1-5}$$

在 $2n+1$ 个分点上做第一批实验,比较实验结果,在较好的实验点左右留下一长一短,然后把 a 分成 $2n+2$ 段,相邻两段为 a_1、$b_1(a_1>b_1)$,且 $a_1=b$,如图 1-4 所示,依次划分下去,直至找到合适的值。

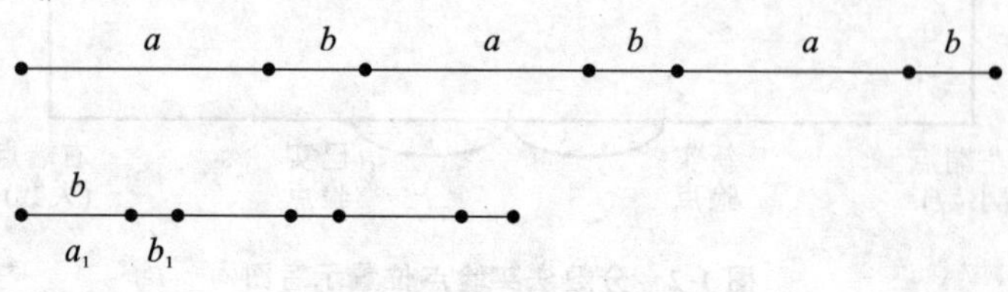

图 1-4 比例分割法示意图

二、多因素正交实验设计

在实际的科学研究及生产过程中，影响因素往往是复杂多样的。实验结果往往受多个因素的影响，而同一因素，其不同水平也会引起实验结果的变化，我们将这种实验中需要考虑多个因素，而每个因素又要考虑多个水平的实验称为多因素实验。如果将不同因素和水平全面搭配，进行全面实验设计，则实验次数非常多，在有限的时间、人力和物力条件下，难以完成这样的实验组合。例如，某个实验考察 4 个因素，每个因素 3 个水平，全部实验要 $3^4=81$ 次才能完成，这样实验在短期内是无法实现的。正交实验设计是研究多因素多水平实验的一种高效、快速、经济的实验设计方法，其在优选区内利用正交表科学地安排实验点，通过实验结果的数据分析，缩小优选范围，或者得到较优的多因素实验方法。

1. 正交表

正交表是在正交实验设计中合理安排实验，以及对数据进行统计分析的工具。

常用正交表的形式：

$$L_n(r^m) \tag{1-6}$$

式中：L——正交表；

n——要做的实验次数；

r——因素的水平数；

m——允许安排的因素个数。

正交表可分为如下几种形式。

(1) 等水平正交表：指各个因素的水平数都相等的正交表。如 $L_4(2^3)$（表 1-2），如果以它安排实验，需要做 4 次实验，最多考察 3 个 2 水平的因素。

表 1-2　$L_4(2^3)$ 正交表

实验号	列号		
	1	2	3
1	1	1	1
2	1	2	2
3	2	1	2
4	2	2	1

(2) 混合水平正交表：指实验中各因素的水平数不相等的正交表。

如果被考察因素的水平不同，应采用混合型正交表。如 $L_8(4\times 2^4)$（表 1-3），它表示有 8 行（即要做 8 次实验）5 列（即有 5 个因素）；而括号内的第一项“4”表示被考察的第一个因素是 4 水平，在正交表中位于第一列，这一列由 1、2、3、4 四种数字组成；括号内第二项的指数“4”表示另外还有 4 个考察因素；底数“2”表示后 4 个因素是 2 水平，即后 4 列由 1、2 两种数字组成。用 $L_8(4\times 2^4)$ 安排实验时，最多可以考察一个具有五因素的问题，其中一因素为 4 水平，另四因素为 2 水平，共要做 8 次实验。

表 1-3　$L_8(4\times2^4)$正交表

实验号	列号				
	1	2	3	4	5
1	1	1	1	1	1
2	1	2	2	2	2
3	2	1	1	2	2
4	2	2	2	1	1
5	3	1	2	1	2
6	3	2	1	2	1
7	4	1	2	2	1
8	4	2	1	1	2

2. 正交设计法安排多因素实验的步骤

(1) 明确实验目的，确定实验指标。实验前需明确实验需要解决的问题，并确定可以量化的指标。例如，在进行混凝沉淀效果实验的研究中，实验目的是提高混凝沉淀效果，实验指标为上清液的浊度。

(2) 选择因素，列出因素水平表。在众多影响因素中，需通过文献以及实际情况优选对实验指标影响较大的因素，去掉不可控因素并确定每个因素的范围和水平。因素水平选定后，便可列出因素水平表。

(3) 选择合适的正交表。常用的正交表有几十个，可结合实验的实际情况灵活选择，尽可能选择较小的正交表。对于水平数相等的实验，正交表的列数大于或等于因素及交互作用所占列数。对于水平数不等的实验，混合正交表的某一水平的列数应大于或等于相应水平的因素数。

(4) 表头设计。表头设计就是将因素和交互作用合理地安排到正交表的各列中。若无交互作用，各因素可以随意安排。若有交互作用，各因素需按对应的正交表的交互作用列表安排到相应的列中。

(5) 确定实验方案。根据表头设计，将正交表每一列(不含交互作用列)的不同水平数字换成对应因素的水平值。

3. 实验结果分析

实验按照正交表进行，记录实验数据，分析每组条件下的评价指标值。通过正交实验结果可以得到因素中哪些影响大，哪些影响小；各影响因素中，哪个水平的结果更好，从而可以找到最佳的实验条件。

一般实验分析步骤如下。

(1) 计算实验指标评价值。将每组实验数据进行分析处理后，求出相应的评价指标值。

(2) 计算各列的水平效应值 K_i、均值 $\overline{K}_i$ 和极差 R。

各列的 K_i＝该列中 i 水平相对应的指标值之和。

$$\text{各列的}\overline{K}_i=\frac{K_i}{\text{该列中}\ i\ \text{水平的重复次数}} \tag{1-7}$$

各列的极差 R＝该列中 $\overline{K}_i$ 中最大值和最小值之差，极差 R 是衡量数据波动大小的重要指标，R 越大的因素越重要。

(3) 比较各因素的 R，根据大小得出因素的主次关系。

(4) 比较同一因素下每个水平效应值 $\overline{K}_i$，使指标达到满意结果的值为较理想的水平，从而确定最佳实验条件。

4. 正交实验分析实例

拟通过混凝法对某废水进行处理，混凝药剂采用聚合氯化铝、聚丙烯酰胺(PAM)。原水SS值约为350 mg/L，试通过正交实验进行实验设计。

(1) 实验方案的确定。

① 实验目的：找出影响混凝沉淀效果的主要因素及最优实验条件，本实验以出水SS值为评价指标。

② 挑选因素：根据文献资料，对混凝实验中采用的混凝药剂(聚合氯化铝、聚丙烯酰胺(PAM))的投加量以及实验的pH值作为考察因素。

③ 确定各因素水平：根据实际应用经验，确定每个因素选用4个水平，结果如表1-4所示。

表 1-4　正交实验因素与水平

水平＼因素	聚合氯化铝(A)/(mg/L)	聚丙烯酰胺(B)/(mg/L)	硫酸亚铁(C)/(mg/L)	pH值(D)
1	0.6	0.20	0.5	3
2	0.9	0.25	1	5
3	1.2	0.30	1.5	7
4	1.5	0.35	2	9

④ 选择正交表：根据以上所选择的因素与水平，选择 $L_{16}(4^4)$ 正交实验表，如表1-5所示。

表 1-5　$L_{16}(4^4)$ 正交实验表

实验号＼列号	1	2	3	4
1	1	1	1	1
2	1	2	2	2
3	1	3	3	3
4	1	4	4	4
5	2	1	2	3
6	2	2	1	4
7	2	3	4	1
8	2	4	3	2
9	3	1	3	4
10	3	2	4	3

续表

实验号＼列号	1	2	3	4
11	3	3	1	2
12	3	4	2	1
13	4	1	4	2
14	4	2	3	1
15	4	3	2	4
16	4	4	1	3

⑤ 确定实验方案：根据已定的因素、水平及选用的正交表确定实验方案，得出正交实验方案表 1-6，共需进行 16 次实验，每组具体实验条件如表 1-6 各横行所示。

表 1-6　正交实验方案表 $L_{16}(4^4)$

实验号＼因素	聚合氯化铝(A)/(mg/L)	聚丙烯酰胺(B)/(mg/L)	硫酸亚铁(C)/(mg/L)	pH 值(D)
1	0.6	0.20	0.5	3
2	0.6	0.25	1	5
3	0.6	0.30	1.5	7
4	0.6	0.35	2	9
5	0.9	0.20	1	7
6	0.9	0.25	0.5	9
7	0.9	0.30	2	3
8	0.9	0.35	1.5	5
9	1.2	0.20	1.5	9
10	1.2	0.25	2	7
11	1.2	0.30	0.5	5
12	1.2	0.35	1	3
13	1.5	0.20	2	5
14	1.5	0.25	1.5	3
15	1.5	0.30	1	9
16	1.5	0.35	0.5	7

(2) 实验结果分析。

根据实验过程得出实验数据，对数据处理后得出实验指标，然后进行正交实验分析及方差分析，具体做法如表 1-7 所示。

表 1-7　正交实验结果

序号	聚合氯化铝(A)/(mg/L)	聚丙烯酰胺(B)/(mg/L)	硫酸亚铁(C)/(mg/L)	pH 值(D)	出水 SS 值/(mg/L)
1	1	1	1	1	120
2	1	2	2	2	92
3	1	3	3	3	96
4	1	4	4	4	82
5	2	1	2	3	113
6	2	2	1	4	73
7	2	3	4	1	85
8	2	4	3	2	69
9	3	1	3	4	102
10	3	2	4	3	123
11	3	3	1	2	98
12	3	4	2	1	65
13	4	1	4	2	134
14	4	2	3	1	92
15	4	3	2	4	86
16	4	4	1	3	73

① 填写评价指标：将每一实验条件下所得的出水 SS 值填入正交表右侧相应的评价指标栏内。

② 计算各列的水平效应值 K、均值 $\overline{K}$ 及极差 R，将计算结果填到表 1-8 相应列中。

如计算聚合氯化铝投加量这一因素时，各水平的水平效应值 K 如下：

第 1 水平：$K_1=120+92+96+82=390$；

第 2 水平：$K_2=113+73+85+69=340$；

第 3 水平：$K_3=102+123+98+65=388$；

第 4 水平：$K_4=134+92+86+73=385$。

其均值 $\overline{K}$ 分别为：

$\overline{K}_1=390/4=97.5$；

$\overline{K}_2=340/4=85$；

$\overline{K}_3=388/4=97$；

$\overline{K}_4=385/4=96.25$。

表 1-8　正交实验分析

名　称	参　数	聚合氯化铝(A)	聚丙烯酰胺(B)	硫酸亚铁(C)	pH 值(D)
SS 值	K_1	390	469	364	362
	K_2	340	380	356	393
	K_3	388	365	359	405
	K_4	385	289	424	343
	$\overline{K}_1$	97.5	117.25	91	90.5
	$\overline{K}_2$	85	95	89	98.25
	$\overline{K}_3$	97	91.25	89.75	101.25
	$\overline{K}_4$	96.25	72.25	106	85.75
	R	12.5	45	17	15.5

③ 结果分析：由表 1-8 的极差分析可以看出，影响混凝沉淀效果的出水 SS 值的因素主次顺序：聚丙烯酰胺＞硫酸亚铁＞pH 值＞聚合氯化铝。

由表 1-8 中各因素水平值的均值可知，各因素中的较佳水平条件分别为聚合氯化铝投加量为 0.9 mg/L、聚丙烯酰胺投加量为 0.35 mg/L、硫酸亚铁投加量为 1 mg/L、pH＝9，该实验结果同表中已做的最好实验结果(第 12 次实验)不一致，应将两个实验条件再各做实验加以比较，最后确定最佳实验条件。

第三节　误差与数据处理

一、误差的基本概念

1. 真值与平均值

真值是指实验的真实结果，由于仪器测试方法、环境、实验方法等因素的影响，往往我们无法测得真值(真实值)。如果我们对同一考察项目进行无限次的测试，然后根据误差分布定律正负误差出现的概率相等的概念，可以求得各测试值的平均值，在无系统误差的情况下，此值为接近于真值的数值。通常我们测试的次数总是有限的，用有限测试次数求得的平均值，只能是真值的近似值。

常用的平均值有下列几种：算术平均值、均方根平均值、加权平均值、中位值(或中位数)、几何平均值。

(1) 算术平均值。

算术平均值是最常用的一种平均值，当观测值呈正态分布时，算术平均值最接近真值。算术平均值定义为

$$\bar{x} = \frac{x_1 + x_2 + \cdots + x_n}{n} = \frac{1}{n}\sum_{i=1}^{n} x_i \tag{1-8}$$

式中：$\bar{x}$——算数平均值；

x_i——各次观测值，$i=1,2,3,\cdots,n$；

n——观测次数。

(2) 均方根平均值。

均方根平均值使用得较少，其定义为

$$\bar{x}=\sqrt{\frac{x_1^2+x_2^2+\cdots+x_n^2}{n}}=\sqrt{\frac{\sum_{i=1}^{n}x_i^2}{n}} \tag{1-9}$$

式中符号代表的意义同前。

(3) 加权平均值。

对同一事物用不同方法测定，或者由不同的人测定，计算平均值时，常用加权平均值。计算公式如下。

$$\bar{x}=\frac{w_1x_1+w_2x_2+\cdots+w_nx_n}{w_1+w_2+\cdots+w_n}=\frac{\sum_{i=1}^{n}w_ix_i}{\sum_{i=1}^{n}w_i} \tag{1-10}$$

式中，w_1、$w_2\cdots w_n$代表与各观测值相应的权，其他符号同前。各观测值的权数 w，可以是观测值的重复次数，观测者在总数中所占的比例，或者根据经验确定。

(4) 中位值。

中位值是指一组观测值按大小次序排列的中间值。若观测次数是偶数，则中位值为正中两个数的平均值。中位值的优点是能简单直观地说明一组测量数据的结果，且不受两端具有过大误差数据的影响；缺点是不能充分利用数据，因而没有平均值准确。

(5) 几何平均值。

如果一组观测值是非正态分布的，当对这组数据取对数后，所得图形的分布曲线更加对称时，常用几何平均值。几何平均值是一组 n 个观测值相乘并开 n 次方求得的值，计算公式如下。

$$\bar{x}=\sqrt[n]{x_1\cdot x_2\cdot x_3\cdots x_n} \tag{1-11}$$

也可用对数表示：

$$\lg\bar{x}=\frac{1}{n}\sum_{i=1}^{n}x_i \tag{1-12}$$

式中符号代表的意义同前。

2. 误差与误差的分类

在实验中，被测量的数值通常不能以有限位数表示，测量值与真值不完全一致，称为误差。对某一指标进行测试后，观测值与真实值之间的差值称为绝对误差，用以反映观测值偏离真值的大小，其单位与观测值相同。而绝对误差与平均值(真值)的比值称为相对误差，相对误差用于不同观测结果的可靠性的对比，常用百分数表示。

根据误差的性质及发生的原因，误差可分为：系统误差、偶然误差、过失误差。

(1) 系统误差(恒定误差)。

系统误差又称为恒定误差，是指在测定中由未发现或未确认的因素所引起的误差，这些因素使测定结果永远朝一个方向发生偏差，其大小及符号在同一实验中完全相同。产生系统误差的原因如下。①方法误差：由测定方法引起的误差。②仪器误差：由于仪器本身的缺陷或没有按规定条件使用仪器而造成的误差。例如仪器的零点状态不佳，如刻度不准、仪器未校正等；环境的改变，如外界温度、压力和湿度的变化等。③个人的习惯和偏向，如读数偏高或偏低等。系统误差可以根据仪器的性能、环境条件或个人偏差等加以校正克服使之降低，但是一般不能完全消除。

(2) 偶然误差(随机误差)。

偶然误差也称为随机误差,它的出现完全是随机的,单次测试时,观测值总是有些变化不定,其误差时大、时小、时正、时负、方向不定。其主要特点是不易发觉,不好分析,难于修正,但它服从统计规律,偶然误差可用概率理论处理数据而加以避免。

(3) 过失误差。

过失误差是由操作人员测试失误或操作不正确等人为因素引起的误差,是可以避免的。

3. 准确度和精密度

(1) 准确度。

准确度表示测量或测定结果(X)与真实值(X_T)接近的程度。准确度的好坏可以用误差(E)表示。分析结果与真实值之间的差别叫误差。误差可用绝对误差和相对误差两种方式表示。绝对误差表示测定值与真实值之差,相对误差是指绝对误差在真实结果中所占的百分率。它们分别可用下面式子表示。

$$绝对误差=X-X_T \tag{1-13}$$

$$相对误差=\frac{X-X_T}{X_T}\times 100\% \tag{1-14}$$

(2) 精密度。

精密度又称为精度或精确度,是指对同一个样品在同样条件下重复测量所得的测量结果之间的相互接近程度。精密度高有时又称为再现性好。精密度的好坏可以用平均偏差和标准偏差来衡量。

单次测量结果的偏差,用该测定值(x)与其算术平均值(E)之间的差别来表示,具体可用下面四种方式来表示。

$$绝对偏差\ d_i=x_i-\bar{x} \tag{1-15}$$

$$相对偏差\ r=\frac{d_i}{\bar{x}}\times 100\% \tag{1-16}$$

$$平均偏差\ \bar{d}=\frac{\sum_{i=1}^{n}|x_i-\bar{x}|}{n} \tag{1-17}$$

$$相对平均偏差\ \bar{r}=\frac{\bar{d}}{d}\times 100\% \tag{1-18}$$

标准偏差又称为均方根偏差。当测量次数不多($n<30$)时,单次测量的标准偏差(s)可按式(1-19)计算。

$$s=\sqrt{\frac{\sum_{i=1}^{n}(x_i-\bar{x})^2}{n-1}} \tag{1-19}$$

用标准偏差表示精密度比用平均偏差好,因为将单次测量的偏差平方之后,较大的偏差更显著地反映出来了,这样能更好地说明数据的分散程度。

精密度好不能保证准确性好。例如,当分析中存在系统误差时,它不影响精密度,但影响准确度。另一方面,测量的精密度可能不太好,但结果的准确度也许是好的(或多或少带有偶然性),但是可以肯定的是精密度越高,测得真实值的机会就越大,为了保证得到高度准确的结果，必须保证结果具有很好的再现性。

二、数据处理

实验测定总含有误差，因此表示测定结果数字的位数应适当，不宜太多，也不能太少。太多容易使人误认为测试的精密度很高，太少则精密度不够。数值的准确度大小可由有效数字的位数来决定。

1. 有效数字

有效数字是指在具体工作中实际能测量的数字，有效数字的位数表达了与测量精度相一致的测量结果。在有效数字中只有一位不定值，例如，量取线段长度 $L=10.17$ m，有 4 位有效数字，最后一位 7 为不定值。在一个数中，“0”可能表示有效数字，也可能仅起决定小数点位置的作用。不是测量所得的自然数视为无限多位的有效数字。关于有效数字举例如下。

0.0142　　3 位有效数字，“0”决定小数点位置。

0.06780　　4 位有效数字，最后一位“0”为有效数字。

2.3×10^{3}　　2 位有效数字。

2.80×10^{3}　　3 位有效数字。

2900　　不确定，有效数字的位数需由实际情况确定。

$\lg x=10.00$　　$x=1.0\times10^{10}$，2 位有效数字。

pH=7.85　　3 位有效数字。

在运算过程中有效数字的计算规则：几个数据相加或相减时，它们的和或差只能保留一位不确定数字，即有效数字的保留应以小数点后位数最少的数字为根据。例如，将 0.01345，68.16 及 1.08533 三个数相加，结果应为 69.26，只有最后一位是不定值；在乘除法中，有效数字取决于相对误差最大的那个数，即有效数字最少的那个数，以它为标准确定其他各数和最后结果的有效数字。例如，$\frac{24.23\times0.2912\times0.03200}{1.2432}=0.1816$。用电子计算器运算时，可以不必对每一步的计算结果进行位数确定，但最后计算结果应保留正确的有效数字位数。对最后结果多余数字取舍原则是“四舍六入五留双”，即当尾数≤4 时，舍去；当尾数≥6 时，进位；当尾数等于 5 时，若 5 后面的数字不全为 0 时，进 1；全为 0 时，若进位后为偶数，则进位，否则舍弃。

在整理数据时，常常会对一些精密度不相同的数值进行计算，此时要按一定的规则计算，这样既可节省时间，又可避免因计算过繁引起错误。一些常用的规则如下。

(1) 记录观测值时，只保留一位可疑数，其余数一律弃去。

(2) 在加减运算中，运算后得到的数所保留的小数点后的位数，应与所给各数中小数点后位数最少的相同。

(3) 计算有效数字位数时，若首位有效数字是 8 或 9 时，则有效数字位数要多计 1 位。例如，9.35 虽然实际上只有三位，但在计算有效数字时，可作四位计算。

(4) 在乘除运算中，运算后所得的商或积的有效数字与参加运算各有效数中位数最少的相同。

(5) 计算平均值时，若为四个数或超过四个数时，则平均值的有效数字或位数可增加一位。

2. 实验数据处理

对实验数据进行误差分析整理时，去除错误数据后，还要对实验数据归纳整理，方便进行分析。常用的实验数据表示方法有列表法、图示法等。

(1) 列表法。

列表法就是将实验数据列成表格表示，为以后绘制曲线或整理成数据公式做准备。列表法简单易操作、数据容易参考比较，但是对客观规律的反映不如图形法明确，在进行理论分析时较不方便。

(2) 图示法。

作图是实验研究中结果表达的一种重要方法。正确的作图便于我们从大量的实验数据中提取信息，从而简洁生动地表达实验结果。利用坐标纸和计算机作图软件作图是常用的作图方法，作图时应注意以下问题。

① 以主变量为横轴，因变量为纵轴。

② 选择坐标轴比例时要求使实验测得的有效数字与相应坐标轴分度精度的有效数字位数相一致，以免作图处理后各量的有效数字发生变化。坐标轴标值要易读，必须注明坐标轴所代表的量的名称、单位和数值，注明图的编号和名称，在图的名称下要注明主要测量条件。根据作图方便，不一定所有图均要把坐标原点取为“0”。

③ 将实验数据以坐标点的形式画在坐标图上，根据坐标点的分布情况，把它们连接为直线或曲线，不必要求线全部通过坐标点，但要求坐标点均匀地分布在线的两边。最优化作图的原则是使每一个坐标点到达线距离的平方和最小。

3. 经验公式的选择

实验得出的数据很难由纯数学方法推导出确定的数学模型，而多采用半理论方法、纯经验方法和由实验曲线形状确定相应的经验公式。

(1) 半理论分析方法。

可用因次分析法推求准数关系式，但是如果已有微分方程暂时还难以得出解析，或者又不想用数值解时，也可以从中导出准数关系式，然后由实验来确定系数。

(2) 纯经验法。

根据各专业人员长期积累的经验，有时也可决定整理数据时应该采用什么样的数学模型。

(3) 由实验曲线求经验公式。

在整理实验数据时，如果无理论模型又无经验参考，可将实验数据先绘制出来。如果是直线，根据直线方程，可以算出直线的斜率和截距。如果不是直线，可将实验曲线和典型的函数曲线相对应，选择与实验曲线相似的典型函数加以计算。

第二章　环境化学实验

实验一　苯酚的光降解速率常数

有机污染物在水体中的光化学降解影响着它们在水中的归宿，因而对水体中有机污染物光化学降解的研究已成为水环境化学的一个重要的研究领域。目前，光降解技术已成为许多难降解有机污染物的有效去除手段。

水体中有机污染物光化学降解规律的研究主要包括两方面的内容。一是研究其降解速率及影响因素；二是研究有机污染物降解产物，包括中间产物的毒性大小。需要注意的是，有机污染物的光化学降解产物可能仍然有毒，甚至比母体化合物毒性更大。因而有机污染物的降解并不意味着毒性的消失。

苯酚普遍存在于石油、煤气等工业废水中，天然水中苯酚的含量经常超标。因此，研究天然水中苯酚的降解对控制其污染很有意义。

一、实验目的

(1) 学会校准曲线的绘制方法及依据校准曲线确定物质浓度的方法。

(2) 测定苯酚在光作用下的降解速率，并求得速率常数。

(3) 对有机污染物的光降解过程有一个感性认识，为学习污染控制专业课程奠定基础。

二、实验原理

溶于水中的有机污染物，在太阳光的作用下分解，不断产生自由基，具体过程如式(2-1)所示。

$$RH \longrightarrow H\cdot + R\cdot \tag{2-1}$$

除自由基外，水体中还存在单态氧，使得天然水中的有机污染物不断被氧化，最终生成 CO_2、CH_4 和 H_2O 等。因此，光降解是天然水体有机污染物的自净途径之一。

天然水体中有机污染物的光降解速率，可用式(2-2)表示。

$$-\frac{dc}{dt}=Kc[O_x] \tag{2-2}$$

式中：c——天然水中苯酚的浓度；

$[O_x]$——天然水中氧化基团的浓度。

将上式积分得：

$$\ln\frac{c_0}{c}=K[O_x]t=K't \tag{2-3}$$

式中：c_0——天然水中苯酚的起始浓度；

c——时间为 t 时测得的苯酚浓度；

$[O_x]$——天然水中氧化基团的浓度，一般是定值，认为其在反应过程中浓度维持不变；

K'——所得到的衰减曲线的斜率。绘制 $\ln \frac{c_0}{c}$-t 关系曲线，可求得 K'值，即光降解速率常数。

本实验在含苯酚的蒸馏水溶液中加入 H_2O_2，模拟含苯酚天然水样进行光降解实验，苯酚的测定是根据氧化剂铁氰化钾存在的碱性条件下，苯酚与 4-氨基安替比林反应，生成橘红色的吲哚安替比林染料，其水溶液呈红色，在波长 510 nm 处有最大吸收。在一定浓度范围内，苯酚的浓度与吸光度呈线性关系。

三、实验仪器与试剂

1. 实验仪器

(1) 紫外-可见分光光度计。

(2) 电动搅拌机。

(3) 300 W 高压汞灯。

2. 实验试剂

(1) 苯酚标准储备液(1000 mg/L)。

(2) 苯酚标准中间液(50 mg/L)：取苯酚标准储备液 5 mL 稀释至 100 mL。

(3) 缓冲溶液：称取 20 g 氯化铵溶于 100 mL 浓氨水中。

(4) 4-氨基安替比林溶液(1%)：储存于棕色瓶中，在冰箱内可保存 1 周。

(5) 铁氰化钾溶液(4%)：储存于棕色瓶中，在冰箱内可保存 1 周。

(6) H_2O_2 溶液(0.36%)：取浓 H_2O_2 溶液 3.0 mL 稀释至 250 mL。

(7) 待降解苯酚溶液：取 1000 mg/L 的苯酚标准储备液 25 mL 于 500 mL 容量瓶中，用二次水稀释至刻度，摇匀待用。

四、实验内容

(1) 绘制苯酚吸光度对浓度的校准曲线。

(2) 测定不同时间光降解溶液中苯酚的吸光度。

(3) 由校准曲线上查得不同时间光降解溶液中苯酚所对应的浓度，求得苯酚的光降解速率常数。

五、实验步骤

1. 校准曲线的绘制

分别取 50 mg/L 的苯酚标准中间液 0 mL、0.50 mL、1.50 mL、2.00 mL 和 2.50 mL 于 25 mL 比色管中，加少量二次水，然后加入 0.5 mL 缓冲溶液、1.0 mL 4-氨基安替比林溶液，混匀，再加入 1.0 mL 铁氰化钾溶液，彻底混匀，最后用二次水定容至 25 mL，放置 15 min 后，在分光光度计上，于 510 nm 波长处，用 1 cm 比色皿，以空白溶液为参比，测量吸光度。以吸光度对浓度作图绘制校准曲线。

2. 光降解实验

(1) 将 200 mL 待降解的苯酚溶液置于 500 mL 烧杯中，加入 2.0 mL 0.36%的 H_2O_2 溶液，混匀。此溶液即为模拟的含苯酚天然水样。

(2) 将装有模拟苯酚天然水样的烧杯置于恒温槽中，在汞灯照射下进行实验。每隔 5 min

取一次样，每次取 5.0 mL，共取 6 次样(即分别在 $t=0$ min、5 min、10 min、15 min、20 min、25 min 时取样)。分别置于有编号的 25 mL 比色管中，按照与步骤 1 相同的方法测定吸光度。

六、注意事项

(1) 注意移液管的准确使用。

(2) 测量吸光度时注意参比溶液为空白溶液而不是蒸馏水。

(3) 严格按照实验步骤操作，防止将各种药剂混杂使用。

七、思考题

(1) 制作模拟的含苯酚天然水样时为什么要加入 H_2O_2？如果不加，对实验结果有何影响？

(2) 研究苯酚的光降解有何实际意义？

实验二　有机物的正辛醇-水分配系数

有机物的正辛醇-水分配系数(K_{OW})是指平衡状态下有机物在正辛醇相和水相中浓度的比值。它反映了有机污染物在水相和有机相之间的迁移能力，是描述有机污染物在环境中行为的重要物理化学参数，它与有机物的水溶性、土壤吸附常数和生物浓缩因子密切相关。通过对某一有机物分配系数的测定，可提供该有机物在环境行为方面许多重要的信息，特别是对于评价有机物在环境中的危险性起着重要的作用。环境中的有机相可以是水中的有机悬浮颗粒、土壤中存在的有机质(包括水生生物脂肪及植物有机质等)或沉积物中的有机质。

有机污染(毒)物在水-环境中的分配系数 $K_{OC}=0.63K_{OW}$。本实验采用振荡法测定分配系数。

一、实验目的

(1) 掌握有机污染物的正辛醇-水分配系数的测定方法。

(2) 学习使用紫外分光光度计。

二、实验原理

正辛醇-水分配系数是平衡状态下有机物在正辛醇相和水相中浓度的比值，即

$$K_{OW}=\frac{c_O}{c_W} \tag{2-4}$$

式中：K_{OW}——分配系数；

c_O——平衡时有机物在正辛醇相中的浓度；

c_W——平衡时有机物在水相中的浓度。

本实验采用振荡法使对二甲苯在正辛醇相中和水相中达到平衡后，进行离心，测定水相中对二甲苯的浓度，由此求得分配系数。

$$K_{OW}=\frac{c_O V_O - c_W V_W}{c_W V_W} \tag{2-5}$$

式中：c_O——有机相的初始浓度；

c_W——平衡时有机物在水相中的浓度；

V_O——有机相的体积；

V_W——水相的体积。

三、实验仪器与试剂

1. 实验仪器

(1) 紫外-可见分光光度计。

(2) 恒温振荡器。

(3) 离心机。

(4) 具塞式离心分离管(10 mL)。

(5) 带针头的玻璃注射器(10 mL)。

(6) 容量瓶(5 mL、10 mL)。

(7) 具塞式比色管(25 mL)。

(8) 移液管(2 mL、5 mL、10 mL)。

2. 实验试剂

正辛醇(分析纯)、乙醇(95%,分析纯)、对二甲苯(分析纯)。

四、实验内容

(1) 绘制对二甲苯吸光度对浓度的校准曲线图。

(2) 测定不同时间对二甲苯在水相中的吸光度,根据吸光度对浓度的校准曲线图,绘制对二甲苯平衡浓度随时间的变化曲线,由此确定实验所需要的平衡时间。

(3) 通过测定达到平衡时对二甲苯在水相中的浓度,计算有机物的正辛醇-水分配系数。

五、实验步骤

1. 校准曲线的绘制

移取 0.20 mL 对二甲苯(密度为 0.861 g/mL)于 500 mL 容量瓶中,用乙醇稀释至刻度,摇匀。此时浓度为 0.3444 g。在 5 支 25 mL 的具塞式比色管中各加入该溶液 1.00 mL、2.00 mL、3.00 mL、4.00 mL、5.00 mL,用水稀释至刻度,摇匀。在紫外分光光度计上于波长 227 nm 处,以水为参比物,测定吸光度。利用所测得的标准系列的吸光度对浓度作图,绘制校准曲线。

2. 溶液的预饱和

将 20 mL 正辛醇与 200 mL 二次蒸馏水在振荡器上振荡 24 h,使二者相互饱和,静止分层后,两相分离,分别保存备用。其中正辛醇相为含有饱和水的正辛醇,水相为含有饱和正辛醇的水。

3. 平衡时间的确定及分配系数的测定

(1) 移取 0.40 mL 对二甲苯(密度同上)于 10 mL 的比色管中,用上述处理过的含有饱和水的正辛醇稀释至刻度,混匀。该溶液浓度为 34.44 g。

(2) 分别移取 1.00 mL 上述溶液于 5 支 10 mL 具塞式离心分离管中,用上述处理过的含有饱和正辛醇的水稀释至刻度。盖紧塞子,置于恒温振荡器上,分别振荡 0.5 h、1.0 h、1.5 h、

2.0 h、2.5 h，离心分离，用紫外-可见分光光度计测定水相吸光度。取水样时，为避免正辛醇的污染，先用胶头滴管将大部分正辛醇吸出，再用 10 mL 注射器移取水样。当注射器的针头与正辛醇相接触时轻轻排出空气，在水相中吸取足够的溶液，迅速抽出针头，即可获得无正辛醇污染的水相。

六、注意事项

(1) 测定吸光度时，注意参比溶液为蒸馏水而不是空白溶液。

(2) 正辛醇与水的振荡时间要足够长。

(3) 将两相溶液用分液漏斗分离时，要多次重复操作，保证两相充分分离。

(4) 用注射器吸取无正辛醇污染的水相时，每次操作完后，注意要将针头部位擦洗干净。

七、思考题

(1) 正辛醇-水分配系数的测定有何意义？

(2) 振荡法测定有机物的正辛醇-水分配系数有哪些优缺点？

△实验三　交通干线附近空气中 NO 和 NO_2 的含量日变化规律

一、实验目的

(1) 掌握大气中 NO 和 NO_2 含量测定的基本原理和方法。

(2) 绘制交通干线附近空气中 NO 和 NO_2 的含量日变化曲线，了解两者间变化规律的异同。

二、实验原理

空气中 NO 和 NO_2 的测定参照国标（HJ 479—2009）《环境空气氮氧化物（一氧化氮和二氧化氮）的测定　盐酸萘乙二胺分光光度法》：采用空气采样器采集空气样品，空气中的 NO_2 被串联的第一支吸收瓶中的吸收液吸收，生成粉红色的偶氮染料。空气中的 NO 不与吸收液反应，通过氧化瓶被氧化为 NO_2 后，被串联的第二支吸收瓶中的吸收液吸收，生成偶氮染料。最后，在波长为 540～545 nm 处分别测定两种吸收液的吸光度，推算空气中 NO 和 NO_2 的含量，NO_x 的含量为 NO 和 NO_2 含量之和。当采样体积为 4～24 L 时，本方法适用于测定空气中 NO_x 的含量为 0.015～2.0 mg/m^3。

在吸收瓶的吸收液中，NO_2 转变为亚硝酸（根），与对氨基苯磺酸发生重氮化反应，再与盐酸萘乙二胺偶合，生成粉红色的偶氮染料。在氧化瓶中装有酸性高锰酸钾溶液，可以把 NO 氧化为 NO_2。

采集并测定一天内不同时间段交通干线附近空气中 NO 和 NO_2 的含量，绘制空气中 NO 和 NO_2 的含量随时间变化的曲线，可直观比较 NO 和 NO_2 含量变化规律的差异。

三、实验仪器与试剂

1. 实验仪器

(1) 便携式空气采样器（流量为 0～1.0 L/min）。

(2) 采样探头：硼硅玻璃、不锈钢、聚四氟乙烯或硅橡胶管，内径约 6 mm，长度不超过2 m，尽可能短，空气入口朝下。

(3) 棕色多孔玻板吸收瓶(2 个，10 mL，液柱不低于 80 mm)。

(4) 氧化瓶(10 mL，液柱不低于 80 mm)。

(5) 分光光度计。

(6) 比色皿(10 mm)。

2. 实验试剂

(1) *N*-(1-萘基)乙二胺盐酸盐储备液(1.00 g/L)：称取 0.50 g *N*-(1-萘基)乙二胺盐酸盐[$C_{10}H_7NH(CH_2)_2NH_2 \cdot 2HCl$]于 500 mL 棕色容量瓶中，用水溶解稀释至刻度，于冰箱中冷藏保存。

(2) 显色液：称取 5.0 g 对氨基苯磺酸[$NH_2C_6H_4SO_3H$]溶解于约 200 mL 热水中，冷却至室温后转移至 1000 mL 容量瓶中，加入 50 mL *N*-(1-萘基)乙二胺盐酸盐储备液和 50 mL 冰乙酸，用水稀释至刻度，储存于密闭的棕色瓶中暗处保存。若溶液呈现淡红色，应弃之重配。

(3) 吸收液：使用时，将显色液和水按 4∶1的体积比混合即得吸收液。

(4) 亚硝酸盐标准储备液(NO_2^- 质量浓度为 250 mg/L)：准确称取 0.3750 g 亚硝酸钠($NaNO_2$，优级纯，预先在干燥器内放置 24 h)溶于水，移入 1000 mL 容量瓶中，用水稀释至标线。溶液储存于密闭棕色瓶中暗处储存。

(5) 亚硝酸盐标准工作溶液(NO_2^- 质量浓度为 2.5 mg/L)：吸取亚硝酸盐标准储备液 1.00 mL 于 100 mL 容量瓶中，用水稀释至标线。现用现配。

(6) 硫酸溶液浓度(0.5 mol/L)：取 15 mL 浓硫酸，缓缓加入 500 mL 水中。

(7) 酸性高锰酸钾溶液：称取 25 g 高锰酸钾，稍微加热使其全部溶解于500 mL 水中，然后加入 0.5 mol/L 的硫酸溶液 500 mL，摇匀，储存于棕色试剂瓶中。

(8) 所有试剂均用不含亚硝酸根的蒸馏水或同等纯度的水配制。必要时蒸馏水可在全玻璃蒸馏器中加少量高锰酸钾和氢氧化钡重蒸。

(9) 水纯度的检验方法：实验用水配制的吸收液的吸光度不超过 0.005(540～545 nm，10 mm 比色皿，水为参比物)。

四、实验步骤

1. 交通干线氮氧化物的采集

记录取样时间和地点，根据取样时间和流量，算出取样体积。根据当地交通情况，可在几个时段取样，例如 7:00—7:30、7:30—8:00、8:00—8:30、8:30—9:00、9:00—9:30、9:30—10:00、10:00—10:30、15:30—16:00、16:00—16:30、16:30—17:00、17:00—17:30、17:30—18:00 等。注意：至少包括一个完整的交通高峰。

取两个内装 10.0 mL 吸收液的多孔玻板吸收瓶和一个内装 5～10 mL 酸性高锰酸钾溶液的氧化瓶(液柱不低于 80 mm)，用尽量短的硅橡胶管将氧化瓶串联在两个吸收瓶之间，整个取样(又称采样)系统的连接如图 2-1 所示。以 0.4 L/min 的流量采气 30 min，取样高度为 1.5 m。采集交通干线空气中的氮氧化物时，应将取样点设在人行道上，距马路 1.5 m，同时统计汽车流量。若氮氧化物含量很低，可增加取样量，避光取样至吸收液呈浅玫瑰色为止。

取样时当发现氧化瓶中有明显的沉淀物析出时，应及时更换。

取样结束时，为防止溶液倒吸，应在取样泵停止抽气的同时，闭合连接在取样系统中的止

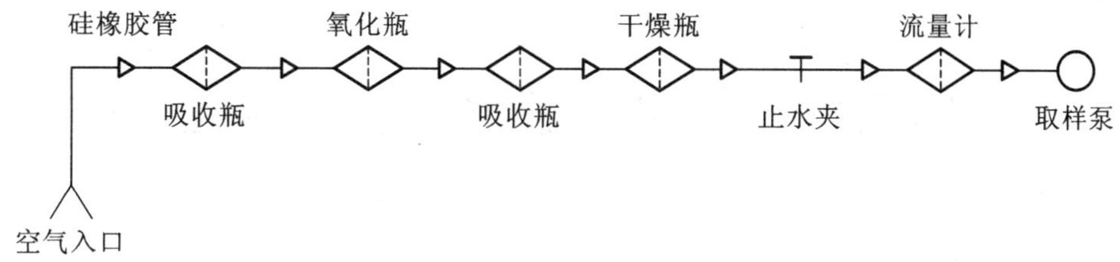

图 2-1 氮氧化物取样装置连接图

水夹。

2. 氮氧化物的测定

参见“第八章实验十”中的样品测定分析步骤。

五、数据处理与分析

参见“第八章实验十”中的数据分析部分。

根据公式，分别计算不同时段交通干线附近空气中 NO_2 和 NO 的含量，并绘制 NO_2 和 NO 的含量随时间变化的曲线，观察不同曲线之间的异同，并结合所学知识以及统计的车流量变化情况，分析其原因。

六、注意事项

(1) 采样期间，样品运输和存放过程中应避免阳光照射。气温超过 25 ℃时，长时间(8 h 以上)运输和存放样品应采取降温措施。

(2) 空气中臭氧浓度超过 0.250 mg/m^3 时，会对 NO_2 的测定产生负干扰。采样时可在吸收瓶入口端串接一段长度为 15～20 cm 的硅胶管排除干扰。

(3) 氧化瓶用完后，应使用 0.2～0.5 g/L 的盐酸羟胺溶液浸泡洗涤，去除附着物。

七、思考题

(1) 氮氧化物与光化学烟雾有什么关系？

(2) 根据监测结果评价交通干线附近空气中氮氧化物的污染状况。

(3) 交通干线附近空气中 NO_2 和 NO 的浓度变化曲线反映了什么问题？

第三章　环境工程微生物学实验

实验一　显微镜的使用

一、实验目的

(1) 了解光学显微镜的结构、功能。

(2) 掌握显微镜的工作原理和使用方法。

二、实验原理

光学显微镜主要由目镜、物镜、载物台和反光镜组成，如图 3-1 所示。目镜和物镜都是凸透镜，但焦距不同，物镜凸透镜的焦距小于目镜凸透镜的焦距。显微镜中的物镜相当于投影仪的镜头，物体通过物镜成倒立、放大的实像；而目镜相当于普通的放大镜，经物镜放大的实像又通过目镜成正立、放大的虚像。在两者共同作用下，人眼通过显微镜就可观察到倒立放大的虚像。

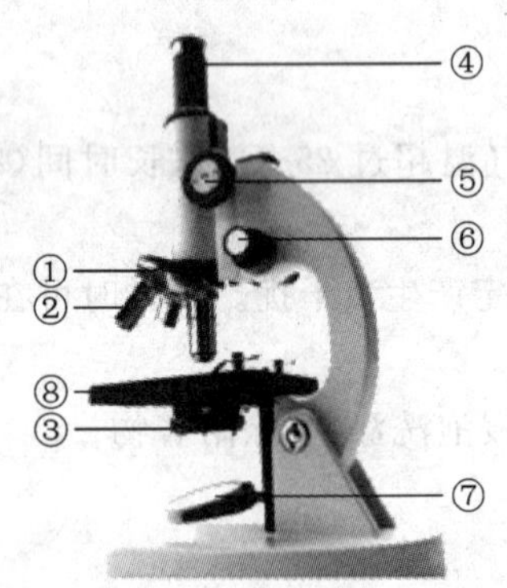

图 3-1　光学显微镜结构图

①—旋转器；②—物镜；③—通光孔；④—目镜；⑤—粗准焦螺旋；⑥—细准焦螺旋；⑦—反光镜；⑧—载物台

物镜转换器（旋转器）接于棱镜壳的下方，可自由转动，盘上有 3～4 个圆孔，是安装物镜的部位。转动旋转器，可以调换不同倍数的物镜，当听到入槽声时，方可进行观察，此时物镜光轴恰好对准通光孔中心，光路接通。转换物镜后，不允许使用粗调节器，只能用细调节器，使图像清晰。粗调节器（粗准焦螺旋）移动时可使镜台做快速和较大幅度的升降，能迅速调节物镜和标本之间的距离使物象呈现在视野中，通常在使用低倍镜时，先调节粗准焦螺旋以迅速找到物像；细调节器（细准焦螺旋）移动时可使镜台缓慢地升降，多在运用高倍镜时使用，从而得到更清晰的物像，并借以观察标本不同层次和不同深度的结构。

三、实验仪器与试剂

1. 实验仪器

显微镜、擦镜纸、微生物标本片。

2. 实验试剂

香柏油、二甲苯、乙醚-酒精混合液。

四、实验步骤

显微镜结构精密，使用时必须细心，按下述操作步骤进行。

1. 观察前的准备

(1) 显微镜从显微镜柜或镜箱内拿出时,要用右手紧握镜臂,左手托住镜座,平稳地将显微镜搬到实验桌上。

(2) 将显微镜放在自己身体的左前方,离桌子边缘约 10 cm,右侧可放记录本或绘图纸。

(3) 调节光照。

① 不带光源的显微镜,可利用灯光或自然光通过反光镜来调节光照,但不能用直射阳光,直射阳光会影响物像的清晰度并对眼睛产生刺激作用。首先将 10× 物镜转入光孔,将聚光器上的虹彩光圈打开到最大位置,用左眼观察目镜中视野的亮度。转动反光镜,当视野内的光照相对明亮均匀时,停止转动。光线较强时,用平面反光镜;光线较弱时,用凹面反光镜。

② 自带光源的显微镜,可通过调节电流旋钮来调节光照强弱。

(4) 调节光轴中心:显微镜在观察时,其光学系统中的光源、聚光器、物镜和目镜的光轴及光阑(光阑是指在光学系统中对光束起着限制作用的实体)的中心必须跟显微镜的光轴在同一直线上。带视场光阑(限制视场大小的光阑)的显微镜,首先将光阑缩小,用 10× 物镜观察,在视场内可见到视场光阑圆球多边形的轮廓像,如此像不在视场中央,可利用聚光器外侧的两个调整旋钮将其调到中央,然后缓慢地将视场光阑打开,能看到光束向视场周缘均匀展开直至视场光阑的轮廓像完全与视场边缘内接,则说明光线已经合轴。

2. 低倍镜观察

镜检任何标本都要养成先用低倍镜观察的习惯。因为低倍镜视野较大,易于发现目标和确定检查的位置。其具体操作步骤如下。

(1) 将标本片放置在载物台上,用标本夹夹住,移动推动器,使被观察的标本处在物镜正下方。

(2) 转动粗准焦旋钮,使物镜调至接近标本处,此时眼睛须看着物镜以免物镜碰到或损坏玻片标本。

(3) 双眼向目镜内观察并同时转动粗调节旋钮慢慢升起镜筒(或下降载物台),直至物像出现,再用细旋钮调节物像直至清晰为止。

(4) 用推动器移动标本片,找到合适的图像并将它移到视野中央进行观察。

任何时候使用粗调节器聚焦物像时,必须先从侧面注视,小心调节物镜靠近标本,然后用目镜观察,慢慢调节准焦螺旋使物镜离开标本,以免因失误而损坏镜头及玻片。

3. 高倍镜观察

在低倍物镜观察的基础上转换高倍物镜观察,操作如下。

较好的显微镜,低倍、高倍镜头是同焦的,在正常情况下,高倍物镜的转换不应碰到载玻片或其上的盖玻片。若使用不同型号的物镜,在转换物镜时要从侧面观察,避免镜头与玻片相撞。然后再用目镜观察,调节光照使亮度适中,缓慢调节粗准焦螺旋,使载物台下降(或镜筒上升),直至物像出现,再调节细准焦螺旋直至物像清晰为止,找到需观察的部位,并移至视野中央进行观察。

在一般情况下,当物像在一种物镜中已清晰聚焦时,转动物镜转换器将其他物镜转到工作位置进行观察,物像将保持基本准焦的状态,这种现象称为物镜的同焦。利用这种同焦现象,可以保证在使用高倍镜或油浸物镜等放大倍数高、工作距离短的物镜时仅调节细准焦螺旋即可对物像进行清晰聚焦,从而避免由于调节粗准焦螺旋时造成失误而损坏镜头或载玻片。

4. 油浸物镜观察

油浸物镜的工作距离(指物镜前透镜的表面到被检物体之间的距离)很短,一般在 0.2 mm

以内，再加上一般光学显微镜的油浸物镜没有“弹簧装置”，因此使用油浸物镜时要特别细心，以避免由于“调焦”不慎而压碎标本片并使物镜受损。具体操作步骤如下。

(1) 先调节粗准焦螺旋将镜筒提升(或将载物台下降)约 2 cm，并将高倍镜转出。

(2) 在玻片标本的镜检部位加一滴香柏油。

(3) 从侧面注视，调节旋钮使载物台缓缓上升(或镜筒下降)，使油浸物镜浸入香柏油中，镜头几乎与标本接触。

(4) 从目镜内观察，放大视场光阑以及聚光镜上的虹彩光圈(带有视场光阑的油浸物镜即可直接开大视场光阑)，上调聚光器，使光线充分照明。调节粗准焦螺旋使载物台缓缓下降(或镜筒上升)，当出现物像一闪后，改用细准焦螺旋调至最清晰为止。如油浸物镜已离开油面而仍未见到物像，必须再从侧面观察，重复上述操作。

有时按上述操作还找不到目的物，可能是由于油浸物镜头下降还未到位，或因油浸物镜上升太快使眼睛捕捉不到一闪而过的物像。遇此情况，应重新操作。另外应特别注意不要因在下降镜头时用力过猛，或调焦时误将粗准焦螺旋向反方向转动而损坏镜头及载玻片。

(5) 观察完毕，下降载物台，将油浸物镜镜头转出，先用擦镜纸擦去镜头上的油，再用擦镜纸蘸少许乙醚-酒精混合液(乙醚 2 份，纯酒精 3 份)或少量二甲苯，擦去镜头上残留油迹，最后再用擦镜纸擦拭 2～3 下即可(注意向一个方向擦拭)。

5. 还原显微镜的各部分

转动物镜转换器，使物镜镜头不与载物台通光孔相对，而是成八字形位置，再将镜筒下降至最低，降低聚光器，使反光镜与聚光器垂直，用一个干净手帕将接目镜罩好，以免目镜镜头沾污灰尘。最后用柔软纱布清洁载物台等机械部分，然后将显微镜放回柜内或镜箱中。

6. 后期处理

将有菌的玻片置消毒缸中，清洗、晾干后备用。

五、注意事项

(1) 切忌用单手拎提显微镜且不论使用单筒显微镜或双筒显微镜均应双眼同时睁开观察，以减少眼睛疲劳，也便于边观察边绘图或记录。

(2) 调节粗准焦螺旋使物镜与玻片距离最小，应从侧面注视，防止损坏玻片及物镜。

六、数据处理与分析

分别绘出在低倍镜、高倍镜和油浸物镜下观察到的标本片的形态，包括在三种情况下视野中的变化，同时注明物镜放大倍数和总放大率。

七、思考题

（1）在显微镜的使用过程中应特别注意什么？

（2）显微镜中调节光线强弱的装置有哪些？

（3）用油浸物镜观察时应注意哪些问题？在载玻片与镜头之间滴加的是什么油？起什么作用？

（4）为什么在使用高倍镜和油浸物镜时应特别注意避免粗准焦螺旋的错误操作？

实验二　培养基的制备与灭菌

一、实验目的

（1）了解人工培养基的主要成分及一般制备原则。

（2）掌握基础培养基的制备方法和过程。

（3）重点掌握培养基高压蒸汽灭菌技术。

二、实验原理

1. 制备培养基的基本要求

（1）有供微生物生长繁殖所必需的各种营养成分及足够的水分。

（2）合适的酸碱度，多数细菌生长适宜的 pH 值是弱碱性的（pH＝7.2～7.6）。

（3）材料和容器不含抑制细菌生长的物质（如不能用铁锅、铜锅或者银制品）。

（4）均质通明，以便观察细菌的生长现象。

（5）必须彻底灭菌，不得含任何活菌。

2. 制备培养基的一般过程

称量药品→溶解→矫正 pH 值→融化琼脂→过滤→分装包扎标记→灭菌→摆斜面或倒平板→检验。

3. 灭菌

灭菌是指用物理或化学方法完全杀死器物表面及其内部的所有微生物，为了得到某种微生物的纯培养，配好的培养基必须经过灭菌才能使用。灭菌的方法很多，微生物实验室常用的有干热灭菌和高压蒸汽灭菌两种方法。一般培养皿、吸管等玻璃仪器用干热灭菌法进行灭菌；而培养基和实验用的土壤，则用高压蒸汽灭菌法进行灭菌。高压蒸汽灭菌法的原理：在密闭的蒸锅内，蒸汽不能外溢，压力不断上升，使水的沸点不断升高，锅内温度也随之升高。在此蒸汽温度下，可以很快杀死各种细菌。灭菌与消毒的概念不同，消毒则是指消灭器物或植物组织表面的某些微生物（杂菌），而不是消灭所有的微生物。

三、实验仪器、试剂与材料

1. 实验仪器

高压蒸汽灭菌锅、电炉、天平、试管、培养皿、三角瓶、量筒、玻棒、烧杯、漏斗、烘箱和吸管等。

2. 实验试剂

NaOH 溶液(5%)、HCl 溶液(5%)、pH 试纸、牛肉膏、蛋白胨、氯化钠、淀粉、$FeSO_4$、KNO_3、K_2HPO_4、$MgSO_4$、马铃薯、蔗糖、琼脂、蒸馏水等。

3. 实验材料

纱布、棉塞、包装纸、棉线、橡皮绳等。

四、实验步骤

1. 牛肉膏蛋白胨琼脂培养基的制备

(1) 配方:牛肉膏 0.75 g、蛋白胨 1.5 g、氯化钠 0.75 g、琼脂 3 g、蒸馏水 150 mL、pH=7.6。

(2) 步骤。

① 称量药品:根据培养基配方及配制量依次准确称取各种药品,放入适当大小的烧杯中,琼脂不要加入。蛋白胨极易吸潮,故称量时要迅速。

② 溶解:用量筒量取一定量(约占总量的 2/3)蒸馏水倒入烧杯中,在电炉上小火加热,并用玻棒搅拌,以防液体溢出。待各种药品完全溶解后,停止加热,补足水分。

③ 调节 pH 值:根据培养基对 pH 值的要求,用 5%NaOH 或 5%HC1 溶液调节至所需 pH 值。测定 pH 值可用 pH 试纸或酸度计等。

④ 融化琼脂(在液体培养基中加入 2%左右的琼脂即成固体培养基):固体或半固体培养基需要加入一定量琼脂。琼脂加入后,置于电炉上一边搅拌一边加热,直至琼脂完全融化后才能停止搅拌,并补足水分(水需预热)。注意控制火力不要使培养基溢出或烧焦。

⑤ 分装:分装时注意不要使培养基沾染在管口或瓶口,以免引起污染。液体分装高度以试管高度的 1/4 左右为宜。固体分装量为管高的 1/5,半固体分装高度一般以试管高度的 1/3 为宜。分装三角瓶,以不超过三角瓶容积的 2/3 为宜。

⑥ 包扎标记:培养基分装后用棉塞和包装纸包扎好,棉塞的制作如图 3-2 所示。在瓶壁或管壁上标明培养基名称,制备小组和姓名、日期等。

⑦ 灭菌:培养基应按培养基配方中规定的条件及时进行灭菌。普通培养基的条件为 121 ℃,20 min,以保证灭菌效果而又不损伤培养基的有效成分。培养基经灭菌后,如需要制作斜面固体培养基,则灭菌后应立即摆放成斜面,斜面长度一般以不超过试管长度的 1/2 为宜。

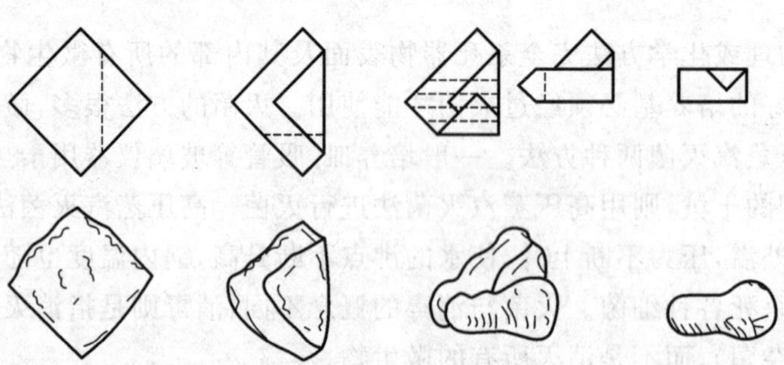

图 3-2 棉塞的制作方法

2. 马铃薯培养基

(1) 配方:马铃薯 200 g、蔗糖(葡萄糖)20 g、琼脂 15~20 g、蒸馏水 1000 mL。

(2) 灭菌条件:0.072 MPa(115 ℃,20~30 min)。

(3) 制作方法:马铃薯去皮,切块煮沸半小时,然后用纱布过滤,再加糖及琼脂,融化后补充水至 1000 mL,最后将配制的培养基分装即可。

3. 高氏 1 号培养基(淀粉琼脂培养基)

(1) 配方:可溶性淀粉 20 g、$FeSO_4$ 0.5 g、KNO_3 1 g、琼脂 20 g、NaCl 0.5 g、K_2HPO_4 0.5 g、$MgSO_4$ 0.5 g、蒸馏水 1000 mL、pH 7.0～7.2。

(2) 灭菌条件:0.103 MPa(121 ℃,15～20 min)。

(3) 制作方法:配置时先用少量冷水将淀粉调成糊状,在火上加热,然后加水及其他药品,加热溶解并补足水分至 1000 mL,最后将配制的培养基分装即可。

4. 干热灭菌法

(1) 将培养皿、吸管等玻璃器皿洗净干燥后,用旧报纸包好,或装入特制的铁筒中(每个吸管用纸包好后装入铁筒)。吸管包纸时应注意取用时手勿触到要求灭菌的一端。

(2) 将包装好的玻璃仪器摆入电热烘箱中,彼此间留有一定的空隙以便空气流通。

(3) 关紧箱门,打开排气孔并接上电源。

(4) 待箱内空气排出到一定程度时,闭上排气孔,继续加热至一定温度后,固定温度,灭菌温度一般在 165～175 ℃,保持 1 h 即可。

(5) 待自然降温冷却后(60 ℃以下)才能取出玻璃器皿,避免因温度突然下降而引起玻璃器皿碎裂。

5. 高压蒸汽灭菌法

高压蒸汽灭菌法又称湿热灭菌,它的原理是利用高压提高蒸汽的温度,以达到灭菌的目的,其操作步骤如下。

(1) 关好排水阀并倒入清水至标度为止,注意水量一定要加足,否则容易造成事故。

(2) 将培养基、灭菌水等装入铁丝笼中,并用报纸盖好后放入高压蒸汽灭菌锅(图 3-3)中,关上器盖。旋紧螺旋时,先将每个螺旋旋转到一定程度(不要太紧),然后再旋紧相对的两个螺旋,以达到平衡旋紧,否则易造成漏气,不能达到彻底灭菌的目的。

图 3-3　高压蒸汽灭菌锅实物图

(3) 通电加温,同时打开排气活门,排尽锅内的空气,当活门冲出的全部是蒸汽时,则表示排气彻底,此时可关闭排气活门。如果过早关闭活门,排气不彻底,也不能达到彻底灭菌的目的。通常当压力表指针升至 0.05 MPa 时,打开排气活门放气,降至零点,再关闭活门。

(4) 压力表的指针上升时,锅内温度也逐渐升高,当压力表指针升至 0.15 MPa 时,蒸汽温度相当于 120～121 ℃(等于一个大气压),此时开始计算灭菌时间,控制热源,使压力处于 0.10～0.15 MPa 并保持 30 min,即能达到完全灭菌的目的,然后停止升温。

(5) 当压力表降到 0.05 MPa 时,微微旋开排气活门,使锅内蒸汽缓慢排除,然后逐渐开大活门,气压缓缓下降,注意勿使排气过快,否则会使锅内的培养基沸腾而沾湿或冲脱棉塞;但排气太慢则使培养基受高温处理时间过长,这样对培养基不利。一般从排气到打开锅盖以 10 min 左右为好。

(6) 当压力表指针降到零、锅内蒸汽完全排尽时,打开锅盖取出培养基,如需制备固体斜面培养基,则应趁热将试管斜放在桌上,冷却后便可收起,(注意防止灰尘落入培养基)。

(7) 最后将高压灭菌器内的剩余水排出。

(8) 抽取上述灭菌的培养基,放入 25 ℃温箱中,48 h 后不见杂菌生出,便证明培养基已达到灭菌目的,可以使用。

五、注意事项

(1) 注意防止培养基沾污管口或瓶口,避免棉塞浸湿引起杂菌污染。

(2) 有些培养基在经高压灭菌后,其营养成分容易分解而失去使用价值,此时可采用间歇蒸汽灭菌法,即将培养基放入高压灭菌器内,加热至 100 ℃,保持 1 h,每天灭菌一次,连续进行三次,既可达到灭菌的目的,又不会导致营养物质分解。

六、思考题

(1) 玻璃器皿的洗涤和包装有什么要求?

(2) 棉塞怎么制备?斜面培养基怎样制作?

(3) 液体培养基和固体培养基分装有哪些注意事项?

(4) 为什么湿热灭菌比干热灭菌优越?

(5) 高压蒸汽灭菌的原理是什么?

(6) 怎样检查培养基灭菌是否彻底?

实验三　细菌纯种分离、培养和接种技术

一、实验目的

(1) 学习从环境(土壤、水体、活性污泥、垃圾、堆肥等)中分离、培养微生物,并对微生物进行扩大培养的方法。

(2) 掌握一些常用的分离和纯化微生物的方法。

(3) 掌握几种接种技术。

(4) 以微生物的斜面接种技术为例,了解各种微生物接种技术中所需要注意的问题。

二、实验原理

自然界中,绝大多数不同种类的微生物都是混杂生活在一起的,当我们需要获得某一种微生物时,可从混杂的微生物类群中进行分离,以得到只含有这一种微生物的纯培养。这种获得纯培养的方法称为微生物的分离与纯化。常用的分离方法有平板稀释法和平板划线法等,最终使单个微生物细胞在固体培养基上生长而形成单个菌落,从而获得若干种细菌的纯培养。

根据目标微生物特定的营养要求,设计相应的选择培养基是快速高效地获得目标菌的关键步骤。因此,为了获得某种微生物的纯培养,一般是根据该微生物对营养、酸碱度、氧等条件的要求不同,而供给它适宜的培养条件,或加入某种抑制剂造成只利于此菌生长,而抑制其他菌生长的环境,从而淘汰不需要的微生物,然后分离纯化该目标微生物,直至得到纯菌株。但是从微生物群体中经分离后生长在平板上的单个菌落并不一定是纯培养,因此,纯培养的确定

除观察其菌落的特征外，还要结合显微镜检测个体形态特征后才能确定。有的微生物的纯培养要经过一系列分离与纯化过程和多种特征鉴定才能得到。

三、实验仪器、试剂与材料

1. 实验仪器

无菌操作台、酒精灯、接种钩等。

2. 实验试剂

无菌斜面培养基、平板培养基、无菌水等。

3. 实验材料

已培养好的待接种微生物。

四、实验步骤

1. 细菌纯种分离的操作方法

(1) 样品采集。

小组成员自己选择采取感兴趣的样品，作为分离纯化的菌源。

(2) 样品稀释。

① 取三个灭菌空试管，分别加入 9 mL 灭菌水。取 1 mL 水样加入第一管 9 mL 灭菌水内，摇匀，再从第一管取 1 mL 至下一管灭菌水内，如此稀释到第三管，得到稀释度分别为 10^{-1}、10^{-2} 与 10^{-3} 的三份水样。稀释倍数依水样污浊程度而定，一般中等污秽水样，取 10^{-1}、10^{-2} 和 10^{-3} 三个连续稀释度。

② 若为土样等固体样品，称取 10 g 土样，放入盛 90 mL 无菌水并带有玻璃珠的三角瓶中，振摇约 20 min，使土样与水充分混合，将菌分散。用一支 1 mL 无菌吸管从中吸取 1 mL 土壤悬浮液注入盛有 9 mL 无菌水的试管中，充分混匀，然后按照以上方法依次稀释三次。

(3) 平板划线分离。

① 在火焰上灼烧接种环。

② 挑菌：在近火焰处，左手拿培养皿，中指、无名指和小指托住皿底，拇指和食指夹住皿盖，将培养皿稍倾斜，左手拇指和食指将皿盖掀半开。待接种环冷却后，右手将接种环伸入未稀释水样中，挑取所需菌落。

③ 划线：挑取完菌落后，在平板培养基上轻轻划线(切勿划破培养基)，划线方法如图 3-4 所示。

④ 培养：将平板倒置于 30 ℃培养箱中培养。

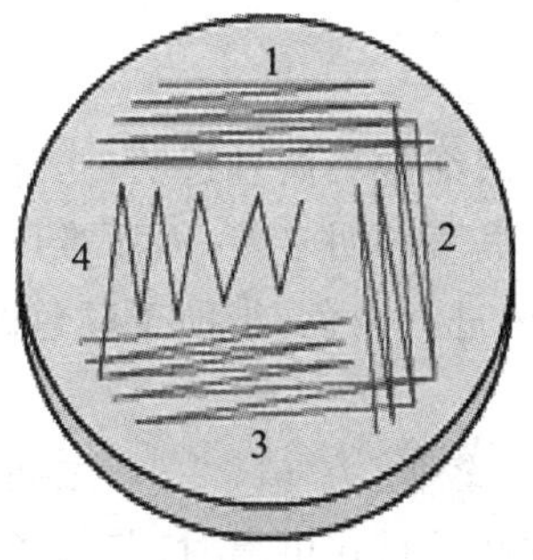

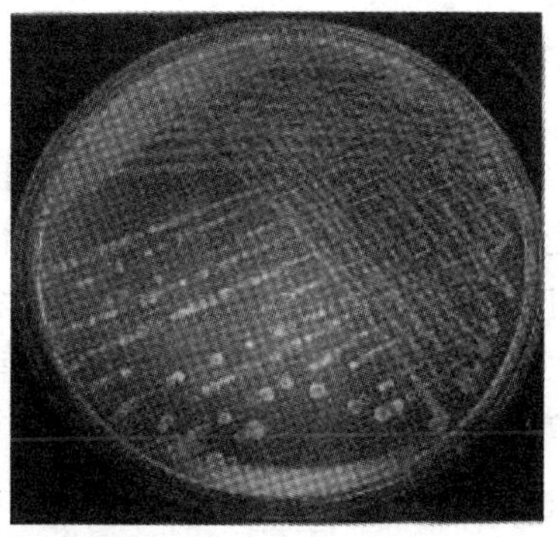

图 3-4　划线分离示意图

2. 试管斜面接种技术

微生物的斜面接种技术具体操作步骤如下。

(1) 接种前将桌面擦净，将接种所需物品整齐有序地放在桌上。

(2) 将试管贴上标签，注明菌名、接种日期、接种人、组别、姓名等。

(3) 点燃酒精灯。

(4) 将待接种的斜面培养基放在左手上，右手先将棉塞拧松，以便接种时拔出。右手拿接种钩，在火焰上将针烧红以达到灭菌的目的(钩上凡是可能进入试管的部分都应灼烧)。

(5) 在火焰旁，用右手小指、无名指和手掌夹住棉塞将它拔出。试管口在火焰上微烧一周，将管口上可能沾染的少量菌或带菌尘埃烧掉。将烧过的接种钩伸入稀释度为 10^{-1} 的水样内挑取菌落，然后在斜面上进行划线。抽出接种钩，将试管塞上棉塞并在火焰处灼烧一周试管口后插在试管架上，最后再次烧红接种钩，则一次接种完毕。

(6) 分别取稀释度为 10^{-2}、10^{-3} 的水样，按照上述过程再进行两次划线操作。

五、注意事项

微生物的分离、培养、接种等操作需在紫外线灯灭菌的无菌操作室、无菌操作箱或生物超净台等环境下进行。教学实验由于人多，无菌室小，无法一次容纳所有实验者，所以，在实验室内进行时要特别注意无菌操作，可多组分批进行实验。

六、思考题

(1) 在接种时需注意哪些问题?

(2) 在恒温培养箱中培养微生物时为何要将平板倒置?

(3) 紫外灭菌的原理是什么?

实验四　细菌的染色、显微镜观察

一、实验目的

(1) 学习微生物的染色原理及其染色方法，掌握染色的基本操作技术，其中重点掌握细菌的革兰氏染色原理及基本操作技术。

(2) 通过显微镜观察细菌形态，并学会绘制其形态图。

二、实验原理

染色是细菌学上一个重要而基本的操作技术。因细菌细胞小而且透明，当把细菌悬浮于水滴内，用光学显微镜进行观察时，由于菌体和背景没有显著的明暗差，因而难以看清它们的形态，所以，用普通光学显微镜观察细菌时，往往先将细菌进行染色，借助于颜色的反衬作用，可以更清楚地观察到细菌的形状及其细胞结构。

常用碱性染料进行简单染色，这是因为细菌的等电点较低，在 pH 2～5 之间，故在中性、碱性或弱碱性溶液中，菌体蛋白质电离后带负电荷，而碱性染料在电离时，其分子的染色部分带正电荷，因此碱性染料的染色部分很容易与蛋白质结合使细菌着色。亚甲基蓝、结晶紫、碱性复红、番红、孔雀绿等都是常用的碱性染料。

本实验中使用的革兰氏染色是细菌学中使用最广泛的一种染色方法，可将所有细菌区分为两大类，即革兰氏阳性菌和革兰氏阴性菌。革兰氏染色法之所以能将细菌分为这两类，是由于它们的细胞壁结构和组成不同。实际上，当用结晶紫初染时，像简单染色法一样，所有细菌都被染成初染剂的蓝紫色。碘作为媒染剂，它能与结晶紫结合成结晶紫-碘的复合物，从而增强了染料与细菌的结合力。当用脱色剂处理时，两类细菌的脱色效果是不同的。革兰氏阳性菌的细胞壁主要由肽聚糖形成的网状结构组成，壁厚、类脂质含量低，用乙醇（或丙酮）脱色时细胞壁脱水、使肽聚糖层的网状结构孔径缩小，透性降低，从而使结晶紫-碘的复合物不易被洗脱而保留在细胞内，经脱色和复染后仍保留初染剂的蓝紫色。革兰氏阴性菌则不同，由于其细胞壁肽聚糖层较薄、类脂含量高，所以当脱色处理时，类脂质被乙醇（或丙酮）溶解，细胞壁透性增强，使结晶紫-碘的复合物比较容易被洗脱出来，用复染剂复染后，细胞被染上复染剂的红色。由此可说明革兰氏染色法是细菌学中最重要的鉴别染色法。

三、实验仪器、试剂与材料

1. 实验仪器

显微镜、接种环、载玻片和酒精灯等。

2. 实验试剂

草酸铵结晶紫染液、革兰氏碘液、乙醇（95%）和番红染液（5 g/L）等。

3. 实验材料

已提前培养好的菌株。

四、实验步骤

（1）涂片：取干净的载玻片置于实验台上，在正面边角做上记号并加一滴无菌蒸馏水于载玻片的中央，将接种环在火焰上烧红，待冷却后从培养基中挑取少量菌种与玻片上的水滴混匀，使其在载玻片上涂布成一均匀的薄层，涂布面不宜过大。

（2）干燥：最好在空气中自然晾干，为了加速干燥，可在微小火焰上方烘干。但不宜在高温下长时间烤干，否则急速失水会使菌体变形。

（3）固定：将已干燥的涂片正面向上，在微小的火焰上灼烧 2～3 次，由于加热使蛋白质凝固而使细菌附着在载玻片上。

（4）染色与水洗：用草酸铵结晶紫染液浸染 1 min，水洗；加革兰氏碘液浸染 1 min，水洗。斜置载玻片于烧杯之上，滴加 95%乙醇脱色，至流出的乙醇不显紫色，随即水洗。用番红染液复染 1 min，水洗。

（5）吸干：将载玻片倾斜，用吸水纸吸去涂片边缘及底部的水珠。

（6）镜检：用显微镜观察，用铅笔绘出细菌形态图并说明革兰氏染色的结果。

显微镜的使用参看本章实验一。

五、注意事项

（1）涂片过程中，切勿挑取过多菌种。

(2) 在水洗时,必须使用无菌水。

(3) 必须严格掌握乙醇的脱色程度,如果脱色过度,阳性菌被误染为阴性菌;如果脱色不够,阴性菌被误染为阳性菌。

六、思考题

(1) 简述光学显微镜的操作方法。

(2) 微生物的染色原理是什么?

(3) 绘制细菌形态图,并说明革兰氏染色的结果。

(4) 你认为革兰氏染色在微生物学中有何实践意义?

实验五　水中细菌菌落总数的测定

一、实验目的

(1) 学习水样的取样方法和水样中细菌总数测定的方法。

(2) 了解培养基平板菌落计数的原则。

二、实验原理

细菌菌落总数(单位为 CFU/mL)是指 1 mL 水样在营养琼脂培养基中,有氧条件下 37 ℃培养 24 h(或 48 h)后所含细菌菌落的总数。它是有机污染程度的指标,也是卫生指标。在饮用水中测得的细菌菌落总数除说明水体有机污染的程度外,还可以用来指示该饮用水能否饮用。但还应当指出的是,水源水中的细菌菌落总数不能说明污染的来源。因此,结合大肠菌群数以判断水污染的安全程度就更全面。我国现行生活饮用水的卫生标准(GB 5749—2006)规定:细菌菌落总数在 1 mL 自来水中不得超过 100 CFU。

平板菌落计数法的原理是待测样品经适当稀释之后,微生物会充分分散成单个细胞。取一定量的稀释样液接种到平板上,经过培养之后,每个单细胞会生长繁殖而形成肉眼可见的菌落,因此一个单菌落即代表原样品中的一个单细胞。统计菌落数,再根据其稀释倍数和取样接种量即可换算出样品中的含菌数。

细菌的种类很多,而且有各自的生理特性,必须用适合它们的培养基才能将它们培养出来。然而在实验中不易做到,因此通常用一种适合大多数细菌生长的培养基培养(腐生性)细菌,以它们的菌落总数表明有机污染程度。

三、实验仪器、试剂与材料

1. 实验仪器

电热干燥箱、高压蒸汽灭菌锅、电热培养箱、冰箱、菌落计数器、放大镜、灭菌三角烧瓶、灭菌带玻璃塞瓶、灭菌培养皿、灭菌吸管、灭菌试管、酒精灯等。

2. 实验试剂

牛肉膏蛋白胨琼脂培养基、灭菌水。

3. 实验材料

实验用自来水、江河水、湖泊水或池塘水。

四、实验步骤

1. 水样的采取

供细菌学检验用的水样，必须按无菌操作的基本要求进行采样，并保证在运送、储存过程中不受污染。为了正确反映水质在采样时的真实情况，采取水样后应立即送检，一般从取样到检验不应超过 4 h。条件不允许立即检验时，应存于冰箱中，但也不应超过 24 h，并在检验报告单上注明。

采取对象与方法：

(1) 生活饮用水(自来水)：先将自来水水龙头用火焰灼烧 3 min 灭菌，再打开水龙头使水流 5 min 后，用灭菌三角烧瓶接取水样，以待分析。

(2) 池水、河水或湖水：应采取距水面 10～15 cm 的深层水样。将灭菌带玻璃塞瓶的瓶口向下浸入水中，然后倒转采样瓶，除去玻璃塞，此时水便会流入瓶中。盛满水样后，将瓶塞盖好，从水中拿出采样瓶，立即返回实验室检查，否则需放入冰箱中保存。

2. 细菌总数测定

(1) 自来水中细菌总数的测定。

① 用灭菌吸管吸取 1 mL 水样，注入灭菌培养皿中。一共做三组。

② 每个培养皿中分别倾注约 15 mL 已融化并冷却到 45 ℃左右的牛肉膏蛋白胨琼脂培养基，立即在桌上作平面旋摇，使水样与培养基充分混匀。

③ 另取三个空的灭菌培养皿，倾注牛肉膏蛋白胨琼脂培养基 15 mL，作空白对照。

④ 培养基凝固后，倒置于 37 ℃温箱中，培养 24 h，进行菌落计数。

⑤ 三个平板的平均菌落数即为 1 mL 水样的细菌总数。

(2) 池水、河水或湖水中细菌总数的测定。

① 稀释水样：取 3 个灭菌空试管，分别加入 9 mL 灭菌水。取 1 mL 水样注入第一管 9 mL 灭菌水内，摇匀，再从第一管取 1 mL 至下一管灭菌水内，如此稀释到第三管，得到稀释度分别为 10^{-1}、10^{-2}与 10^{-3}的三份水样。稀释倍数视水样污浊程度而定，以培养后平板的菌落数在 30～300 个之间的稀释度最为合适。若三个稀释度的菌数均多到无法计数或少到无法计数，则需继续稀释或减小稀释倍数。一般中等污秽水样，取 10^{-1}、10^{-2}与 10^{-3}三个连续稀释度，污秽严重的水样，则取 10^{-2}、10^{-3}、10^{-4}三个连续稀释度。

② 从最后三个稀释度的试管中各取 1 mL 稀释水加入空的灭菌培养皿中，每一个稀释度下的水样做三个培养皿。

③ 向每个培养皿中(各)倾注约 15 mL 已融化并冷却至 45 ℃左右的牛肉膏蛋白胨琼脂培养基，然后立即放在桌上摇匀。

④ 凝固后倒置于 37 ℃培养箱中培养 24 h。

⑤ 菌落计数。用肉眼观察，计平板上的细菌菌落总数，也可用放大镜和菌落计数器计数，记录同一水样下的三个平板的菌落总数。各种不同情况的计算方法如下。

a. 先计算相同稀释度的平均菌落数。当其中一个培养皿有较大片状菌苔生长时，则不宜采用，而应以无片状菌苔生长的培养皿作为该稀释度的平均菌落数。若片状菌苔的大小不到培养皿的一半，而其余的一半菌落分布又很均匀时，则可将此一半的菌落数乘 2 以代表此培养皿的菌落数，然后计算该稀释度下三个培养皿中的平均菌落数，再乘其稀释倍数即为该水样的细菌总数。

b. 首先选择平均菌落数在 30～300 之间的稀释，当只有一个稀释度的平均菌落数符合此范围时，则以该平均菌落数乘其稀释倍数即为该水样的细菌总数。

c. 若有两个稀释度的平均菌落数均在 30～300 之间，则按两者菌落总数之比值来决定。若其比值小于 2，应采取两者的平均数。若大于 2，则取其中较小的菌落总数。（注：在计算比值时应该在同一稀释度下进行计算，如在 10^{-2} 稀释度下的细菌数为 270，在 10^{-3} 稀释度下细菌数为 10，则计算时，它们的比值应该为 270/(10×10)。

d. 若所有稀释度的平均菌落数均大于 300，则应按稀释度最高的平均菌落数乘以稀释倍数。

e. 若所有稀释度的平均菌落数均小于 30，则应按稀释度最低的平均菌落数乘以稀释倍数。

f. 若所有稀释度的平均菌落数均不在 30～300 之间，则以最近 300 或 30 的平均菌落数乘以稀释倍数。

g. 菌落计数的报告，菌落数在 100 以内时按实有数报告，大于 100 时，采用两位有效数字，在两位有效数字后面的位数，以四舍五入方法计算。为了缩短数字后面零的个数，可用科学计数法表示（表 3-1）。

表 3-1　计算菌落总数方法举例

例次	不同稀释度的平均菌落数			菌落总数 /(CFU/mL)	报告方式 /(CFU/mL)	备　注
	10^{-1}	10^{-2}	10^{-3}			
1	1365	164	20	16400	16000 或 1.6×10^4	两位以后的数字采取四舍五入的方法去掉
2	2760	295	46	37750	38000 或 3.8×10^4	
3	2890	271	60	27100	27000 或 2.7×10^4	
4	无法计数	1650	513	513000	510000 或 5.1×10^5	
5	27	11	5	270	270 或 2.7×10^2	
6	无法计数	305	12	30500	31000 或 3.1×10^4	

五、注意事项

(1) 将水样注入灭菌培养基时应该在无菌操作台上进行。

(2) 在桌面上旋摇培养皿时，注意不要洒落培养皿中的液体。

(3) 由于待测样品往往不易完全分散成单个细胞，所以长成的一个单菌落也可来自样品中的 2～3 个或更多细胞。因此平板菌落计数的结果往往偏低。为了清楚地阐述平板菌落计数的结果，现在已倾向使用菌落形成单位（colony-forming units，CFU）而不以绝对菌落数来表示样品的活菌含量。

六、数据处理与分析

数据记录和分析采用表 3-2 和表 3-3。

表 3-2　湖泊水样

平　行　样	不同稀释度的平均菌落数		
1			
2			
3			
平均			

注：湖水水样菌落总数(报告方式)为 CFU/mL。

表 3-3　自来水样

平行样	1	2	3	平均
菌落数				

注：自来水菌落总数为 CFU/mL。

七、思考题

(1) 测定水中菌落总数有何实际意义?

(2) 根据我国水质标准，对这次检验结果进行讨论。

△实验六　活性污泥微生物菌种形态的观察和分析

一、实验目的

(1) 显微镜下观察污泥中的原生动物和微型后生动物的形态。

(2) 了解污泥微生物的生活环境及其在污水处理过程中的指示作用。

二、实验原理

1. 活性污泥的组成

活性污泥是指由细菌、真菌、原生动物、微型后生动物等微生物群体及它们在污水中吸附的有机物质和无机物质所组成的、有一定活力的、具有良好净化污水功能的絮绒状污泥。在废水生物处理中，通过处理系统污泥中微生物的新陈代谢作用，使得活性污泥具有将有机污染物转化为稳定无机物的活力，在有氧条件下，将废水中的有机物氧化分解为无机物，从而达到废水净化的目的。处理后出水水质的好坏同组成活性污泥的微生物种类、数量及其活性有关。

2. 活性污泥中的微生物

细菌、真菌、原生动物和微型后生动物的种类和数量都受污水中污染物的性质和活性污泥法污水处理过程中操作条件的影响。由于动物的体型较细菌大得多，借助于显微镜很容易地将它们区别出来，所以一般以活性污泥中的原生动物及微型后生动物作为污泥活性的指示生物。根据污泥中动物的种类、它们的营养特性与水体净化程度之间存在的关系可判断系统运行的状况，在处理中发挥指标(指示生物)的作用，当水质突变或污泥中毒时，即可根据生物相的变化，及时发现问题，采取必要的措施；反之，环境条件又决定了在此条件下生存的微生物的种类及数量。

(1) 活性污泥良好时出现的微生物主要有钟虫类(图 3-5)、盾纤虫、轮虫(图 3-6)、累枝虫、聚缩虫、内管虫、独缩虫等吸附性原生动物。如果此类微生物占总数的 80%以上，个体在 1000 个/毫升以上，应该判断为具有高净化效率的活性污泥。当盾纤虫急剧减少时，说明活性污泥内发生了冲击负荷和流入少量毒物。

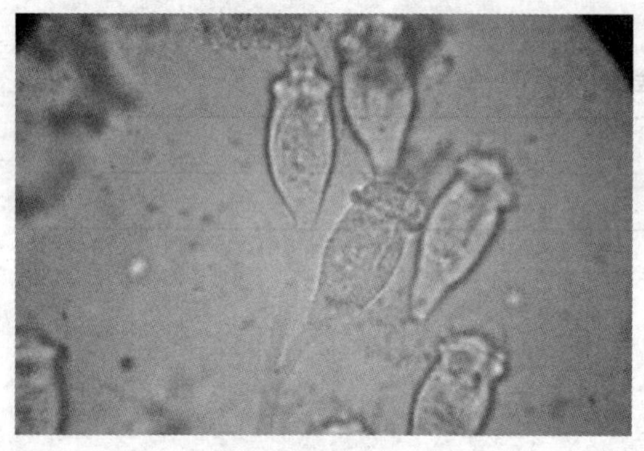

图 3-5　钟虫镜检图

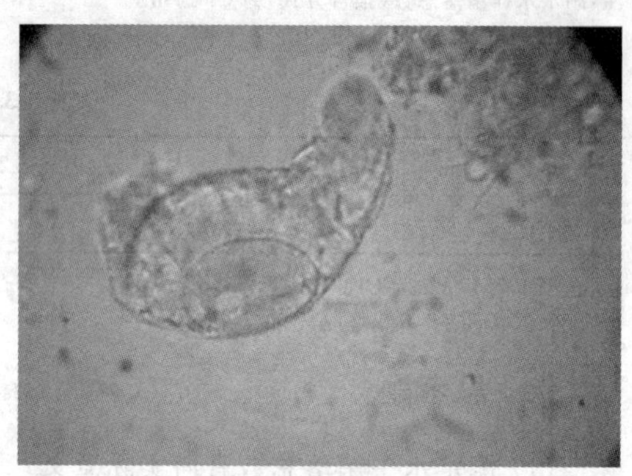

图 3-6　轮虫镜检图

(2) 活性污泥净化性能恶化时出现的微生物主要有多波虫、侧滴虫、屋滴虫、豆形虫(图 3-7)、肾形虫(图 3-8)等快速游泳的生物，这时絮体很碎，大小约为 100 μm。严重恶化时只出现多波虫、屋滴虫，极端恶化时原生动物和微型后生动物都不出现。

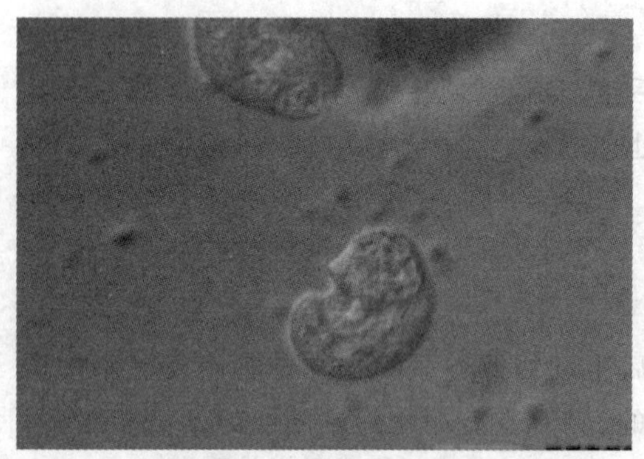

图 3-7　豆形虫镜检图

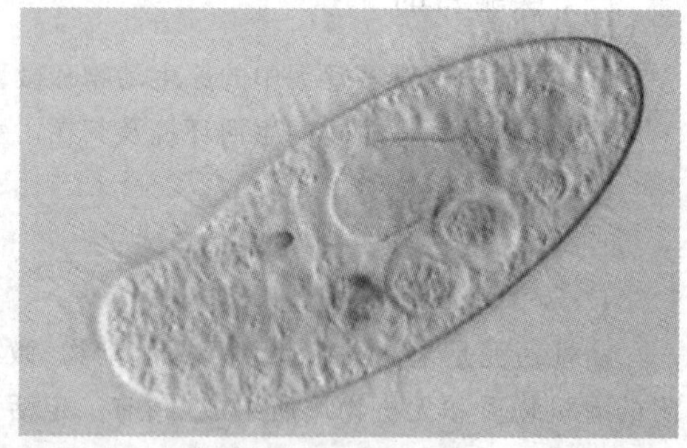

图 3-8　肾形虫镜检图

(3) 活性污泥由恶化状态进行恢复时出现的微生物有漫泳虫(图 3-9)、斜叶虫、斜管虫、尖毛虫等缓慢游泳型或匍匐型生物。如果原水水质良好，突然出现固定纤毛虫减少，游泳纤毛虫增加的现象，预示水质变差，若逐渐出现固定纤毛虫，水质将向好的方向发展，直至变为固定纤毛虫为主，则水质变得良好。

(4) 在活性污泥分散解体时出现的微生物主要有辐射变形虫、多核变形虫、扇形变形虫

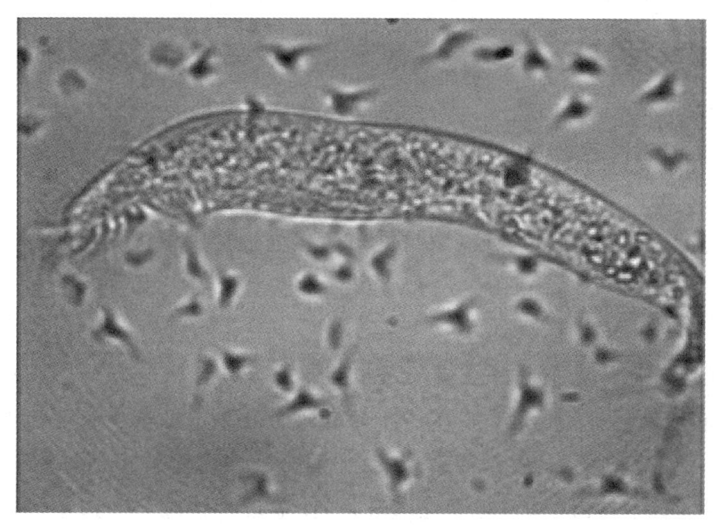

图 3-9　漫泳虫镜检图

（图 3-10）等肉足类，此时絮体变小，出水混浊，SS 值升高。当这类微生物急增时，需调整工艺状态，减少回流污泥量和通气量，抑制污泥解体。

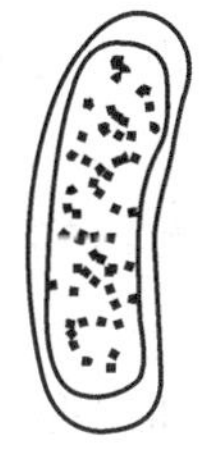

图 3-10　肉足类原生动物示意图

（5）在活性污泥膨胀时出现的微生物主要有丝状菌、浮游球衣藻和霉菌。丝状菌是造成污泥膨胀的诱导生物，丝状菌大量增殖时，吸附型原生动物急剧减少，污泥性能恶化，形成所谓的漂泥现象。一旦出现丝状菌增殖的趋势，4～7 d 后 SVI（污泥体积指数：1 g 干污泥占有的体积）值急剧上升甚至会超过 200 mL/g。

（6）溶解氧不足时出现的微生物为扭头虫、丝状菌等，此时污泥发黑并放出腐臭味，应增大曝气量；曝气过量时出现的微生物主要有肉足类及轮虫类。

3. 活性污泥的形态

污水处理过程中，细菌主要以菌胶团的形式存在，它同样具有指示作用。污水处理厂正常运行状况下，活性污泥絮粒大、边缘清晰、结构紧密、呈封闭状态，且具有良好的吸附和沉降性能，絮粒以菌胶团为骨架，穿插生长一些丝状菌，但丝状菌数量远少于菌胶团；污水处理厂运行出现异常情况时，污泥絮体结构松散，絮粒变小，污泥沉降性差，影响泥水分离。在活性污泥法的污水处理工艺中，对曝气池内微生物进行镜检，是对活性污泥运行状态的判断，是污水处理的重要检测手段之一。根据曝气池内微生物种群的变化情况采取相应的工艺调整措施，确保活性污泥处于良好状态、污水处理达标。

三、实验仪器与材料

1. 实验仪器

光学显微镜、载玻片、盖玻片、滴管、微型后生动物计数板等。

2. 实验材料

吸水纸、擦镜纸、活性污泥混合液(取自城市污水处理厂曝气池)。

四、实验步骤

1. 压滴法观察活性污泥中的原生动物及微型后生动物

(1) 取一小滴活性污泥混合液，放在洁净的载玻片中央(如混合液中污泥较少，可待其沉淀后，取一小滴沉淀的活性污泥放在载玻片上；如混合液中污泥较多，则应稀释后进行观察)。

(2) 加盖玻片：右手持镊子，轻轻夹住盖玻片，使盖玻片边缘与左边水滴的边缘接触，然后慢慢下落，放平盖玻片，这样可使盖玻片下的空气逐渐被水挤掉，以免产生气泡。如果盖玻片下的水分过多，则盖玻片容易浮动，影响观察，可用吸水纸条从盖玻片的侧面吸去一部分水；如果水未充满盖玻片，则容易产生气泡，可从盖玻片的一侧滴加清水将气泡驱走，即可进行观察。

(3) 低倍镜观察。

① 注意观察污泥絮粒的大小、污泥结构的松散程度、菌胶团和丝状菌的比例及其生长状况，并加以记录和做必要的描述。

② 观察微型后生动物的种类、活动状况，对主要种类进行计数。

(4) 高倍镜观察。

① 观察微型后生动物时，注意其外形和内部结构。

② 观察菌胶团时，应注意胶质的厚薄和色泽、新生菌胶团的比例。

③ 观察丝状菌时，注意丝状菌的生长、细胞的排列、形态和运动特征，以判断丝状菌的种类，并进行记录。

2. 微型后生动物的计数

(1) 取一定量曝气池活性污泥混合液于烧杯内，用玻璃棒轻轻搅匀，如混合液较浓，可稀释成1∶1的液体后观察。

(2) 取 1 支洗净的滴管(滴管每滴水的体积应预先测定，一般可选一滴水的体积为 1/20 mL 的滴管)吸取搅匀的混合液，加一滴到微型后生动物计数板的中央方格内，然后加上一块洁净的大号盖玻片使其四周刚好搁在计数板四周凸起的边框上。

(3) 用低倍镜进行计数：注意所滴加的液体不一定要布满整个小方格。计数时，只要把充有污泥混合液的小方格按照次序依次计数即可。观察时，同时注意各种微型后生动物的活动能力、状态等。若是群体，则需将群体上的个别分别计数。

(4) 计算：设在一滴水中测得 50 只钟虫，样品按 1∶1稀释，则每毫升混合液中所含钟虫数应为 $50\times2\times20=2000$。

五、注意事项

(1) 所取活性污泥混合液在检测前，要不停地缓慢摇动以避免发生絮凝沉淀；同时胶头滴管伸入到混合液中的深度也要控制好,一般到混合液的中部为宜。

(2) 显微镜观察评价活性污泥必须建立在大量观察的基础上,任何评价之前必须观察大量的菌胶团,因为菌胶团不是由相同的颗粒组成的。

(3) 在观察中如发现有罕见的不知名微生物则要画图,并对该微生物的外观特征等进行文字描述,以便后期查对微生物图谱做进一步了解。

六、数据处理与分析

将观察结果填入表3-4中,并在符合处打"√"表示:

表3-4　活性污泥微生物菌种形态记录

观察名称		形态和结果描述
絮体大小		大;中;小;平均大小(微米)
絮体形状		圆形;不规则形
絮体结构		开放;封闭
絮体紧密度		紧密;疏松
丝状菌数量		0;±;+;++;+++
游离细菌		几乎不见;少;多
微型后生动物	优势种(数量及状态)	
	其他种(种类、数量及状态)	

七、思考题

(1) 试比较生活污水中活性污泥与工业废水处理系统中活性污泥形状以及微型后生动物的种类、数量等有何差异?

(2) 怎样通过了解微型后生动物种类或数量的变化来反映废水处理情况?

*实验七　紫外灭菌实验的设计及效果研究

一、实验目的

(1) 回顾并巩固对照实验的基本流程与实验方法。

(2) 掌握紫外线杀菌的基本原理。

(3) 探究细菌种类以及照射时间对紫外线杀菌效果的影响。

二、实验原理

地球上所有已知的生命形式,都是以DNA及RNA作为繁殖、遗传的基础。细胞繁殖时,DNA中的长链打开,打开后每条长链的A单元会寻找T单元结合,复制出与刚分离的另一条长链同样的链条,恢复原来分裂前的完整DNA,成为新生细胞的基础。

紫外线杀菌就是通过紫外线的照射引起微生物 DNA 链上两个相邻的胸腺嘧啶分子形成胸腺嘧啶二聚体(T=T),致使 DNA 不能复制而发生链的断裂,造成核酸和蛋白的交联破裂,杀灭核酸的生物活性,从而导致细菌当即死亡或不能繁殖后代,达到杀菌的目的。真正具有杀菌作用的是短波紫外线,因为 C 波段紫外线很易被生物体的 DNA 吸收,尤其是以 253.7 nm 左右的紫外线为最佳。紫外线消毒灯,大多数是利用汞灯发出的 254 nm 的短波紫外线(UVC)来实现消毒的。UVC 波长较短,携带的能量较大。

紫外线杀菌效果可用杀菌前后菌落数来进行检测。

三、实验仪器与试剂

1. 实验仪器

一台紫外线消毒灯(波长 250 nm 左右)、培养皿、恒温培养箱、高温灭菌锅、电子天平、秒表、菌落计数器、放大镜等。

2. 实验试剂

牛肉膏蛋白胨琼脂培养基、配制牛肉膏蛋白胨培养基的原料(牛肉膏、NaCl、琼脂、蛋白胨)。

两种受试菌种:金黄色葡萄球菌(革兰氏阳性菌)、大肠杆菌(革兰氏阴性菌)。

四、实验步骤

(1) 培养两个菌种的培养基:在无菌操作下,制作 4 个培养基,并且分别接种大肠杆菌、金黄色葡萄球菌,每个菌种接种两个培养基,然后放入合适的环境中培养至有合适数量的菌落(具体步骤请参考实验三)。

(2) 给培养好菌种的培养基编号,每种菌种编上 1、2 号。

(3) 用菌落计数器记录紫外线灯照射前每个培养基中的菌落数量(具体方法参考实验五)。

(4) 将每个培养基分别放在紫外线灯下照射 1 h。

(5) 用菌落计数器记录照射 1 h 后的每个培养基的菌落数,方法同步骤三。

(6) 继续把每个培养基分别放在紫外线灯下照射 2 h,方法同步骤四。

(7) 用菌落计数器记录照射 3 h 后的每个培养基的菌落数,方法同步骤三。

(8) 将数据记录下来,统计并分析结果。

五、注意事项

(1) 在使用过程中,应保持紫外灯表面的清洁。

(2) 紫外线对皮肤和眼睛有损伤作用,应注意防护。

(3) 紫外线照射培养皿时注意要放在平台上,灯应该垂直照射。每个培养基被照射时,灯的强度、距离固定不变。

六、数据处理与分析

数据记录见表 3-5。

表 3-5　紫外灯灭菌实验记录

菌种	大肠杆菌		金黄色葡萄球菌	
编号	1	2	1	2
紫外线灯照射前的菌落数				
紫外线灯照射 1 h 后的菌落数				
紫外线灯照射 3 h 后的菌落数				
平均总共减少的菌落数				

注:照射方位:垂直。

照射波长:250 nm。

七、思考题

(1) 根据实验结果分析能得出什么结论?

(2) 如何控制照射各组培养基的紫外线波长相同?

(3) 你认为在环境工程中紫外线灭菌有什么实际应用?

第四章　水污染控制工程实验

实验一　自由沉淀实验

一、实验目的

(1) 观察沉淀过程,加深对自由沉淀的基本概念、特点及沉淀规律的理解。

(2) 掌握颗粒自由沉淀实验的方法,求出沉淀曲线。

二、实验原理

浓度较小颗粒的沉淀属于自由沉淀,其特点是沉淀过程中颗粒互不干扰、等速下沉,其沉速在层流区符合斯托克斯(Stokes)公式。由于水中颗粒的复杂性,颗粒粒径、颗粒比重很难或无法准确地测定,因而沉淀效果、特性无法通过公式求得,而是要通过沉淀实验确定。由于自由沉淀时颗粒是等速下沉,下沉速度与沉淀高度无关,因而自由沉淀可在一般沉淀柱内进行,为了能真实地反映客观实际状态,沉淀柱直径一般要大于或者等于 100 mm,而且柱内还应装有慢速搅拌装置,以消除器壁效应和模拟沉淀池内刮泥机的作用。

一般来说,自由沉淀实验可按以下两个方法进行。

1. 底部取样法

底部取样法的沉淀效率通过曲线积分求得。设在一水深为 H 的沉淀柱内进行自由沉淀实验,如图 4-1 所示。将取样口设在水深 H 处,实验开始($t=0$)时,整个实验筒内悬浮物颗粒浓度均为 c_0。分别在 t_1、$t_2\cdots t_n$时刻取样,分别测得浓度为 c_1、$c_2\cdots c_n$。那么,在时间恰好为 t_1、$t_2\cdots t_n$时,沉速为 $h/t_1=u_1$、$h/t_2=u_3\cdots h/t_n=u_n$ 的颗粒恰好通过取样口向下沉,相应地这些颗粒在高度 H 中已不复存在了。记 $p_i=c_i/c_0$,则 $1-p_i$ 代表时间 t_i 内高度 H 中完全去除的颗粒百分数,$p_j-p_k(k>j\geqslant i)$代表沉速位于 u_j 和 u_k 之间的颗粒百分数,在时间 t_i 内,这部分颗粒的去除百分数为$\dfrac{(u_j+u_k)/2}{u_i}\times(p_j-p_k)$,当 j、k 无限接近时,$\dfrac{(u_j+u_k)/2}{u_i}\times(p_j-p_k)\dfrac{u_j}{u_i}\mathrm{d}p_j$。这样,在时间 t_i 内,沉淀柱的总沉淀效率 $p=(1-p_i)+\int_0^{p_i}\dfrac{u_j}{u_i}\mathrm{d}p_j$。实际操作过程中,可绘出 p-u 曲线并通过积分求出沉淀率。

2. 中部取样法

与底部取样法不同的是,中部取样法将取样口设在沉淀柱有效沉淀高度(H)的中部。

实验开始时,沉淀时间为 0,此时沉淀柱内悬浮物分布是均匀的,即每个截面上颗粒的数量与粒径的组成相同,悬浮物浓度为 c_0(mg/L),此时去除率 $E=0$。

实验开始后,悬浮物在筒内的分布变得不均匀。对于不同的沉淀时间 t_i,颗粒下沉到池底的最小沉淀速度 u_i 相应为$\dfrac{H}{t_i}$。严格地说,此时应将实验筒内有效水深 H 的全部水样取出,测量其悬浮物含量,计算出 t_i 时间内的沉淀效率。但这样工作量太大,而且每个实验筒只能求

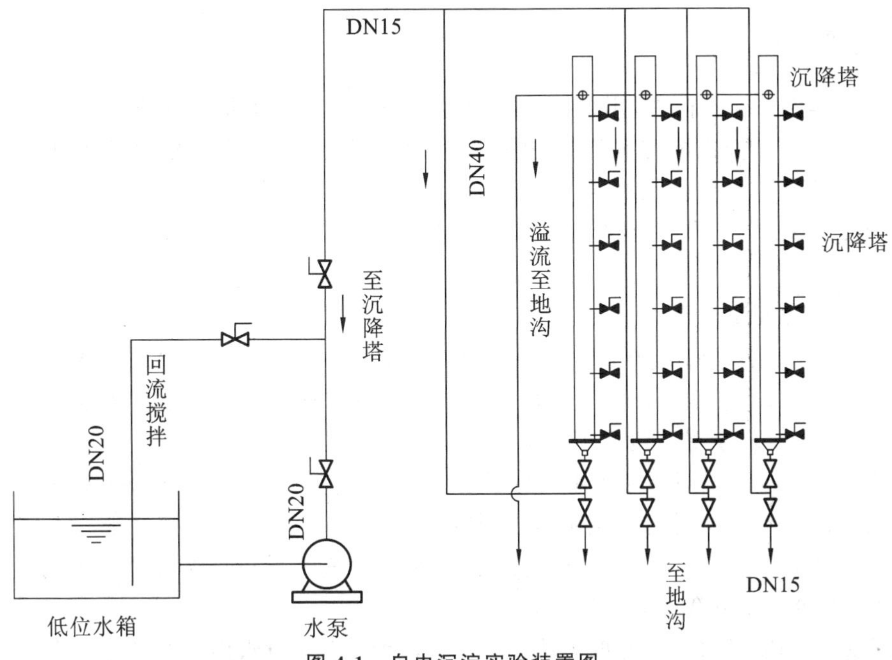

图 4-1　自由沉淀实验装置图

一个沉淀时间的沉淀效率。为了克服上述弊病，又考虑到实验筒内悬浮物浓度随水深的变化，所以我们提出的实验方法是将取样口设在 $H/2$ 处，近似地认为该处水样的悬浮物浓度代表整个有效水深内悬浮物的平均浓度。认为这样做的误差在工程上是允许的，而实验及测定工作也可以大为简化，在一个实验筒内就可以多次取样，完成沉淀曲线的实验。假设此时取样点处水样悬浮物浓度为 c_i，则颗粒总去除率 $E=1-p_i=(c_0-c_i)/c_0=1-c_i/c_0$。而 $p_i=c_i/c_0$ 则反映了 t_i 时刻未被去除的颗粒(即 $d<d_i$ 的颗粒)所占的百分比。

三、实验仪器与材料

1. 实验仪器

(1) 沉淀实验筒：直径 Φ 为 100 mm，工作有效水深(由溢出口下缘到筒底的距离)为 2000 mm。

(2) 悬浮物定量分析所需抽滤装置：如图 4-2 所示。

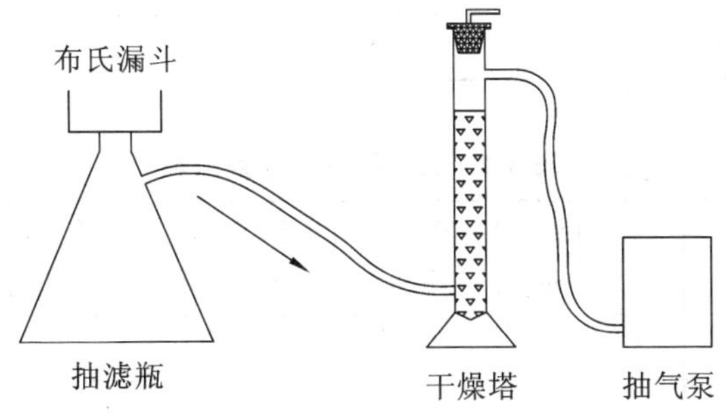

图 4-2　抽滤装置图

(3) 万分之一电子天平、带盖称量瓶、干燥器、烘箱等。

2. 实验材料

高岭土自配水。

四、实验步骤

（1）将水样倒入搅拌筒中，用泵循环搅拌约 5 min，使水样中悬浮物分布均匀。

（2）用泵将水样输入沉淀实验筒，在输入过程中，从筒中取样两次，每次约 100 mL，并在取样后准确记下水样体积。此水样的悬浮物浓度即为实验水样的原始浓度 c_0。

（3）当废水升到溢流口，溢流管流出水后，关紧沉淀实验筒底部阀门，停泵，记下沉淀开始的时间。

（4）观察静置沉淀现象。

（5）每隔 5 min、10 min、20 min、30 min、60 min、120 min，从实验筒底部取样口及中部取样口各取样两次，每次约 100 mL，并在取样后准确记下水样体积。取水样前要先排出取样管中的积水约 10 mL，取水样后测量工作水深的变化。

（6）将每一种沉淀时间的两个水样作平行实验，测量其 SS 值。水样 SS 值的测量步骤如下：用滤纸过滤（滤纸应当是已在烘箱内烘干后称量过的），过滤后，再把滤纸放入已准确称量的带盖称量瓶内，在 105～110 ℃烘箱内烘干后称量滤纸的增重即为水样中悬浮物的重量。SS 值的测定步骤可按照第八章实验一进行。

①分别对底部取样法和中部取样法计算不同沉淀时间 t 时水样中的悬浮物浓度 c，沉淀效率 E，以及相应的颗粒沉速 u，并画出 E-t 和 E-u 的关系曲线。

②实验记录填入表 4-1 和表 4-2 中。

表 4-1　颗粒自由沉淀实验记录

静沉时间/min	滤纸编号		瓶＋滤纸质量/g		取样体积/mL		瓶＋滤纸＋SS 值/g		水样 SS 值/g		c_i/(mg/L)		沉淀高度/cm
0													
5													
10													
20													
30													
60													
120													

表 4-2　实验原始数据整理表

沉淀高度/cm	沉淀时间/min	实测水样 SS 值/(mg/L)	计算用 SS 值/(mg/L)	未被移除颗粒百分比 p	颗粒沉速 u/(mm/s)

五、注意事项

(1) 搅拌时间要足够,否则沉淀柱内的悬浮物浓度不够高或者不均匀,会导致曲线的范围变窄。

(2) 搅拌停止以后,要尽快地采集原水悬浮物样品,否则会因为悬浮物自身的沉淀导致数据偏差。

(3) 采样间隔的时间不必严格规定,但要保证数据足够,并且开始时采样时间应该较短。

(4) 由于取样必然会导致液面的变化,所以实际上取样口的深度会一直减小。但在实验中随时测量水深极不方便,因此考虑到使用新的悬浮物浓度测量方法以后,需要的样品水量很小,这种误差可以被忽略。

六、数据处理与分析

(1) 以沉淀时间 t 为横坐标,以去除率 E 为纵坐标,绘制不同有效水深的 E-t 关系曲线。

(2) 以沉淀速度 u 为横坐标,以去除率 E 为纵坐标(表 4-3),绘制不同沉淀时间的 E-u 关系曲线。

表 4-3　数据分析表

序号	u	p	$1-p$	Δp	u_i	$u_i \cdot \Delta p$	$\sum u_i \cdot \Delta p/u_0$	$E=(1-p_0)+\sum u_i \cdot \Delta p/u_0$
1								
2								

七、思考题

(1) 分析实验所得结果,并对底部取样法和中部取样法所得结果进行比较。分析不同工作水深的沉淀曲线,若应用到设计沉淀池,需注意什么问题?

(2) 自由沉淀中颗粒沉淀速度与絮凝沉淀中颗粒沉淀速度有何差别?

实验二　过滤及反冲洗实验

一、实验目的

(1) 观察过滤及反冲洗现象,掌握过滤及反冲洗的原理;

(2) 了解过滤及反冲洗模型实验设备的组成和构造;

(3) 了解进行过滤及反冲洗模型实验的方法;

(4) 熟悉测定滤池工作中的主要技术参数并掌握观测方法。

二、实验原理

水的过滤原理:滤池净化的主要作用是接触凝聚作用,水中经过絮凝的杂质被截留在滤池中,或者有接触絮凝作用的滤料表面黏附水中的杂质。滤层去除水中杂质的效果主要取决于滤料的总表面积。随着过滤时间的增加,滤层截留的杂质增加。滤层的水头损失也随之增长。

其增长速度由滤速大小、滤料颗粒的大小和形状、过滤进水中悬浮物含量及截留杂质在垂直方向的分布而定。当滤速较大，滤料颗粒中粗滤料层较薄时，滤过水水质将很快变差，过滤水质周期更短。如果滤速较大，滤料颗粒较细，滤池中的水头损失增加也快，这样会很快达到过滤压力周期。所以在处理一定性质的水时，正确确定滤速、滤料颗粒的大小及厚度之间的关系，有重要的技术意义与经济意义，这一关系可用实验方法确定。

滤料层在反冲洗时，膨胀率一定，滤料颗粒越大，所需冲洗强度越大；水温越高，所需冲洗强度也越大。对于不同的滤料来说，同样颗粒的滤料，当比重大的与比重小的滤料膨胀率相同时，所需冲洗强度较大，精确确定一定的水温下冲洗强度与膨胀率的关系，最可靠的方法是做反冲洗实验。反冲洗的方式很多，其原理是一致的，反冲洗开始时承托层、滤料层未完全膨胀，相当于滤池处于反向过滤状态，这时滤层水头损失可用下式计算：

$$e=\frac{L-L_0}{L_0}\times 100\% \tag{4-1}$$

式中：L——砂层膨胀后的厚度，cm；

L_0——砂层膨胀前的厚度，cm。

当反冲洗速度增大时，滤料层完全膨胀，处于流态化状态。根据滤料层前后的厚度便可求出膨胀率。膨胀率 e 值的大小直接影响了反冲洗的效果。

三、实验仪器与试剂

过滤实验装置(图 4-3)、浊度仪、钢卷尺、玻璃仪器。

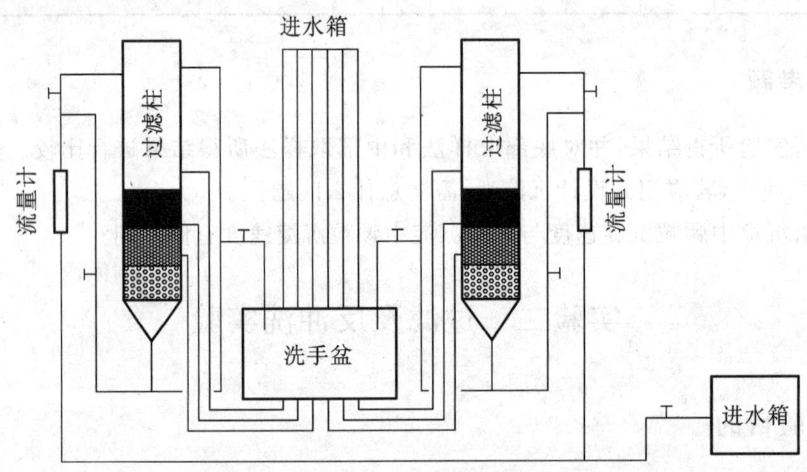

图 4-3　过滤实验装置

四、实验步骤

在实验中要注意控制滤料层上的工作水深保持不变，仔细观察绒粒进入滤料层深度情况以及绒粒在滤料层中的分布。

(1) 对照工艺图，了解实验装置及构造。

(2) 测量并记录相关数据。

(3) 配制原水，其浊度大致在 40～200 mg/L 范围内，以最佳投药量将混凝剂硫酸铝或氯化铁投入原水箱中，经过搅拌，启动泵进行过滤实验。

(4) 列表记录每隔半小时测定或校对一次运行参数。

(5) 观察滤管采用不同滤速，平行做四份，下列滤速可参考：

1# ：5 m/h；2# ：8 m/h；3# ：12 m/h；4# ：16 m/h

(6) 反冲洗实验。

① 了解实验装置。

② 列表测量并记录各参数。

③ 做膨胀率 e=20%、40%、80%的滤料层。

④ 操作方法如图 4-3 所示，打开反冲洗水泵，调整膨胀率 e，测量反冲洗强度。

⑤ 测量每个反冲洗强度时应连续测三次取平均值计算。

五、注意事项

(1) 用筛子筛分滤料时不要用力拍打筛子，只在过筛结束时轻轻拍打一次，筛孔中的滤料即会脱离筛孔。

(2) 反冲洗滤柱中的滤料时，不要使进水阀门开启度过大，应缓慢打开以防滤料冲出柱外。

(3) 在过滤实验前，滤层中应保持一定水位，不要把水放空以免过滤实验时测压管中积存空气。

(4) 反冲洗时，为了准确量出沙层厚度，一定要在沙面稳定后再测量，并在每一个反冲洗流量下连续测量三次。

六、数据处理与分析

(1) 实验原始数据记录，包括滤速、流量、水头损失、反冲洗流量、滤层膨胀率。

(2) 实验数据计算结果。

(3) 实验结果分析，并以滤速为横坐标，水头损失为纵坐标作图 1，以冲洗强度为横坐标，滤层膨胀率为纵坐标作图 2。

七、思考题

(1) 在滤层中不同深度处的水头变化说明了什么问题？意义何在？

(2) 当原水浊度一定时，采取哪些措施能降低出水浊度？

实验三　混凝实验

一、实验目的

(1) 通过实验观察混凝现象，加深对混凝理论的理解。

(2) 学会选择和确定最佳混凝工艺条件的基本方法。

混凝池

二、实验原理

天然水体中的胶粒，是使水产生混浊现象的一个重要原因，胶粒靠自然沉淀是不能除去的。因为水中胶粒微小、主要是带负电的黏土颗粒，胶粒间存在着静电斥力、胶粒的布朗运动、胶粒表面的水化作用，使胶粒具有分散稳定性，三者中以静电斥力影响最大。因此可在废水中预先投加化学药剂来破坏胶体的稳定性，并提供胶粒碰撞的动能，使废水中的胶体和细小悬浮物聚集成具有可分离性的絮凝体，再加以分离除去。

投加混凝剂的量，直接影响混凝效果。投加量不足不会有很好的混凝效果。同样，如果投加混凝剂过量也未必能得到好的混凝效果。水质是千变万化的，最佳投药量各不相同，必须通过实验方可确定。

在水中投加混凝剂如 $Al_2(SO_4)_3$、$FeCl_3$ 后，生成的 Al(Ⅲ)、Fe(Ⅲ)化合物对胶体的脱稳效果不仅受投加混凝剂的量、水中胶粒的浓度影响，还受水的 pH 值影响。如果 pH 值过低(小于 4)，则混凝剂水解受到限制，其化合物中很少有高分子物质存在，絮凝作用较差。如果 pH 值过高(大于 9)，混凝剂会出现溶解现象，生成带负电荷的配离子，也不能很好地发挥絮凝作用。

当单独使用混凝剂不能取得预期效果时，需投加助凝剂以提高混凝剂效果。助凝剂通常是高分子物质，作用机理是高分子物质的吸附架桥和网捕作用，能改善絮凝体结构，促使细小而松散的絮粒变得粗大而结实。

三、实验仪器、试剂与材料

1. 实验仪器

六联搅拌机(2 台)、pH 酸度计、浊度计、温度计(各 1 支)、秒表(1 块)、注射针筒、烧杯(200 mL、1000 mL 各 1 个)、移液管(1 mL、2 mL、5 mL、10 mL 各 1 支)、洗耳球等。

2. 实验试剂

三氯化铁($FeCl_3$)、硫酸铝($Al_2(SO_4)_3$)、聚合氯化铝(PAC)、聚丙烯酰胺(PAM)、盐酸(10%)溶液和 NaOH(10%)溶液。

3. 实验材料

实验用原水(高岭土腐殖酸钠悬浊液)。

四、实验步骤

1. 混凝药剂和实验用原水的配制

(1) 混凝药剂的配制。

① $FeCl_3$ 溶液(1 g/L)：称取 0.5 g 三氯化铁溶于水中，移入 500 mL 的容量瓶中，定容至 500 mL。

② $Al_2(SO_4)_3$ 溶液(1 g/L)：称取 0.5 g 硫酸铝溶于水中，移入 500 mL 的容量瓶中，定容至 500 mL。

③ 聚合氯化铝(PAC)溶液(1 g/L)：称取 0.1 g 聚合氯化铝溶于水中，移入 100 mL 的容量瓶中，定容至 100 mL。

④ 聚丙烯酰胺(PAM)溶液(0.5 g/L):称取 0.05 g 聚丙烯酰胺溶于水中,磁力搅拌溶解后,移入 100 mL 的容量瓶中,定容至 100 mL。

(2) 实验用原水的配制。

向 10 L 自来水中加入 1 g 高岭土和 100 mg 腐殖酸钠,混合搅拌均匀,制得实验用悬浊液。

2. 矾花的观察

确定形成"矾花"所用的最小混凝剂量。方法是通过慢速搅拌烧杯中 200 mL 原水,并每次增加 0.5 mL 混凝剂投加量,直至出现矾花为止。这时的混凝剂量作为形成"矾花"的最小投加量。

3. 实验方案

(1) 确定某种混凝剂的最佳投药量实验步骤:

① 测定原水的浊度、pH 值和水温。

② 根据步骤"2"得出的形成"矾花"最小混凝剂投加量,取其 1/4 作为 1 号烧杯的混凝剂投加量,取其 2 倍作为 6 号烧杯的混凝剂投加量,用依次增加相同混凝剂投加量的方法求出 2～6 号烧杯混凝剂投加量、把混凝剂分别加入 1～6 号烧杯中。

③ 启动搅拌机,快速搅拌 0.5 min,转速约 200 r/min;中速搅拌 5 min,转速约 100 r/min;慢速搅拌 10 min、转速约 50 r/min。

④ 关闭搅拌机,静置沉淀 10 min,用注射器抽出烧杯中的上清液(共抽三次约 100 mL)放入 250 mL 烧杯中,立即用浊度仪测定浊度。

(2) 确定某种混凝剂的最佳 pH 值的实验步骤。

① 取 6 个 1000 mL 烧杯分别注入 800 mL 原水,置于实验搅拌机平台上。

② 确定原水特征,测定原水浊度、pH 值、温度。本实验所用原水和最佳投药量实验相同。

③ 调整原水 pH 值:用盐酸和氢氧化钠调节溶液 pH 值分别为 3、5、7、9、11。

④ 启动搅拌机,快速搅拌 0.5 min,转速约 200 r/min,随后从各烧杯中分别取出 50 mL 水样加入三角烧杯中、用 pH 计测定各水样的 pH 值。

⑤ 用移液管向各烧杯中加入相同剂量的混凝剂(投加剂量按照最佳投药量实验中得出的最佳投药量而确定)。

⑥ 启动搅拌机,快速搅拌 0.5 min,转速约 200 r/min;中速搅拌 5 min,转速约 100 r/min;慢速搅拌 10 min,转速约 50 r/min。

⑦ 关闭搅拌机,静置沉淀 10 min,用 50 mL 注射针筒抽出烧杯中的上清液(共抽三次约 100 mL)放入 200 mL 烧杯中,立即用浊度仪测定浊度。

(3) 对比不同混凝剂的处理效果。

① 取 6 个 1000 mL 烧杯分别注入 800 mL 原水,置于实验搅拌机平台上。

② 分别投加 $FeCl_3$、$Al_2(SO_4)_3$、PAC、PAM、$FeCl_3$+PAM、$Al_2(SO_4)_3$+PAM 各 1 mL。

③ 启动搅拌机,快速搅拌 0.5 min,转速约 200 r/min;中速搅拌 5 min,转速约 100 r/min;慢速搅拌 10 min,转速约 50 r/min。

④ 关闭搅拌机,静置沉淀 10 min,用注射器抽出烧杯中的上清液(共抽三次约 100 mL)放入 250 mL 烧杯,立即用浊度仪测定浊度。

4. 数据记录和处理

数据记录采用表 4-4 至表 4-6，数据分析根据实验结果得出最佳数值。

表 4-4　混凝剂投加量的最佳选择数据记录表

水样编号		1#	2#	3#	4#	5#	6#
混凝剂投加量/mL							
浊度/NTU	1						
	2						
	3						
平均浊度/NTU							

表 4-5　pH 值的最佳选择数据记录表

水样编号		1#	2#	3#	4#	5#	6#
pH 值							
混凝剂投加量/mL							
浊度/NTU	1						
	2						
	3						
平均浊度/NTU							

表 4-6　不同混凝剂效果对比数据记录表

水样编号		1#	2#	3#	4#	5#	6#
混凝剂种类							
混凝剂投加量/mL							
浊度/NTU	1						
	2						
	3						
平均浊度/NTU							

五、注意事项

(1) 在最佳投药量、最佳 pH 值的实验中，向各烧杯投加药剂时须同时投加。避免因时间间隔较长各水样加药后反应时间长短相差太大，混凝效果悬殊。

(2) 在最佳 pH 值的实验中，用来测定 pH 值的水样，仍要倒入原烧杯中。

(3) 在测定水的浊度、用注射针筒抽吸上清液时，不要扰动底部沉淀物。同时，各烧杯抽吸的时间间隔尽量减小。

六、思考题

(1) 影响混凝效果的因素有哪些,简述其影响机制。

(2) 列举几种常见的混凝药剂和助凝药剂,简述其作用机制。

实验四　离子交换实验

离子交换法是处理电镀、医药、化工等工业用水的普通方法。它可以交换或去除水中溶解的无机盐,以及去除水中硬度、碱度和制取无离子水。在应用离子交换法进行水处理时,需要根据离子交换树脂的性能设计离子交换设备,决定交换设备的运行周期和再生处理。

一、实验目的

(1) 对离子交换基本理论的理解。

(2) 学会交换设备软化和除盐的操作方法。

二、离子交换法

离子交换法是水处理中软化和除盐的重要方法之一。在污水处理中,主要用于去除污水中的金属离子。离子交换的实质是不溶性离子化合物(离子交换剂)上的交换离子与溶液中的其他同性离子的交换反应,是一种特殊的吸附过程,通常是可逆化学吸附。

1. 离子交换脱碱软化

含有 Ca^{2+}、Mg^{2+} 等杂质的原水流经交换树脂层时,水中的 Ca^{2+}、Mg^{2+} 首先与树脂上的可交换离子进行交换,最上层的树脂首先失效,变成了 Ca、Mg 型树脂。水流通过该层后水质没有变化,故这一层称为饱和层或失效层。它下面的树脂层称为工作层,又与水中 Ca^{2+}、Mg^{2+} 进行交换,直至达到平衡。

实际上,天然水中不会只有单纯一种阳离子,而常含多种阴、阳离子,所以离子的交换过程比较复杂。就软化而言,当水流过交换层时,各种阳离子按其被交换剂吸附能力的大小,自上而下地分布在交换层中,依次是 Fe^{3+}、Al^{3+}、Ca^{2+}、Mg^{2+}、K^{+}、Na^{+} 等。为了方便起见,在对水进行分析时,假定水中只有 K^{+}(Na^{+})、Ca^{2+}、Mg^{2+}、HCO_3^{-}、SO_4^{2-}、Cl^{-} 等主要离子,这样碱度仅为碳酸盐碱度。总硬度与总碱度之差即为 SO_4^{2-} 和 Cl^{-} 的含量。

2. 离子交换除盐

阴、阳离子交换树脂共同工作是目前制取纯水的基本方法之一。水中各种无机盐类电离生成的阴、阳离子经过 H 型离子交换树脂时,水中阳离子被 H^{+} 取代;经过 OH 型离子交换树脂时,水中阴离子被 OH^{-} 取代。进入水中的 H^{+} 和 OH^{-} 结合成 H_2O 从而达到了去除无机盐的效果。水中所含阴、阳离子的量直接影响溶液的导电性能,经过离子交换树脂处理的水中离子很少,电导率很小,电阻值很大,生产上常以水的电导率控制离子交换后的水质。

三、实验仪器与试剂

1. 实验仪器

离子软化与除盐实验装置(图 4-4)、电导率仪 DDS-11 型、酸度计、量筒、试剂瓶(250 mL)、烧杯。

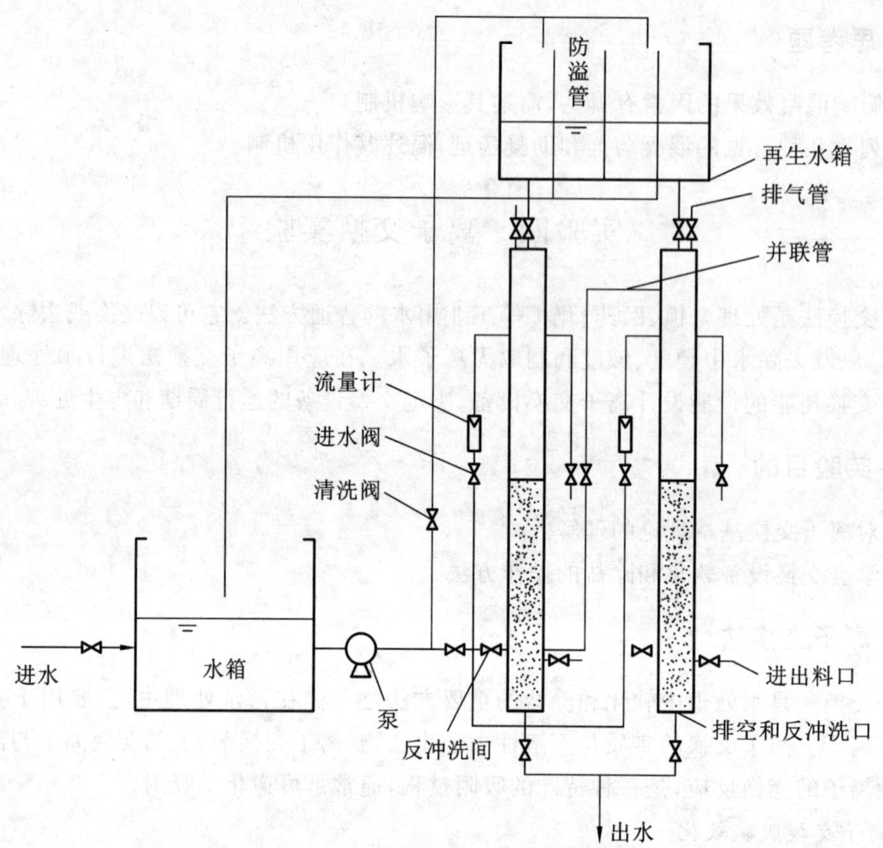

图 4-4 软化与除盐实验装置示意图

2. 实验试剂

阳离子交换树脂及阴离子交换树脂。

四、实验步骤

1. 离子交换脱碱软化实验

(1) 取进入交换柱前的自来水样 100 mL，置于 250 mL 锥形瓶中测出总碱度。

(2) 取上述水样 50 mL，置于 250 mL 锥形瓶中测出总硬度。

(3) 根据原水总硬度和总碱度指标，利用 H、Na 交换柱流量分配比例关系式确定进入 H、Na 交换柱各流量比例。

(4) 调整 H 型交换柱流速为 15 m/h，确定 Na 型交换柱的流速。

(5) 打开各交换柱进出水阀门调整进水流。

(6) 交换 10 min 后测定 H、Na 交换柱出水 pH 值、硬度、碱度和混合水碱度、pH 值。

(7) 改变上述交换柱流速，分别取 20 m/h、25 m/h…重复步骤(5)、步骤(6)。

2. 离子交换除盐实验

(1) 测定原水 pH 值、电导率并记录。

(2) 排出阴、阳离子交换柱中的废液。

(3) 用自来水正洗各交换柱 5 min，正洗流速为 15 m/h，测定正洗出水 pH 值。若出水不呈中性，则延长正洗时间。

(4) 开启阳离子交换柱进水阀门和出水阀门，调整交换柱内流速到 12 m/h 左右。

(5) 关闭阳离子出水阀门，开启阴离子交换柱进水阀门及混合离子交换柱进、出水阀门。

(6) 交换 10 min 后，测定各离子交换柱出水电导率、pH 值。

(7) 依次调整交换速度为 15 m/h、20 m/h、25 m/h…进行交换，测定各离子交换柱出水电导率、pH 值。

(8) 交换结束后，阴、阳离子交换柱分别用 15 m/h 的自来水反洗 2 min，并分别通入 5% HCl、1.4% NaOH 至淹没交换层 10 cm。混合离子交换柱以 10 m/h 的反洗速度反洗，待分层后再反洗 2 min，然后移出阴离子交换树脂至 4% NaOH 溶液，移出阳离子交换树脂至 5% HCl 溶液中，浸泡 40 min。

(9) 移出再生液，用纯水浸泡树脂。

(10) 关闭所有进出水阀门。

五、数据的处理与分析

实验数据的记录见表 4-7 和表 4-8。

表 4-7　基本数据记录表

原水参数				软化柱			除盐柱		
温度 /℃	硬度	电导率 /(μ · Ω cm)	pH 值	树脂名称	内径 /cm	树脂层高度 /cm	树脂名称	内径 /cm	树脂层高度 /cm

表 4-8　软化与除盐实验记录

序号	运行时刻 /min	软化柱				除盐柱			
		运行流量 /(L/h)	运行流速 /(m/h)	出水硬度 /(mg/L)	出水 pH 值	运行流量 /(L/h)	运行流速 /(m/h)	电导率 /(μ · Ω cm)	出水 pH 值
1	5								
2	10								
3	15								
4	20								
5	25								
6	30								

六、注意事项

(1) 为保证离子交换树脂鉴别的准确性，不能忽视树脂的再生，且加入试剂后要注意充分摇动，并用纯水清洗，如果清洗不干净，加入试剂本身的颜色或发生的化学反应会干扰判定。

(2) 离子交换达到稳定需要一定的时间，取样前要保证足够的稳定时间。

(3) 注意取样同始同终，等量足量。进行硬度、电导率及 pH 值的测定时要充分搅拌。

七、思考题

(1) 离子交换树脂全交换容量如何测定？

(2) 离子交换除盐实验中 pH 值是怎样变化的？对电导率有什么影响？

实验五　活性炭吸附实验

活性炭吸附是去除水体异味、难生物降解的有机污染物和回收某些重金属离子的重要方法。在吸附过程中，活性炭丰富的内部孔隙从而具有的较大比表面积起着主要作用。除此之外，pH 值的高低、温度的变化和被吸附物质的分散程度也对吸附速度有一定影响。

一、实验目的

(1) 加深对吸附基本原理的理解。

(2) 掌握活性炭吸附公式中常数的确定方法。

二、实验原理

活性炭对水中所含杂质的吸附既有物理吸附现象，也有化学吸附作用，当活性炭对水中所含杂质吸附时，水中溶解性杂质在活性炭表面聚积而被吸附。与此同时也有一些被吸附物质由于分子运动而离开活性炭表面，重新进入水中，即同时发生解吸现象，当吸附和解吸处于动态平衡状态时，称为吸附平衡。这时活性炭和水相之间的溶质浓度达到平衡。此时，单位重量的活性炭所吸附的溶质数量称为吸附容量 q_e，可表示为

$$q_e = \frac{x}{m} = \frac{(c_0 - c_e)V}{m} \tag{4-2}$$

式中：m ——吸附剂投加量，g；

x ——吸附剂吸附的溶质总量，mg；

c_0——废水中原始溶质浓度，mg/L；

c_e——吸附达平衡时水中的溶质浓度，mg/L；

V ——废水体积，mL。

q_e的大小除了决定于活性炭的品种之外，还与被吸附物质的性质、浓度、水温和 pH 值有关。一般来说，当被吸附的物质与活性炭结合时，被吸附物质不容易溶解于水而受到水的排斥作用，且当活性炭对被吸附物质的亲和作用力强，被吸附物质的浓度又较大时，q_e 就比较大。在废水处理中通常用 Freundlich 方程式来表达固体吸附剂的吸附容量，即

$$q_e = K c_e^{\frac{1}{n}} \tag{4-3}$$

这是一个经验公式，通常用图解方法求出 K、n。将上式变换成线性对数关系式：

$$\lg q_e = \lg K + \frac{1}{n} \lg c_e \tag{4-4}$$

式中：K——与吸附比表面积、温度有关的常数；

n ——与温度有关的常数。

连续流活性炭的吸附过程同间歇性吸附有所不同，这主要是因为前者被吸附的杂质来不及达到平衡浓度 c，因此不能直接应用上述公式。这时可对吸附柱进行活性炭耗竭实验，也可

简单地采用 Bohart-Adams 关系式：

$$t=\frac{N_0}{c_0 u}\left[D-\frac{u}{KN_0}\ln\left(\frac{c_0}{c_B}-1\right)\right] \tag{4-5}$$

式中：t ——工作时间，h；

u ——吸附柱中流速，m/h；

D ——活性炭层厚度，m；

K ——流速常数，$m^3/g\cdot h$；

N_0——吸附容量，g/m^3；

c_0——入流溶质浓度，mg/L；

c_B——允许出流溶质浓度，mg/L。

根据入流、出流溶质浓度，可用式(4-6)估算活性炭柱吸附层的临界厚度，即保持出流溶质浓度不超过 c_B 的活性炭层理论厚度。

$$D_0=\frac{u}{KN_0}\ln\left(\frac{c_0}{c_B}-1\right) \tag{4-6}$$

式中：D_0——为临界厚度，其余符号同上。

在实验时如果原水样溶质浓度为 c_{01}，用三个活性炭柱串联，则第一个活性炭柱的出流浓度 c_{B1} 即为第二个活性炭柱的入流浓度 c_{02}，第二个活性炭柱的出流浓度 c_{B2} 即为第三个活性炭柱的入流浓度 c_{03}。根据各炭柱不同的入流、出流浓度 c_0、c_B 可求出流速常数 K。

三、实验仪器、试剂与材料

1. 实验仪器

(1) 活性炭连续流动态实验装置如图 4-5 所示。连续流是采用有机玻璃柱内装活性炭、水流自上而下连续进出的方法。

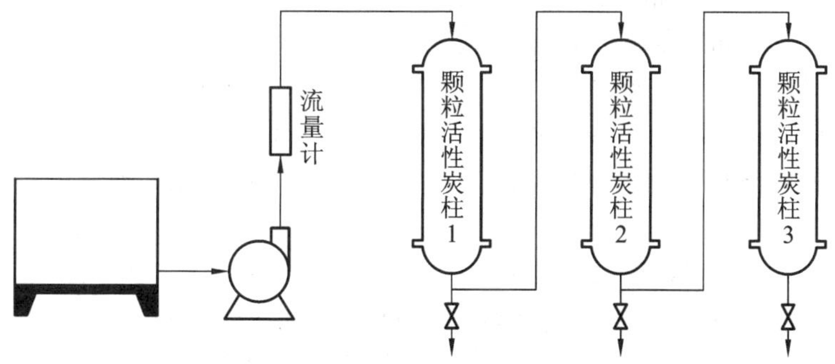

图 4-5　连续流吸附实验装置示意图

(2) 间歇式吸附实验：静态实验吸附采用三角烧瓶内装入活性炭和水样进行振荡。

(3) 其他实验仪器：振荡器(1 台)、分光光度计、三角烧杯(6 个)、玻璃漏斗(6 个)、比色管(50 mL，1 套)、移液管。

2. 实验试剂

定量滤纸。

3. 实验材料

活性炭。

四、实验步骤

1. 连续流吸附实验步骤

(1) 配制亚甲基蓝模拟水样 20 L,使其浓度为 100 mg/L。

(2) 在活性炭吸附柱中,各炭层厚度为 500 mm。

(3) 启动水泵,将配制好的水样连续不断地送入水箱。

(4) 打开活性炭吸附柱进水阀门,使原水进入活性炭柱,并控制流量为 100 mL/min 左右。

(5) 运行稳定 5 min 后测定并记录各活性炭柱出水亚甲基蓝的吸光度。

(6) 连续运行 2～3 h,并每隔 60 min 取样测定并记录各活性炭柱出水亚甲基蓝的浓度一次。

(7) 停泵,关闭活性炭柱进出水阀门。

(8) 如反冲洗水泵及气泵同时打开反冲,水和气也可以单独反冲洗。

2. 间歇式吸附实验步骤

(1) 取实验所用活性炭放在蒸馏水中浸泡 24 h,然后放在 103 ℃烘箱内烘干 24 h 备用。

(2) 取模拟亚甲基蓝废水样,测定原始废水中亚甲基蓝的含量 c_0。

(3) 根据 c_0 的大小,在 5 个三角烧杯中分别放入不同质量的粉状活性炭 5 份。

(4) 在装有不同质量粉状活性炭的 5 个三角烧杯中分别加入 100 mL 亚甲基蓝废水,置于振荡器中振荡 30 min。

(5) 过滤每个三角烧杯中的水样,并测其吸光度,并由校准曲线计算出 c_e。

(6) 测定原水样的 pH 值及温度,填入表 4-10 中。

3. 测定步骤

(1) 亚甲基蓝标准储备液:称取 1.169 g 三水合亚甲基蓝($C_{16}H_{18}C_lN_3S \cdot 3H_2O$)溶于去离子水中,转移至 100 mL 容量瓶中,加去离子水稀释至刻度,摇匀,配置浓度为 10 g/L 的亚甲基蓝标准储备液,标准储备液在每次进行吸附实验前都需重新配制。

亚甲基蓝标准使用液:使用移液枪准确量取 10.00 mL 上述储备液置于 1000 mL 容量瓶中,加去离子水稀释至刻度,摇匀,配置成 100.0 mg/L 的亚甲基蓝标准使用液。

(2) 校准曲线的绘制。

取 7 支 50 mL 的比色管,依次加入 0 mL、1.00 mL、2.00 mL、4.00 mL、6.00 mL、8.00 mL 和 10.00 mL 的亚甲基蓝标准使用液,用水稀释至标线,摇匀,于 667 nm 波长处,用 1 cm 比色皿,以水为参比物,测定吸光度并做空白校正。以吸光度为纵坐标,相应亚甲基蓝含量为横坐标绘制校准曲线。

(3) 水样的测定。

取适量水样于 50 mL 比色管中,用水稀释至标线,测定方法同标准溶液。进行空白校正后根据所测吸光度从校准曲线上查得亚甲基蓝的含量。

(4) 浓度计算。

$$c=\frac{m}{V} \tag{4-7}$$

式中:m ——从校准曲线上查得的亚甲基蓝质量,mg;

V ——水样的体积,L。

五、数据处理与分析

1. 连续流吸附实验数据记录

连续流吸附实验数据记录采用表 4-9。

表 4-9　连续流吸附实验数据

工作时间 T/h	1 号柱			2 号柱			3 号柱			出流溶质浓度 c_B /(mg/L)
	c_{01} /(mg/L)	D_1 /m	u_1 /(m/h)	c_{02} /(mg/L)	D_2 /m	u_2 /(m/h)	c_{03} /(mg/L)	D_3 /m	u_3 /(m/h)	

2. 间歇式吸附实验操作基本参数

① 含染料废水浓度 c_0 单位为 mg/L;水样体积单位为 mL;振荡时间单位为 min。

② 吸附实验的测定结果见表 4-10。

表 4-10　活性炭吸附实验数据

管号＼项目	水样体积 /mL	c_0 /(mg/L)	c_e /(mg/L)	$\lg c_e$	q_e	$\lg q_e$
1						
2						
3						
4						
5						
6						
7						

③ 作图:以 $\lg q_e$ 为纵坐标,$\lg c_e$ 为横坐标绘出 Freundlich 吸附等温线。

④ 从吸附等温线上求出 K、n,代入 Freundlich 表达式,写出 Freundlich 吸附等温式。

六、注意事项

(1) 间歇式吸附实验所求得的 q_e 如果出现负值,说明活性炭吸附了溶剂,此时应换掉活性炭或水样。

(2) 连续流吸附实验时,如果第一个活性炭柱出水中污染物浓度很小(小于 20 mg/L),可增大进水量或停止第二、第三个活性炭柱进水,只用一个炭柱。反之,如果第一个炭柱进出水污染物浓度相差无几,则可减少进水量。

七、思考题

(1) 间歇吸附与连续流吸附相比,吸附容量 q_e 和 N_0 是否相等?怎样通过实验求出 N_0?

(2) 影响吸附的因素有哪些?

实验六　加压溶气气浮实验

气浮池

一、实验目的

(1) 了解加压气浮实验系统设备及其构成。

(2) 通过动态实验加深对气浮原理及规律的理解,并掌握加压溶气气浮工艺。

二、实验原理

在水污染控制工程中,固液分离是一种很重要的水质净化单元。气浮法是进行固液分离的一种方法,它常用来分离密度小于或接近于"1"、难以用重力自然沉降法去除的悬浮颗粒。例如,从天然水中去除细小的胶体杂质,从工业污水中分离短纤维、石油微滴等。有时还用以去除溶解性污染物,如表面活性物质、放射性物质等。由于悬浮颗粒的性质和浓度、微气泡的数量与直径等多种因素都对气浮效率有影响,因此,气浮处理系统的设计运行参数常要通过实验确定。

采用气浮工艺进行固液分离时,用水泵将清水抽送到压力为 2～4 个大气压的溶气罐中,同时注入加压空气。空气在罐内溶解于加压的清水中,形成溶气水。溶气水通过溶气释放器(减压阀)进入气浮池,此时由于压力突然降低,溶解于水中的空气便以微气泡形式从水中释放出来。微气泡在上升的过程中附着于悬浮颗粒上,使颗粒密度减小,上浮到气浮池表面与液体分离。

在工程上,通常用回流比来表示气浮技术数据,所谓回流比指的是溶气水的流量与处理污水的流量比。溶气水的水源一般采用经气浮工艺分离后的处理水。

三、实验仪器与试剂

1. 实验仪器

(1) 加压溶气气浮装置:工艺流程如图 4-6 所示。

(2) 其他仪器:空压机、浊度仪、量筒、烧杯、秒表等。

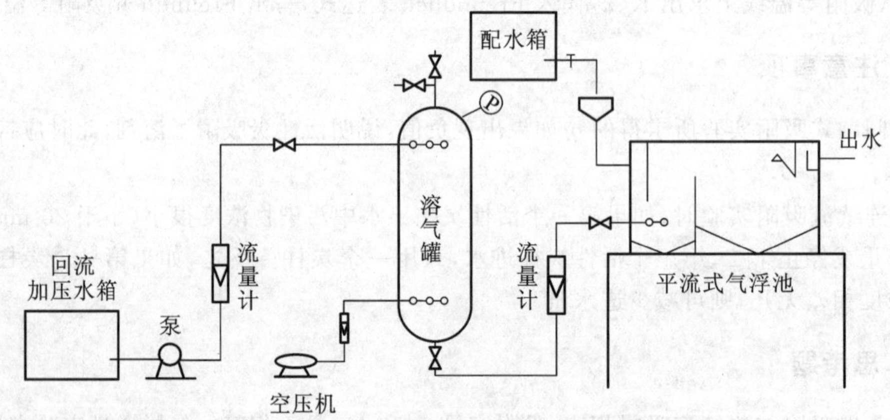

图 4-6　加压溶气气浮实验装置流程图

2. 实验试剂

实验用原水和废水。

四、实验步骤

1. 实验前的准备和检查

熟悉实验工艺流程，并检查气浮设备是否处于完好状态。

2. 溶气水的制备

(1) 将自来水加入加压容器中，体积为容器的 2/3～3/4，打开空压机将压缩空气通入容器，压力为 0.3～0.4 MPa 并维持 5 min。

(2) 摇动加压罐 1～2 min 并静止 3 min，使罐内空气达到饱和，并维持容器中压力不变。

3. 处理水的加入

将一定量待处理废水加入气浮柱中，并测定其浊度。

4. 参数的调整

按预定的回流比 $R=\{0.4, 0.6, 0.8\}$ 释放一定体积的加压水到气浮柱中。通过释放器释放的加压回流水的流速应控制在不剪切气浮柱中原水的悬浮颗粒，但要使它们充分混合即使气液充分接触。

5. 取样测定

在气浮分离完后(通常为 10～20 min)，从取样口取水样，并测定其浊度。

五、注意事项

被处理的废水中，分布着大量细微的气泡，使被处理的污染物质呈悬浮状态，且悬浮颗粒表面应呈疏水性，易于黏附于气泡上而上浮。

六、数据处理与分析

(1) 实验原始记录于表 4-11 中。

表 4-11　加压溶气气浮实验记录

溶气压/MPa	回流比 R	原水体积/mL	出水浊度	水位/m	原水浊度

(2) 通过实验结果分析，以回流比为纵坐标，出水浊度为横坐标，绘制回流比与出水浊度的关系曲线。

七、思考题

(1) 加压溶气气浮法有何特点？

(2) 影响加压溶气气浮工艺的因素有哪些？

实验七　辐流式沉淀池运行实验

一、实验目的

沉淀池

(1) 通过辐流式沉淀池有机玻璃模拟装置，掌握辐流式沉淀池各部分的形状、位置，了解装置各部件所起的作用。

(2) 掌握辐流式沉淀池的沉淀原理，了解不同进出水形式的特点。

二、实验原理

沉淀池是应用颗粒或絮体的沉淀作用去除水中悬浮物的一种传统水处理构筑物，多适用于大、中型污水处理厂，作为一沉池或二沉池。根据进、出水方式主要有中心进水周边出水、周边进水中心出水、周边进水周边出水三种布置形式。它的平面形式常采用长方形和圆形两种。按池中水流方向，可分为平流式、竖流式及辐流式三种形式。

辐流式沉淀池内水流的流态为辐流形，因此，污水由中心或周边进入沉淀池。中心进水辐流式沉淀池的进水管悬吊在桥架下或埋设在池体底板混凝土中，污水首先进入池体的中心管内，然后进入沉淀池，经过中心管周围的整流板整流后均匀地向四周辐射流动，上清液经过设在沉淀池四周的出水堰溢流而出，污泥沉降到池底，由刮泥机或刮吸泥机刮到沉淀池中心的集泥斗，再用重力或泵抽吸排出。周边进水辐流式沉淀池进水渠布置在沉淀池四周，上清液经过设在沉淀池四周或中间的出水堰溢流而出，污泥的排出方式与中心进水辐流式沉淀池相同。

三、实验仪器与材料

1. 实验仪器

辐流式沉淀池结构如图 4-7 所示，包括有机玻璃制作的池体、进水管、中心管、出水堰、出水槽、出水管、泥斗、放空管等。其参数如下。处理水量：0～40 L/h。表面负荷：2.0～3.6 $m^3/(m^2 \cdot h)$。沉淀时间：1.5～2.0 h。机械刮泥：转速为 1～2 r/min。中央污泥斗的坡度为 0.05 左右。本体外形尺寸：直径×高(500 mm×500 mm)。

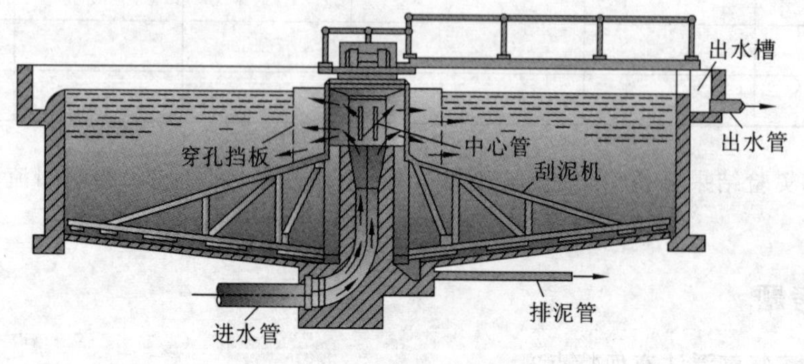

图 4-7　辐流式沉淀池结构示意图

2. 实验材料

实验前从城市污水处理厂二沉池取来的活性污泥(不少于 20 L)。

图 4-8　辐流式沉淀池实验装置图

四、实验步骤

(1) 开启提升泵,将原水箱中的废水提升到沉淀池中,通过液体流量计调节进水的速度。

(2) 当底部有污泥沉积时,开启刮泥机,将沉淀在底部的污泥刮入泥斗,并开启排泥阀排泥(图 4-8)。

(3) 在不同的进水速度下测定进、出水的 SS 值。

(4) 实验完毕,关闭按钮开关,拔掉电源。

五、注意事项

开启提升泵时水量不能开得太大,同时使水循环流动。

六、数据处理与分析

(1) 记录整理实验数据,包括进水流量、表面负荷、沉淀时间、进出水 SS 值及去除率。

(2) 绘制表面负荷与 SS 值去除率的关系曲线。

七、思考题

(1) 根据所绘制的表面负荷与 SS 值去除率的关系曲线能够得到什么结论?

(2) 通过该实验,分析辐流式沉淀池的优缺点。

实验八　生物接触氧化池运行实验

一、实验目的

生物接触氧化池

(1) 了解生物接触氧化池的结构和处理废水的过程。

(2) 掌握生物接触氧化池工作原理以及处理效果的影响因素。

(3) 熟悉运行操作方法。

二、实验原理

生物接触氧化法属于好氧生物膜法工艺,接触氧化池内设有填料,部分微生物以生物膜的形式生长在填料表面而被固定,部分则是絮状悬浮生长于水中。该工艺兼有活性污泥法与生物滤池法两者的特点,池内的生物固体浓度为 5～10 g/L,高于活性污泥法和生物滤池法,具有较高的容积负荷(2.0～3.0 kg $BOD_5/m^3 \cdot d$),另外接触氧化工艺不需要污泥回流,无污泥膨胀问题,运行管理较活性污泥法简单,对水量水质的波动有较强的适应能力。

生物接触氧化池结构包括池体、填料、布水装置、曝气装置等,如图 4-9 所示。

生物接触氧化池处理污水的基本原理:生物接触氧化池内设有填料,在填料上生长的生物

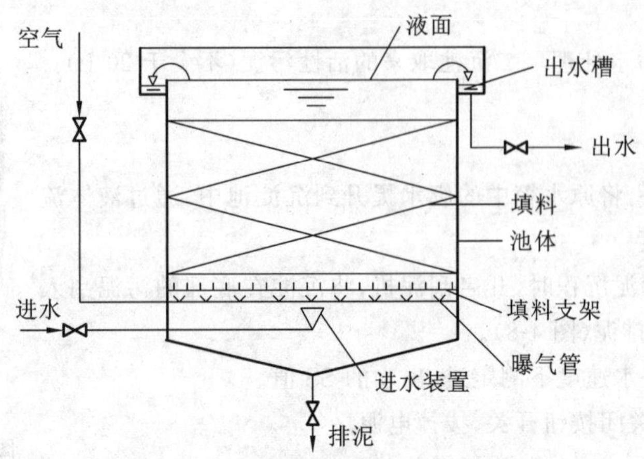

图 4-9 生物接触氧化池基本结构示意图

膜，由于缺氧环境造成生物膜内层供氧不足甚至处于厌氧状态，在生物膜中就形成了由厌氧菌、兼性菌和好氧菌以及原生动物和微型后生动物组成的长食物链型的生物群落，这些生物群落增强了有机物的去除能力，同时水中存在悬浮的活性污泥絮体，通过生物膜及活性污泥的共同作用可吸附、降解废水中的有机物。曝气装置向水中提供氧气，并起搅拌和混合作用。待处理的废水经充氧后以一定流速流经填料，与生物膜接触，生物膜与悬浮的活性污泥共同作用，可达到净化废水的作用。

三、实验仪器与材料

1. 实验仪器

生物接触氧化池实验装置如图 4-10 所示。

图 4-10 生物接触氧化池实验装置

2. 实验材料

处理用废水、活性污泥。

四、实验步骤

(1) 实验准备：参考活性污泥培养方法培养生物膜，生物膜培养成功后方可进行实验。

(2) 开启进水阀门，打开水泵，将原水注入生物接触氧化池内。

(3) 待池内达到稳定水层水位后，打开进气泵，开始进行曝气。

(4) 在不同的运行时间取上清液测试出水水质(主要测试 CODcr)。

(5) 调节进水流量和曝气量大小等参数做连续性实验，在不同的运行时间和有机负荷下取处理过的出水测试出水水质，考察运行因素的影响。

(6) 污泥根据运行情况及时由排泥阀排出。

五、数据处理与分析

(1) 整理实验数据，对实验结果进行分析。

(2) 分析生物接触氧化法对污水处理负荷变化的影响。

六、思考题

(1) 对比分析生物接触氧化池和活性污泥法的优缺点。

(2) 分析在实验运行中需要进一步调整的因素和参数。

实验九　纳滤反渗透膜分离实验

膜分离是以对组分具有选择性透过功能的膜为分离介质，通过在膜两侧施加（或存在）一种或多种推动力，使原料中的某组分选择性地优先透过膜，从而达到混合物的分离，并实现产物的提取、浓缩、纯化等目的的一种新型分离过程。其推动力可以为压力差（也称跨膜压差）、浓度差、电位差、温度差等。膜分离过程有多种，不同的过程所采用的膜及施加的推动力不同，通常称进料液流侧为膜上游、透过液流侧为膜下游。

微滤（MF）、超滤（UF）、纳滤（NF）与反渗透（RO）都是以压力差为推动力的膜分离过程。当在膜两侧施加一定的压差时，一部分溶剂及小于膜孔径的组分可以透过膜，而微粒、大分子、盐等被膜截留下来，从而达到分离的目的。

四个过程的主要区别在于被分离物粒子的大小和所采用膜的结构与性能不同。微滤膜的孔径范围为 0.05～10 μm，所施加的压力差为 0.015～0.2 MPa；超滤分离的组分是大分子或直径不大于 0.1 μm 的微粒，其压差范围为 0.1～0.5 MPa；反渗透常被用于截留溶液中的盐或其他小分子物质，所施加的压差与溶液中溶质的相对分子质量及浓度有关，通常压力差为 2 MPa 左右，也有的高达 10 MPa；介于反渗透与超滤之间的为纳滤过程，膜的脱盐率及操作压力通常比反渗透低，一般用于分离溶液中相对分子质量为几百至几千的物质。

一、实验目的

(1) 了解膜的结构和影响膜分离效果的因素，包括膜材质、压力和流量等。

(2) 了解膜分离的主要工艺参数，掌握膜组件性能的表征方法。

(3) 掌握膜分离的流程。

(4) 掌握电导率测定仪的使用方法。

二、实验原理

纳滤分离作为一项新型的膜分离技术，其原理近似机械筛分。但是纳滤膜本体带有电荷，使得它在很低压力下仍具有较高脱盐能力，在截留相对分子质量为数百的微粒时也可脱除无机盐。

反渗透是一种依靠外界压力使溶剂从高浓度向低浓度渗透的膜分离过程，其基本机理为毛细孔流动机理，而后又按此机理发展为定量的表面力——孔流动模型。

一般而言，膜组件的性能可用截留率（R）、透过液通量（J）和溶质浓缩倍数（N）来表示。

$$R=\frac{c_0-c_P}{c_0}\times 100\% \tag{4-8}$$

式中：R ——截流率；

c_0——原料液的浓度，kmol/m^3；

c_P——透过液的浓度，kmol/m^3。

对于不同的溶质成分，在膜的正常工作压力和温度下，截留率不尽相同，因此这也是工业上选择膜组件的基本参数之一。

$$J=\frac{V_P}{St} \tag{4-9}$$

式中：J ——透过液通量，L/(m^2 · h)；

V_P——透过液的体积，L；

S ——膜面积，m^2；

t ——分离时间，h。

其中，$Q=V_P/t$，即透过液的体积流量，在把透过液作为产品一侧的某些膜分离过程中（如污水净化、海水淡化等），该值用来表征膜组件的工作能力。一般膜组件出厂，均有纯水通量这个参数，即用日常自来水（显然钙离子、镁离子等成为溶质成分）通过膜组件而得出的透过液通量。

$$N=\frac{c_R}{c_P} \tag{4-10}$$

式中：N ——溶质浓缩倍数；

c_R——浓缩液的浓度，kmol/m^3；

c_P——透过液的浓度，kmol/m^3。

该值用来比较浓缩液和透过液的分离程度，在某些以获取浓缩液为产品的膜分离过程中（如大分子提纯、生物酶浓缩等），是重要的表征参数。

三、实验仪器与材料

1. 实验仪器

实验用膜分离设备（MSM2013-A）如图 4-11 所示。

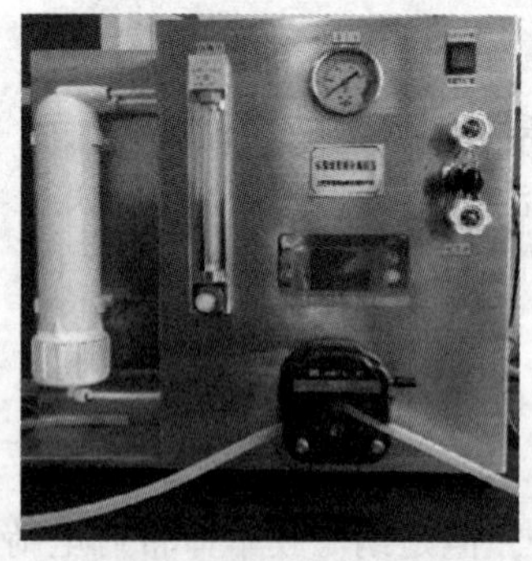

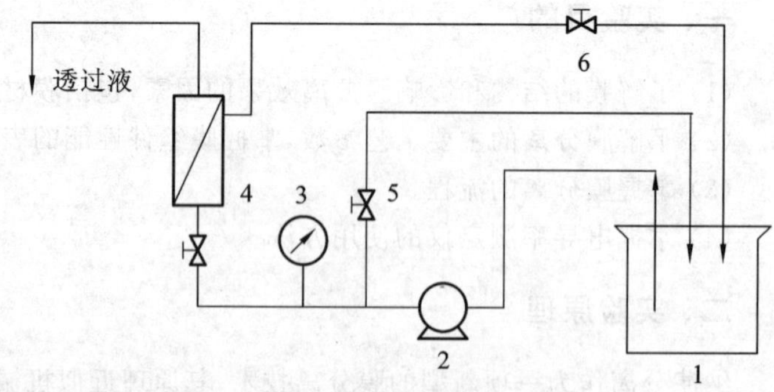

图 4-11 膜分离装置实物图（左图）和流程示意图（右图）

1—原料液槽；2—隔膜泵/蠕动泵；3—压力表；4—膜组件；5—循环阀；6—浓液阀

2. 实验材料

实验用水：质量分数为 0.5%的硫酸钠水溶液（为料液）。

膜组件：纳滤和反渗透膜。

四、实验步骤

本实验装置均为科研用膜，透过液通量和最大工作压力均低于工业现场实际使用情况，实验中不可将膜组件在超压状态下工作。实验取质量分数为0.5%的硫酸钠水溶液为料液，浓度分析采用电导率测定仪测定电导率，然后比较相对数值即可(可根据实验前绘制的浓度-电导率校准曲线获取其浓度)。主要工艺参数如表4-12所示。

表 4-12 膜分离装置主要工艺参数

膜 组 件	膜 材 料	膜面积/m^2	最大工作压力/MPa
纳滤(NF)	芳香聚纤胺	0.4	0.6
反渗透	芳香聚纤胺	0.4	0.6

操作步骤：

(1) 先打开循环阀(下)及浓液阀(上)和流量计阀。

(2) 接通进出管，双向阀转向所需方向，指向左侧9点钟方向是连接隔膜泵，双向阀指向右侧3点钟方向是连接蠕动泵。一般蠕动泵主要应用于微孔滤膜、超滤膜包、中空纤维超滤组件；隔膜泵一般应用于反渗透、纳滤、卷式超滤、陶瓷膜组件。

(3) 接通电源，此电源开关中间为关闭电源，往上按为接通隔膜泵电源，往下按为接通蠕动泵电源。

(4) 电源接通后，隔膜泵/蠕动泵正常运转后，逐步关闭循环阀(下)，其目的主要是为了排除系统中的空气。刚开始操作建议先用纯水作为料液以去除组件中的防腐剂。根据实验需要，通过浓液阀(上)开启程度控制膜分离实验系统压力，正常工作压力，反渗透和纳滤为0.4～0.6 MPa。

(5) 按实验要求分别收集渗透液、浓缩液。

(6) 停止实验时，先开大循环阀及浓液阀，关闭电源开关，结束实验。

(7) 如要收集系统中残余浓缩液，可先通过循环阀出口收集系统残留料液，当残留料液不流出时，再用洗耳球往透过液出口管(流量计后的管子)加压，并在循环阀出口收集系统残留料液，这样可以最大限度地收集残留液(即浓缩液)。

(8) 清洗膜组件与系统(可根据料液性质，污染程度使用不同的清洗剂)，恢复膜性能。

五、注意事项

(1) 实验前仔细阅读“操作说明”和系统流程，特别要注意各种膜组件的正常工作压力与温度。

(2) 新装置首次使用前，先用清水运转10～20 min，洗去膜组件内的保护剂。再在进液管中预先灌满水，以使输液泵正常工作。

(3) 实验原料液必须经过5～10 μm微孔膜预过滤，防止硬颗粒混入以免划破分离膜。

(4) 暂不使用时，要保持系统润湿，防止膜组件干燥，从而影响性能。较长时间不用时，要防止系统滋生细菌，可以加入少量防腐剂，例如0.5%～1%甲醛溶液、H_2O_2等，密封保存于冰箱冷藏室(0～5 ℃)，并注意定期更换防腐液。

(5) 洗膜使用的水必须是去离子水或蒸馏水。

(6) 泵的操作与维护:

① 开机前确认所有阀门的开关位置正确。

② 开启所有泵之前,确认泵体内已充满液体,禁止泵空转。

③ 启动循环泵之前务必将膜系统内的气体排尽。

④ 启动循环泵之前循环阀必须处于开启状态。

⑤ 在使用过程中要确保泵处于正常的操作范围内。

⑥ 当系统处于运行状态,调节手动阀门时,应注意因此而引起的压力变化,调节时速度应慢。

⑦ 当循环泵处于启动状态时,应当注意调节阀门,保持泵进口压力不要过低,以免引起气蚀。

六、数据处理与分析

(1) 记录操作压力(压力表读数),用电导率测定仪测定进、出水电导率。

(2) 计算脱盐率。

七、思考题

(1) 什么是浓度极差?有哪些危害?有哪些消除方法?

(2) 反渗透膜中的渗透通量是什么?有何意义?

实验十 UASB 反应器实验

厌氧生物处理技术不仅用于有机污泥、高浓度有机废水,而且还能够处理低浓度污水,与好氧生物处理技术相比较,厌氧生物处理具有有机物负荷高、污泥产量低、能耗低等一系列明显的优点。升流式厌氧污泥床(UASB)是厌氧生物处理的一种主要构筑物,它集厌氧生物反应与沉淀分离于一体,有机负荷和去除率高,不需要搅拌设备。

一、实验目的

UASB 反应器

(1) 了解 UASB 反应器的内部构造和各部分的作用。

(2) 掌握 UASB 反应器的运行及颗粒污泥的形成机制。

(3) 通过动态实验加深了解 UASB 反应器的工艺参数。

二、实验原理

1. UASB 反应器的工作原理

升流式厌氧污泥床反应器,简称 UASB 反应器,污泥床反应器内没有载体,是一种悬浮生长型的消化器,其构造如图 4-12 所示,由反应区、沉淀区和气室三部分组成。在反应器的底部是浓度较高的污泥层,称污泥床,在污泥床上部是浓度较低的悬浮污泥层,通常把污泥层和悬浮层统称为反应区,在反应区上部设有气、液、固三相分离器。废水从污泥床底部进入,与污泥床中的污泥进行混合接触，微生物分解废水中的有机物产生沼气，微小沼气泡在上升过程中，不断合并，并逐渐形成较大的气泡。由于气泡上升产生较强烈的搅动，在污泥床上部形成悬浮污泥层。气、水、泥的混合液上升至三相分离器内，沼气气泡碰到分离器下部的反射板时，折向气室而被有效地分离排出；污泥和水则经孔道进入三相分离器的沉淀区，在重力作用下，水和泥分离，上清液从沉淀区上部排出，沉淀区下部的污泥沿着斜壁返回到反应区内。在一定的水力负荷下，绝大部分污泥颗粒能保留在反应区内，使反应区具有足够的污泥量。

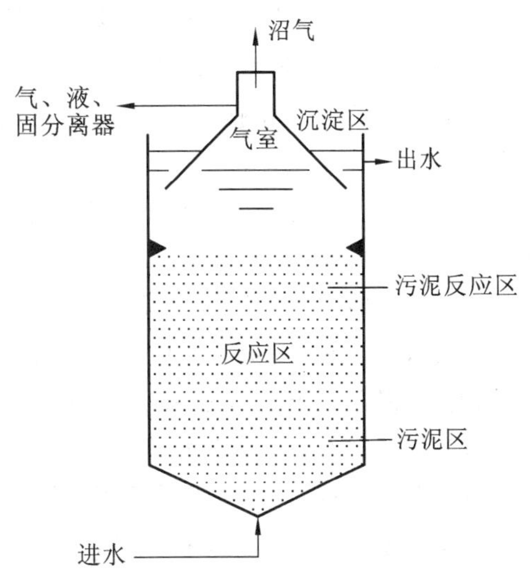

图 4-12　UASB 反应器示意图

反应区中的污泥层高度约为反应区总高度的1/3，但其污泥量占全部污泥量的 2/3 以上。由于污泥层中的污泥量比悬浮层大，底物浓度高，酶的活性也高，有机物的代谢速度较快，因此，大部分有机物在污泥层被去除。研究结果表明，废水通过污泥层已有 80%以上的有机物被转化，余下的再通过污泥悬浮层处理，有机物总去除率达 90%以上。虽然悬浮层去除的有机物量不大，但是其高度对混合程度、产气量和过程稳定性至关重要。因此，应保证适当悬浮层乃至反应区高度。

2. UASB 反应器的组成

UASB 反应器的主要组成部分包括进水配水系统、反应区、三相分离器、出水系统、气室、排泥系统等。

(1) 进水配水系统。

其功能主要包括如下两个方面。

① 将废水均匀地分配到整个反应器的底部，使污水与微生物充分接触；

② 水力搅拌。一个有效的进水配水系统是保证 UASB 反应器高效运行的关键之一。

(2) 反应区与沉降区。

反应区是 UASB 反应器中生化反应发生的主要场所，又分为污泥床区和污泥悬浮区，其中的污泥床区主要集中了大部分高活性的生物颗粒污泥（主要特征），是有机物的主要降解场所；由于气泡上升产生较强烈的搅动，在污泥床上部形成浓度较低的悬浮污泥层，而污泥悬浮区则是絮状污泥集中的区域。

(3) 三相分离器：三相分离器由沉淀区、回流缝和气封等组成。其主要功能如下。

① 将气体（沼气）、固体（污泥）和液体（出水）分开；

② 保证出水水质；

③ 保证反应器内污泥量；

④ 有利于污泥颗粒化，直接影响反应器的处理效果。

(4) 出水系统：出水系统的主要作用是将经过沉淀区后的出水均匀收集，并排出反应器。

(5) 气室：气室也称集气罩，其主要作用是收集沼气。

(6) 排泥系统：排泥系统的主要功能是均匀地排除反应器内的剩余污泥。

3. UASB 反应器的主要工艺特征

(1) 污泥的颗粒化使反应器内的污泥平均浓度在 50 g VSS/L 以上，具有很高的容积负荷。

(2) 实现了水力停留时间(HRT)和污泥停留时间(SRT)的分离，反应器的水力停留时间相应较短，SRT 大，可达 30 d。

(3) 反应器内的污泥能形成颗粒污泥，颗粒污泥的特点：直径为 0.1～0.5 cm，湿比重为 1.04～1.08 kg/m^3；具有良好的沉降性能和较高的产甲烷活性。

(4) 不仅适用于处理高、中浓度的有机工业废水，还适用于处理低浓度的城市污水。

(5) UASB 反应器集生物反应和沉淀分离于一体，结构紧凑。

(6) 无须设置填料，节省了费用，提高了消化池容积利用率。

(7) 一般也无须设置搅拌设备，上升水流和沼气产生的上升气流起到搅拌的作用。

4. UASB 反应器的主要缺点

(1) 进水中悬浮物需要适当控制，不宜过高，一般控制在 1000 mg/L 以下。

(2) 对水质和负荷突然变化比较敏感，耐冲击能力稍差。

三、实验仪器与材料

1. 实验仪器

UASB 反应器实验装置如图 4-13 所示。

图 4-13 UASB 反应器实物图

①—水箱；②—水泵；③—UASB 厌氧发酵柱；④—排水口；⑤—沼气气体流量计；⑥—电控箱；⑦—加热锅；⑧—排气口

2. 实验材料

厌氧接种污泥、废水。

四、实验步骤

培养出活性高、沉降性能优良并适于待处理污水水质的厌氧污泥是 UASB 启动成功的标志。颗粒污泥的形成是启动成功且运行良好的标志。

1. *投加接种污泥*

采用污水处理厂消化池的消化污泥作为接种污泥，污泥的接种质量浓度不低于 10 kg VSS/m^3 反应器容积。接种污泥的填充量应不超过反应器容积的 60%。添加部分颗粒污泥或破碎的颗粒污泥，可以提高颗粒化过程。

2. *初次启动*

第一周将 UASB 反应器的有机负荷控制为 0.5 kg/(m^3 · d)，以后每隔一周增加一次有机负荷。一般把 UASB 反应器的初次启动和颗粒化过程分为三个阶段，分别为启动与提高污泥活性阶段、形成颗粒污泥阶段、逐渐形成颗粒污泥床阶段。

(1) 阶段 1：启动的初始阶段。这一阶段是指反应器负荷低于 2 kg COD/(m^3 · d)的阶段。这一阶段反应器负荷由 0.5～1.5 kg COD/(m^3 · d)或污泥负荷 0.05～0.10 kg COD/kg(VSS)d 开始。

(2) 阶段 2：反应器负荷上升至 2～5 kg COD/(m^3 · d)的启动阶段。(一般要求溶解性 COD 去除率大于 80%，及时提高负荷)在这一阶段污泥的洗出量增大，其中大多为絮状的污泥。一般从开始启动到 40 d 左右，可以在反应器底部观察到颗粒污泥。

(3) 阶段 3：这一阶段指反应器负荷超过 5 kg COD/(m^3 · d)。这一阶段絮状污泥迅速减少，而颗粒污泥加速形成，直到反应器内不再有絮状污泥。在这一阶段反应器负荷可以增加到很大，当反应器大部分被颗粒污泥充满时，其最大负荷可以超过 50 kg COD/(m^3 · d)。

3. *动态处理实验*

将某种高浓度有机污水进行动态实验，定期取样测定进出水各项指标。

五、注意事项

(1) 在污泥接种过程中，由于水中的溶解氧会很快被污泥中的兼性厌氧菌消耗并形成严格的厌氧条件，所以启动时不需要严格的厌氧条件。

(2) 如果能够直接从 UASB 反应器处理装置中取颗粒污泥进行接种，则可省去厌氧污泥培养驯化阶段。

六、思考题

(1) UASB 反应器启动过程中应该注意哪些事项？

(2) UASB 反应器启动方式有几种？

(3) UASB 反应器运行中应控制的因子和要求是什么？

△实验十一　MBR 工艺污水处理实验

膜生物反应器(MBR)是膜技术与污水生物处理技术有机结合产生的污水处理新工艺。

其生产和发展是这两类知识应用和发展的必然结果，膜技术和污水生物处理技术交叉、结合，开辟了污水处理技术研究和应用的新领域。

一、实验目的

(1) 了解 MBR 的构造和工作原理。

(2) 掌握 MBR 的设计和运作参数。

二、实验原理

膜反应器(membrane reactor)是膜和化学反应或生物化学反应相结合的系统或设备，膜反应技术是在反应过程中膜的使用技术。MBR 是膜分离技术与生物处理方法的高效结合，在污水处理系统中，有机污染物的处理由活性污泥承担，而出水则由膜承担，从而实现了真正意义上的泥水分离。较之与常规活性污泥法相比，膜生物反应系统具有较高的污泥浓度和较长的污泥停留时间，再加上膜的分离作用，有效地保证了处理后出水的水质。

MBR 有以下特点：反应、分离、浓缩一体化，容积负荷高，反应器体积小，污染物去除率高，出水水质好，污泥量小，泥龄长，有一定的脱氮功能。但膜易污染、单位面积的膜透水量小、膜成本较高、一次性投资大。

三、实验仪器与材料

1. 实验仪器

MBR 实验装置如图 4-14 所示。

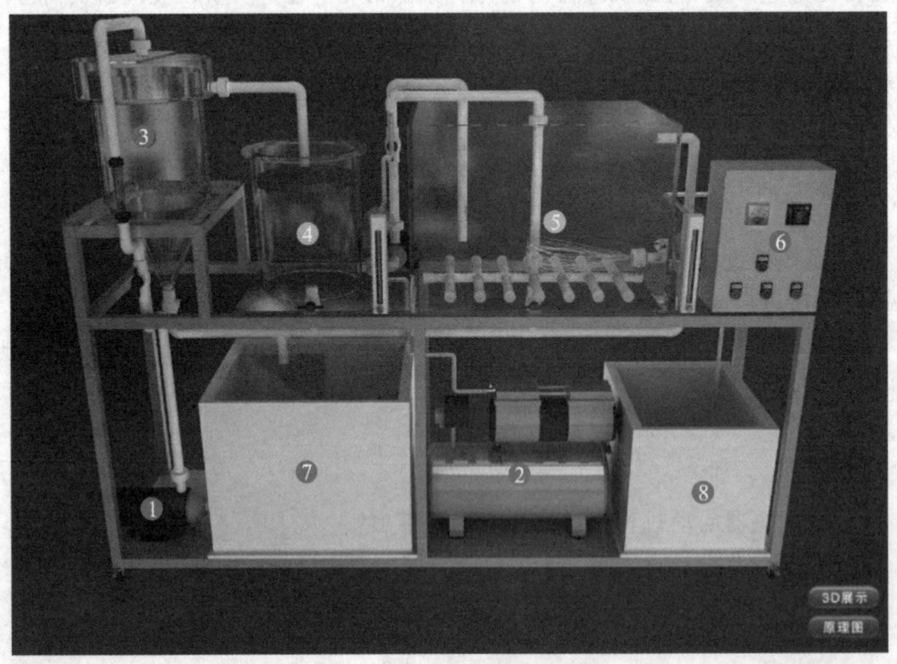

图 4-14　MBR 实验装置示意图

①—水泵；②—气泵；③—初沉池；④—混合调节池；⑤—膜生物反应曝气池；⑥—电控箱；⑦—污水箱；⑧—清水箱

2. 实验材料

实验用废水。

四、实验步骤

1. 装置运行

(1) 污水由配水箱的进水泵输送到沉淀池内沉淀 0.5 h 后流入混合调节池，接着进入膜生物反应曝气池。

(2) 打开气泵，向曝气池中曝气，满足承担污水处理功能的活性污泥中微生物所需的氧气，同时利用气泡上升形成的涡流冲刷膜表面。

(3) 污水流入中空纤维膜组件微空管内，在水池重力或抽水泵的抽升作用下，微孔管内的水流汇集后流出有机玻璃池外。

2. 动态实验操作

(1) 测定清水中膜的透水量：用容积法测定不同时间膜的透水量。

(2) 活性污泥的培养与驯化，污泥达到一定浓度后即可开始实验。

(3) 根据一定的气水比、循环水流量和污泥负荷运行条件，测定一体式膜生物反应器在不同时间膜的透水量、COD 和 MLSS 值。

(4) 改变循环水流量，当运行稳定后，测定分置式膜生物反应器膜的透水量、COD 和 MLSS 值。

(5) 改变气水比，当运行稳定后，测定一体式膜生物反应器膜的透水量、COD 和 MLSS 值。

五、注意事项

(1) 实验装置需要定期维护与检查，包括压缩机、水泵等设备的正常维护。

(2) 实验前，中空纤维膜组件需要用酒精浸泡 3～5 h。

(3) 实验时，水箱、曝气池均应保持正常水位，流量计显示应在合理范围内。

六、数据处理与分析

实验数据分别填入表 4-13 中。

表 4-13　MBR 实验数据

时间/min	进水 COD/(mg/L)	透水量/(mg/L)	出水 COD/(mg/L)

气水比：

MLSS=________ g/L　　　　DO=________ mg/L

七、思考题

(1) 简述分置式 MBR 与一体式 MBR 在结构上有哪些区别？各自有何优缺点？

(2) 影响 MBR 透水量的主要因素有哪些？

(3) 简述 MBR 工艺的优点和缺点。

(4) 控制 MBR 装置运行的因素有哪些？

△实验十二　A^2/O 城市污水处理工艺实验

厌氧-缺氧-好氧(A^2/O)工艺是污水除磷、脱氮技术的主流工艺，是典型的城市污水处理工艺之一。与常规活性污泥法相比，它能在生物降解的同时去除氮和磷，这对于防止水体富营养化的加剧具有重要的意义。

一、实验目的

A^2/O工艺

(1) 掌握 A^2/O 工艺硝化、反硝化的工艺原理。

(2) 掌握 A^2/O 工艺的组成，运行要点。

(3) 根据实验运行情况确定去除率高、能耗小的运行参数，实现同步脱氮除磷。

二、实验工艺原理

A^2/O(即厌氧-缺氧-好氧活性污泥，也称为 A-A-O)脱氮除磷工艺，它是在 A/O 除磷工艺基础上增设了一个缺氧池，并将好氧池流出的部分混合液回流至缺氧池，具有同步脱氮除磷功能，其工艺流程如图 4-15 所示。各反应单元功能如下。

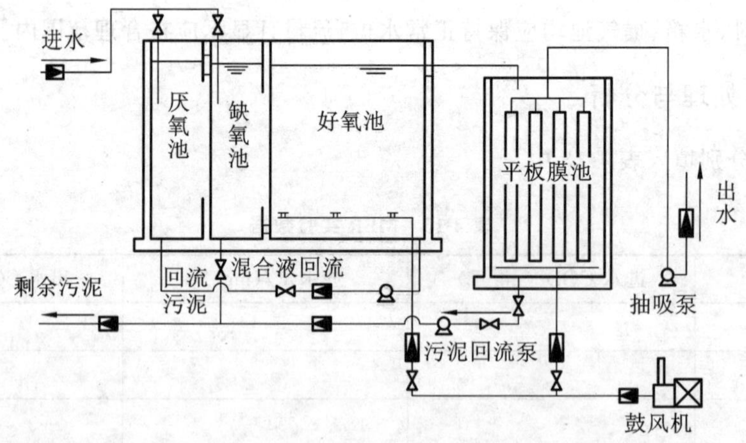

图 4-15　A^2/O 工艺流程图

(1) 厌氧池：原污水与从沉淀池排出的含磷回流污泥同步进入，回流污泥中的聚磷菌释放磷，并吸收低级脂肪酸等易降解的有机物，同时对部分有机物进行氨化。

(2) 缺氧池：首要功能是脱氮，反硝化细菌利用污水中的有机物作为碳源，将内回流混合液带入的硝基氮和亚硝基氮通过反硝化作用转为氮气，从而达到脱氮的目的，并使 BOD 继续下降。

(3) 好氧池：主要是去除 BOD、硝化和吸收磷，在充足供氧的条件下，有机物进一步氧化分解，氨氮被硝化菌转化为硝基氮，而在厌氧池中充分释磷的聚磷菌则可以在好氧池中过量吸收磷，形成高磷污泥，通过剩余污泥排出以达到除磷的目的。

(4) 沉淀池：功能是泥水分离，污泥一部分回流至厌氧反应器，剩余污泥排走。

工艺特点：A^2/O 工艺在去除有机污染物的同时，能够实现脱氮除磷的效果，它在系统上是最简单的同步脱氮除磷工艺，总水力停留时间少于其他同类工艺，且反应流程上厌氧、缺氧、好氧交替运行，不利于丝状菌生长，污泥膨胀较少发生，生物除磷过程运行中无须投药，运行费用低，且污泥中含磷浓度高，具有较高的肥效，是实现污水回用和资源化的有效途径。

三、实验仪器、试剂与材料

1. 实验仪器

(1) A^2/O 工艺实验装置：包括厌氧反应器、缺氧反应器、好氧反应器、沉淀池、原水箱、出水箱、小型进水蠕动泵、进水流量计、气体流量计、静音充氧泵、厌氧缺氧搅拌器、可控硅无级搅拌调速器、污泥回流蠕动泵、污泥回流流量计、混合液回流蠕动泵、混合液回流流量计、控制箱等。

(2) 其他仪器：COD 快速测定仪、溶解氧测试仪、分光光度计、紫外-可见分光光度计、pH 计等。

2. 实验试剂

测试氨氮、总氮、总磷所需的化学药剂。

3. 实验材料

城市污水水样。

四、实验步骤

1. 实验准备

(1) 确定测试指标及测试方法，包括 CODcr、氨氮、总氮、总磷等。

(2) 按测试方法准备实验仪器、化学药剂及其他所需物品。

(3) 检查工艺流程各单体构筑物、管件及管线，保证流程处于完好状态，学会正确操作。

(4) 活性污泥的培养与驯化：如果是首次实验，需进行活性污泥的培养与驯化，具体方法见活性污泥的培养与驯化实验。如果是连续实验，本环节可省略。

2. 实验实施

(1) 初步确定运行参数：一般厌氧池 DO 在 0.2 mg/L 以下，缺氧池 DO 在 0.5 mg/L 以下，而好氧池 DO 在 2.0 mg/L 左右；污泥混合液的 pH 值大于 7；SRT(污泥停留时间)为 8～15 d，混合液回流比为 300%～400%，污泥回流比为 60%～100%。

(2) 废水经水泵进入 A^2/O 工艺系统，按设定的运行参数进行调试运行。

(3) 经过一段时间，取进水和出水分别进行相应的项目检测，判断实验效果。

3. 自主设计实验

方案参考：变更进水水质，混合液回流比、污泥回流比、SRT 等参数重复实验。

五、数据处理与分析

(1) 将实验结果用图表形式整理完成,对实验结果进行讨论。

(2) 按要求设计实验研究报告。

六、相关知识储备

(1) 城市污水的特点、处理难点、常用的处理工艺等理论。

(2) A^2/O 工艺技术理论。

(3) 熟悉操作第九章实验一中城市污水 A^2/O 工艺仿真软件。

(4) 活性污泥的培养与驯化方法。

七、思考题

(1) 简述 A^2/O 工艺的优缺点。

(2) 举例说明 A^2/O 工艺的实际应用。

* 实验十三 水处理剂的制备与应用实验

水处理剂是工业用水、生活用水、废水处理过程中所必需使用的化学药剂,其主要作用是控制水垢、污泥的形成,减少泡沫,降低与水接触的材料的腐蚀,除去水中的悬浮固体和有毒有害物质,除臭脱色,软化和稳定水质等。针对不同对象(不同用户)、不同要求,选择适宜的药剂或复配药剂组成最佳水处理的配方,这种药剂称为水处理剂,利用其相应的配套处理技术对水质进行处理,使水质达到符合要求的标准的过程称为水处理技术。

本实验要求学生围绕环境污染治理、水质软化和污泥处理等主要目标设计开发一种环境友好的水处理剂,并进行实际应用评价。

绿色水处理剂的开发已经成为国内外水处理行业研究的热点,是今后水处理行业研究的主要方向,目前最常用的一些水处理剂包括如下几种。

1. 高分子絮凝剂

絮凝剂沉淀法是目前国内外普遍采用的既经济又简便的水处理方法之一,与无机絮凝剂相比,有机高分子絮凝剂的净化效果更好,并具有用量少、成本低、絮凝速度快、毒性小,受盐类、体系 pH 值及温度影响小、产生污泥量少且容易处理等优点,是絮凝剂研究和开发的重点。目前应用于水处理中的高分子絮凝剂,大多数是高聚合度的水溶性有机高分子聚合物或共聚物,其分子中含有许多能与胶粒和细微悬浮物表面上某些点位发生作用的活性基团,相对分子质量在数十万至数百万之间。为充分发挥絮凝剂的吸附连接作用,应使它的长链伸展到最大限度,同时让可离解的基团达到最大的离解度且充分暴露,以便产生更多的带电部位,并与微粒有更多的碰撞机会。

2. 天然改性有机高分子化合物

由于天然高分子物质具有相对分子质量范围大、活性基团多、结构多样化等优点,易制成性能优良的絮凝剂。同时,还由于其原料来源广、价格低廉,可以再生且无毒,所以这类絮凝剂的开发前景广阔，国外已有不少商品化产品。

3. 生物絮凝剂

生物絮凝剂是一类具有絮凝活性的微生物代谢产物，它作为高效、安全、无污染的新型水处理剂越来越引起国内外研究工作者的重视。它所表现出的广谱絮凝活性、安全性、絮凝剂产生菌的不致病性及制备条件简单等特点，显示了它在水处理、食品加工和发酵工业等方面的广阔应用前景。

4. 绿色环保阻垢分散剂

对于生产过程用水，控制管道系统的腐蚀、沉积物和微生物是冷却水面临的主要问题。一些无机物或有机物（如铬酸盐、锌盐、聚磷酸盐、有机磷酸盐等）已被成功用作冷却水中的缓蚀阻垢剂，但这些药剂对环境造成污染，其使用受到限制。近年来，国内外水处理剂领域的两个研究热点是有机磷酸缓蚀阻垢剂和高聚物阻垢分散剂。有机磷酸及其盐具有化学性能稳定、耐高温和腐蚀、有明显的溶限效应和协同效应等特点，因此它的出现使水处理技术得到了很大的提高，是目前广泛使用的一类水处理剂。同时，开发低磷或无磷的新型绿色阻垢剂已成为国内外水处理剂方面研究的重要课题。

根据实验室条件，学生可以选择实验项目。

(1) 高分子絮凝剂的合成技术研究。

(2) 天然改性有机高分子化合物的制备技术研究。

一、实验目的

(1) 学习和掌握文献资料的检索和应用，培养收集和整理资料的能力。

(2) 巩固实验操作技能，能够熟练进行相关水质指标的测定。

(3) 学习、熟悉和运用高分子特性黏数、动力黏度等测定方法和合成技术，对水处理方法和药剂有更深入的感性和理性认识。

(4) 通过整个实验过程，锻炼学生发现问题、分析问题和解决问题的综合能力，使其创新思维能力得到提高。

二、实验原理

根据实验研究目标结合文献自行编写。

三、实验步骤

1. 方案的初步确定

学生通过检索和查阅有关文献资料，设计出实验方案，包括实验目的、原理、装置、所需设备仪器和试剂、操作步骤等。

2. 实验方案的修正

指导教师审查学生设计的实验方案后，与学生讨论并修正设计方案，确定实验计划后方可开展实验。

3. 实验操作

学生按设计的方案进行全过程操作（包括溶液配制、安装实验装置、药剂制备、效果研究、药剂的微观表征等)，实验完成后整理实验数据，对实验结果进行分析评价，提交正式实验报告。

4. 实验评价

教师对实验报告进行评价，并将评价意见反馈给学生。

四、数据处理

由学生根据实验目的、实验过程和实验效果自行设计整理。数据处理主要包含以下内容。

(1) 研究题目的确定。

(2) 实验方案。

(3) 实验研究效果。

(4) 结论和建议。

五、思考题

(1) 通过资料检索，试总结各种水处理剂的适用范围。

(2) 通过实验，分析影响水处理剂处理效果的因素有哪些？

第五章　大气污染控制工程实验

实验一　粉尘真密度的测定

一、实验目的

真密度是粉尘重要的物理性质之一，粉尘真密度的大小直接影响其在气体中的沉降或悬浮。在设计选用除尘器、设计粉料的气力输送装置以及测定粉尘的质量分散度时，粉尘的真密度是必不可少的基础数据。在缺少资料的情况下，粉尘真密度可以通过测定来获得。

通过本实验达到以下目的。

(1) 了解测定粉尘真密度的原理并掌握真空法测定粉尘真密度的方法。

(2) 了解引起真密度测量误差的因素及消除方法，提高实验技能。

二、实验原理

粉尘真密度的测定原理：先将一定量的试样用天平称量（即求它的质量），然后放入比重瓶中，用液体浸润粉尘，再放入真空干燥器中抽真空，排除粉尘颗粒间隙的空气，从而得到该粉尘试样在真密度条件下的体积。根据式(5-1)计算即可得到粉尘的真密度。

物质的密度 ρ 即单位体积的质量：

$$\rho=\frac{m}{V_c} \tag{5-1}$$

式中：m ——物质的质量，kg；

V_c——该物质的体积，m^3。

设比重瓶的质量为 m_0，容积为 V_s，瓶内充满已知密度为 ρ_s 的液体，则总质量为

$$m_1=m_0+\rho_s V_s \tag{5-2}$$

当瓶内加入质量为 m_c、体积为 V_c 的粉尘试样后，则瓶中减少了体积为 V_c 的液体，故有

$$m_2=m_0+\rho_s(V_s-V_c)+m_c \tag{5-3}$$

粉尘试样体积 V_c 可根据上述两式表示为

$$V_c=\frac{m_1-m_2+m_c}{\rho_s} \tag{5-4}$$

所以粉尘试样的真密度 ρ_c 为

$$\rho_c=\frac{m_c}{V_c}=\frac{m_c\rho_s}{m_1+m_c-m_2}=\frac{\rho_s m_c}{m_s} \tag{5-5}$$

式中：m_s——排出液体的质量，kg 或 g；

m_c——粉尘质量，kg 或 g；

m_1——比重瓶加液体的质量，kg 或 g；

m_2——比重瓶加液体和粉尘的质量，kg 或 g；

V_c——粉尘体积，m^3 或 cm^3。

以上关系可用图 5-1 表示如下：

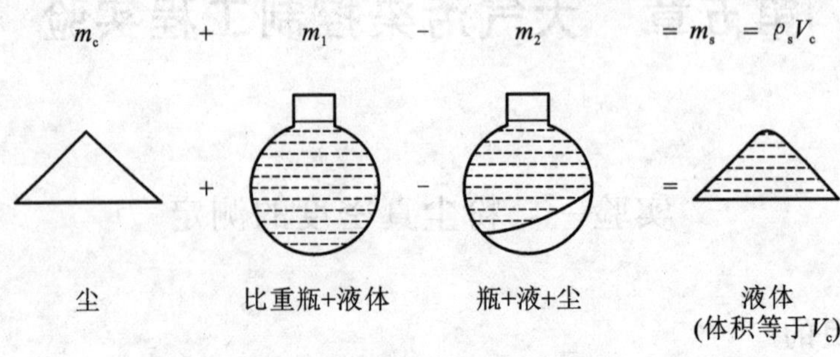

图 5-1　测定粉尘真密度的示意图

$$m_c + m_1 - m_2 = m_s = \rho_s V_c \tag{5-6}$$

三、实验仪器与材料

1．实验仪器

(1) 粉尘真密度测定装置如图 5-2 所示。

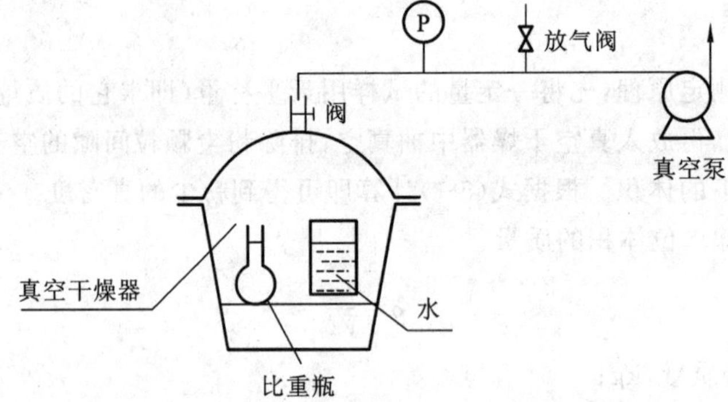

图 5-2　粉尘真密度测定的实验装置示意图

(2) 比重瓶(100 mL)3 个。

(3) 分析天平(0.1 mg)。

(4) 真空泵：真空度＞0.9×10^5 Pa。

(5) 烘箱(0～150 ℃)。

(6) 真空干燥器(300 mm)。

(7) 滴管 1 支。

(8) 烧杯(250 mL)。

2．实验材料

粉尘试样、蒸馏水、滤纸等。

四、实验步骤

(1) 将粉尘试样约 25 g 放在烘箱内，于 105 ℃下烘干至恒重(每次称重前必须将粉尘试样放在干燥器中冷却到常温)。

(2) 将上述粉尘试样用分析天平称重,记下粉尘质量 m_c。

(3) 将比重瓶洗净,编号,烘干至恒重,用分析天平称重,记下质量 m_0。

(4) 将比重瓶加蒸馏水至标记(即毛细孔的液面与瓶塞顶平),擦干瓶外表面后再称重,记下瓶和水的质量 m_1。

(5) 将比重瓶中的水倒去,加入粉尘质量为 m_c(比重瓶中粉尘试样不少于 20 g)。

(6) 用滴管向装有粉尘试样的比重瓶内加入蒸馏水至比重瓶容积的一半左右,使粉尘润湿。

(7) 把装有粉尘试样的比重瓶和装有蒸馏水的烧杯一同放入真空干燥器中盖好盖,抽真空(图 5-2)。保持真空度在 98 kPa 下 15～20 min,以便把粉尘颗粒间隙的空气全部排除,使粉尘能够全部被水润湿,使水充满所有间隙,同时去除烧杯内蒸馏水中可能存在的气泡。

(8) 停止抽气,通过放气阀向真空干燥器缓慢进气,待真空表恢复常压指示后打开真空干燥器盖,取出比重瓶和蒸馏水杯,将蒸馏水加入比重瓶至标记,擦干瓶外表面的水后称重,记下其质量 m_2。

(9) 测定数据记录在表 5-1 中。

表 5-1　粉尘真密度测定数据记录表

比重瓶编号	粉尘质量 m_c/g	比重瓶质量 m_0/g	比重瓶加水质量 m_1/g	比重瓶加粉尘和水质量 m_2/g	粉尘真密度 /($kg \cdot m^{-3}$)
平均					

五、数据处理与分析

将测定数据代入式(5-7),即可求出粉尘的真密度:

$$\rho_c=\frac{m_c}{V_c}=\frac{\rho_s m_c}{m_1+m_c-m_2} \tag{5-7}$$

做 3 个平行样品,要求 3 个样品测定结果的绝对误差不超过±0.02 g/cm^3。

六、思考题

(1) 浸液为什么要抽真空脱气?

(2) 粉尘真密度的测定误差主要来源于哪些实验操作或步骤?

实验二　空气污染控制设备流速、流量、压力损失的测定

一、实验目的

空气污染控制设备的流量和压力损失是大气污染控制设备最重要的性能和技术指标,在

工程应用中具有重要实际意义。本实验的目的是熟练掌握空气污染控制设备的流量、压力损失的测试原理和方法。具体内容如下。

(1) 学会用热球式风速仪测定流量。

(2) 用皮托管和压差计测量压力损失,并掌握由动压确定流速的方法。

二、实验原理

1. 热球式风速仪测定流量

(1) 热球式风速测定仪工作原理简介。

热球式风速测定仪由热球式传感器和测量仪两部分组成。传感器的头部有一微小的玻璃球,球内烧有镍铬丝线圈(加热线圈)和热电偶。热电偶的冷端连接在磷铜质的支柱上,直接暴露在气流中,当一定大小的电流通过加热线圈后,玻璃球被加热到一定温度,此时,在热电偶两端出现相应的热电势。当处于静止空气中(风速为零)时,热电势为一固定值;在测量风速时,气流使热电偶的工作环境温度下降,热偶两端的热电势发生变化,其值为风速的函数。因此通过热电势的测量可以计算出相应的风速,表示气流的速度 v(m/s)。

(2) 流量测定原理。

用热球式风速测定仪测出管道内的平均流速后,测出除尘器进出气管道直径,确定管道面积 F(m^2),由连续性方程式 $Q=vF$(m^3/s)计算管道内气体流量。

2. 皮托管和压差计测定压力损失

(1) 皮托管的构造。

管道压力损失测定的装置是皮托管,如图 5-3 所示,它由双层同心圆管组成。正前方有一小孔与中心管相通,用来测定全压,管头外壁开有小孔与外管相通,用于测定静压。

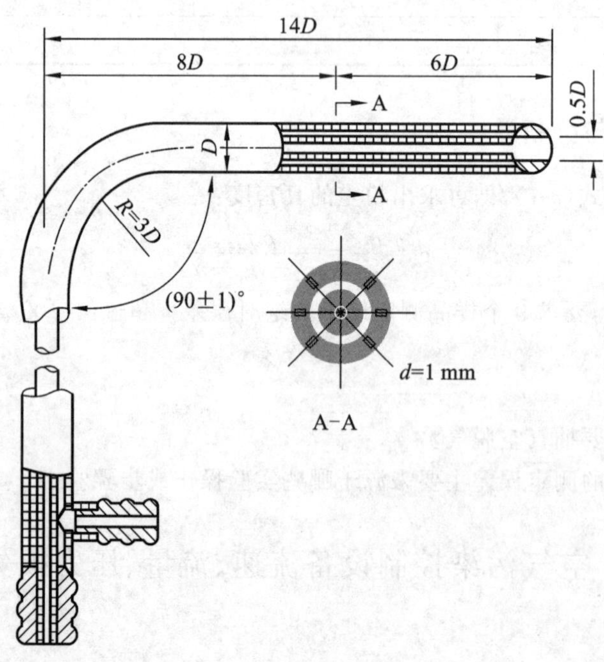

图 5-3 标准皮托管的结构

(2) 测压原理。

当空气沿风管内壁流动时，其压力可分为静压、动压和全压，单位是 mmHg 或 kg/m^2 或 Pa。

全压：平行于风流，正对风流方向测得的压力为全压。全压是静压和动压的代数和，全压代表单位气体所具有的总能量。若以大气压为计算的起点，它可以是正值，亦可以是负值。

动压：指空气流动时产生的压力，只要风管内存在空气流动就具有一定的动压。动压是单位体积气体所具有的动能，也是一种力，它的表现是使管内气体改变速度，动压只作用在气体的流动方向上，恒为正值。

静压：由于空气分子不规则运动而撞击管壁所产生的压力称为静压。静压高于大气压时为正值，低于大气压时为负值。静压是单位体积气体所具有的势能，是一种力，它表现为将气体压缩、对管壁施压。

除尘器的压力损失(Δp)为除尘器进、出口管中气流的平均全压之差，即

$$\Delta p = p_1 - p_2 \tag{5-8}$$

式中：p_1——除尘器入口处气体的全压，Pa；

p_2——除尘器出口处气体的全压，Pa。

3. 通过动压测定可确定管道风速

因为 $\Delta p = \frac{\rho}{2} v^2$；

所以，

$$v = \sqrt{\frac{2\Delta p}{\rho}} \tag{5-9}$$

式中：Δp——管道中测定的动压，Pa；

ρ——管道中空气流体的密度，kg/m^3。

三、实验仪器、设备及材料

空气污染控制设备——板式静电除尘系统实验平台，热球式风速仪，皮托管和压差计。

四、实验步骤

1. 用热球式风速仪测定流量

(1) 测出管径。

(2) 划分管内测点。

因为是圆管，采取等面积同心环，每环在水平方向、垂直方向上取 4 个测点。

(3) 环的数目确定。

直径≤200 mm，3 环；

直径≤400 mm，4 环；

直径≤700 mm，5 环；

直径＞700 mm，6 环。

(4) 在测点上用热球式风速仪测定管道内气流速度 v_i。

(5) 计算平均流速。然后利用公式 $Q=vF$ 计算出流量。

2. 用皮托管和压差计测定压力损失

(1) 按图 5-4 连接皮托管和压差计。

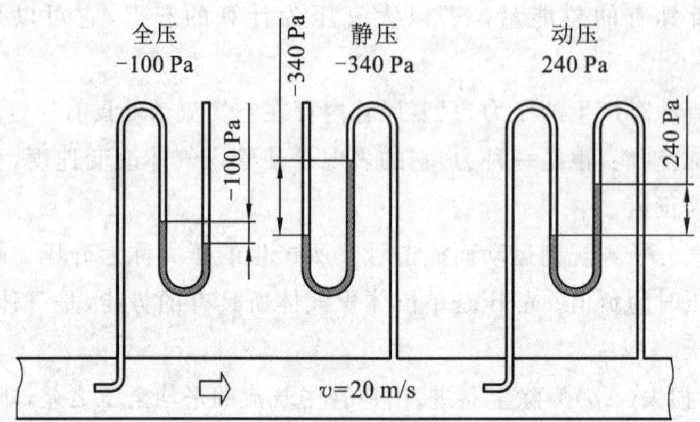

图 5-4　负压操作时全压、静压和动压的关系

(2) 记录压差计液位差。

(3) 测定全压、静压和动压。

(4) 由动压测定可确定管道风速。

五、注意事项

(1) 仪器设备连接好后,启动风机,风机由实验指导老师确认后启动。

(2) 实验前预习。

六、思考题

试分析正压操作时全压、静压和动压的关系,绘出示意图说明。

实验三　板式静电除尘器粉尘浓度与除尘率的测定

一、实验目的

除尘率是除尘器的基本技术性能之一。电除尘器除尘率的测定是了解电除尘器工作状态和运行效果的重要手段。本实验在实验室静电除尘实验台上完成,通过本实验达到以下目的。

(1) 进一步了解电除尘器的电极配置和供电装置。

(2) 观察电晕放电的外观形态。

(3) 掌握电除尘器的工作原理和静电除尘技术。

二、实验原理

1. 电除尘器的工作原理

电除尘器的除尘原理是使含尘气体的粉尘微粒在高压静电场中荷电,荷电尘粒在电场的作用下，趋向集尘极和放电极，带负电荷的尘粒与集尘极接触后失去电子，成为中性而黏附于集尘极表面上，为数很少的带电荷尘粒沉积在截面很小的放电极上，然后借助于振打装置使电极抖动，将尘粒脱落到除尘的集灰斗内，如图 5-5 所示。

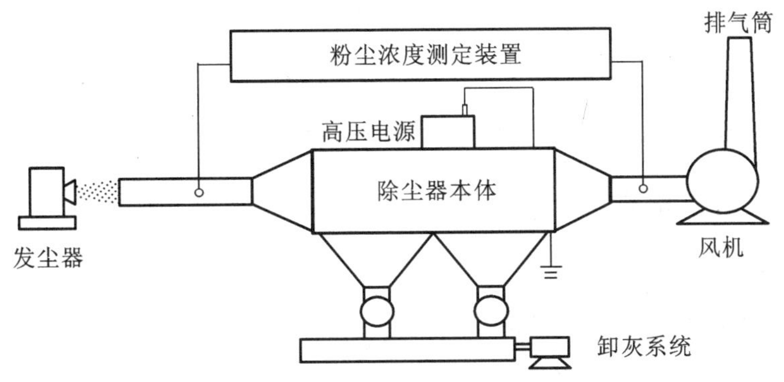

图 5-5 电除尘器实验平台

电除尘器中的除尘过程大致可分为三个阶段。

(1) 粉尘荷电：在放电极与集尘极之间施加直流高电压，使放电极发生电晕放电，气体电离，生成大量的自由电子和正离子。在放电极附近的所谓电晕区内正离子立即被电晕极(假定带负电)吸引而失去电荷。自由电子和随即形成的负离子则因受电场力的驱使向集尘极(正极)移动，并充满两极间的绝大部分空间。含尘气流通过电场空间时，自由电子、负离子与粉尘碰撞并附着其上，便实现了粉尘的荷电。

(2) 粉尘沉降：荷电粉尘在电场中受电场力的作用被驱往集尘极，经过一定时间后达到集尘极表面，放出所带电荷而沉积其上。

(3) 清灰：集尘极表面上的粉尘沉积到一定厚度后，用机械振打等方法使其落入下部灰斗中。放电极也会附着少量粉尘，隔一段时间需要进行清灰。

2. 浓度测定仪的工作原理

如图 5-6 所示的浓度测定装置，是由滤膜采样头、流量计和调节装置及抽气泵等组成。

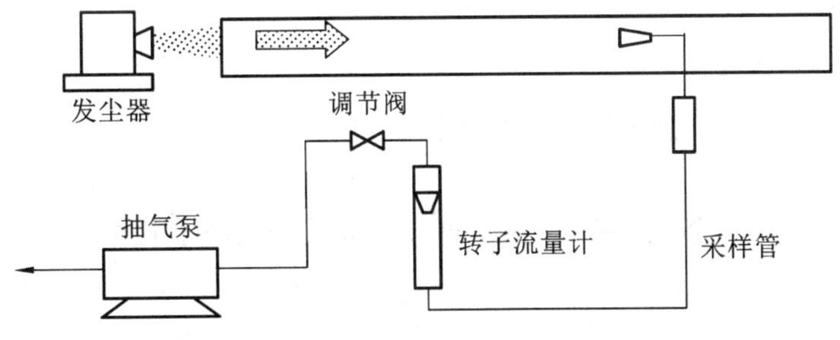

图 5-6 浓度测定装置

当抽气泵开动时，工作区的含尘空气通过采样头被吸入，粉尘被阻留在采样头内的滤膜表面。根据滤膜在采样前后增加的质量(即被阻留的粉尘质量)和采样的空气量，即可计算出空气中的粉尘浓度：

$$c=\frac{W_2-W_1}{Q_N} \tag{5-10}$$

式中：c ——工作区粉尘浓度，mg/m^3；

W_1、W_2——分别为采样前后的滤膜质量，mg；

Q_N——采样空气量，m^3。

3. 除尘率计算

$$\eta_T = \left(1 - \frac{c_0}{c_i}\right) \times 100\% \tag{5-11}$$

式中：c_i、c_0——分别为进入除尘器前后的气体的含尘质量浓度。

三、实验仪器与材料

1. 实验仪器

KM9106 综合烟尘采样仪、电子天平等。

2. 实验材料

玻璃纤维滤筒、实验用粉尘等。

四、实验步骤

(1) 安装测试系统：按图 5-6 安装测试系统。

(2) 安装采样头：滤筒称重（初重）后，装进采样头。

(3) 等速采样：按等速采样法确定转子流量计的流量，记录测定采样时间（3～5 min）。

(4) 滤膜称重（末重）后，由式(5-10)计算烟气的含尘浓度。

(5) 由式(5-11)计算静电除尘器的除尘率。

五、注意事项

(1) 严格按系统连接设备和测试仪表。

(2) 开机后不得接触静电除尘器，以防电击事故。

(3) 采样时一定要注意等速采样。

六、思考题

(1) 如何提高采样精度？

(2) 试分析电极结构对静电除尘器除尘率的影响？

△实验四　旋风除尘器性能的测定

一、实验目的

旋风除尘器是利用旋转的含尘气体所产生的离心力，将尘粒从气流中分离出来的一种气固分离装置。通过本实验，进一步提高学生对旋风除尘器结构形式和除尘机理的认识；掌握旋风除尘器主要性能指标的测定内容和方法，并且对影响旋风除尘器性能的主要因素有较全面的了解；通过实验方案的设计和实验结果的分析，加强学生综合应用和创新能力的培养。

(1) 掌握管道中各点流速和气体流量的测定。

(2) 掌握旋风除尘器的除尘原理。

(3) 掌握旋风除尘器压力损失的测定,旋风除尘器除尘率的测定。

旋风除尘器

二、实验原理

当含尘气体从入口导入除尘器的外壳和排气管之间时,可形成旋转向下的外旋流,悬浮于外旋流的粉尘在离心力的作用下移向器壁,并随外旋流转到除尘器下部,由排尘孔排出。

1. 气体温度和含湿量的测定

由于除尘系统吸入的是室内空气,所以近似用室内空气的温度和湿度代表管道内气流的温度 T_s 和湿度 y_w。由室内的干湿球温度计测量干球温度和湿球温度,可查得空气的相对湿度 Φ,由干球温度可查得相应的饱和水蒸气压力 p_v,则空气所含水蒸气的体积分数为

$$y_w = \Phi \frac{p_v}{p_a} \tag{5-12}$$

式中:y_w——空气所含水蒸气的体积分数;

p_v——饱和水蒸气压力,kPa;

p_a——当地大气压力,kPa。

2. 管道中各点气流速度的测定

当干烟气组分与空气近似,露点温度在 35～55 ℃之间,烟气绝对压力为 0.99×10^5～1.03×10^5 Pa时,可用公式(5-13)计算烟气管道流速。

$$v_0 = 2.77K_P\sqrt{T}\sqrt{p} \tag{5-13}$$

式中:v_0——烟气管道流速,m/s;

K_P——皮托管的校正系数,$K_P=0.84$;

T——烟气温度,℃;

$\sqrt{p}$——各动压方根平均值,Pa。

$$\sqrt{p} = \frac{\sqrt{p_1}+\sqrt{p_2}+\cdots+\sqrt{p_n}}{n} \tag{5-14}$$

式中:p_n——任一点的动压值,Pa;

n——动压的测点数。

3. 管道中气体流量的测定

气体流量计算公式:

$$Q_s = A \cdot v_0 \tag{5-15}$$

式中:A——管道横截面积,m^2。

4. 旋风除尘器压力损失的测定

除尘器的压力损失(Δp)为除尘器进、出口管中气流的平均全压之差,即

$$\Delta p = p_1 - p_2 \tag{5-16}$$

式中:p_1——除尘器入口处气体的全压,Pa;

p_2——除尘器出口处气体的全压，Pa。

5. 除尘率的测定与计算

除尘率采用质量浓度法测定，即用等速采样法同时测出除尘器进、出口管道中气流平均含尘浓度 c_i 和 c_0，按式(5-17)计算。

$$\eta_T=\left(1-\frac{c_0}{c_i}\right)\times 100\% \tag{5-17}$$

三、实验仪器与材料

1. 实验仪器

(1) 旋风除尘器：旋风除尘器设备如图 5-7 所示。

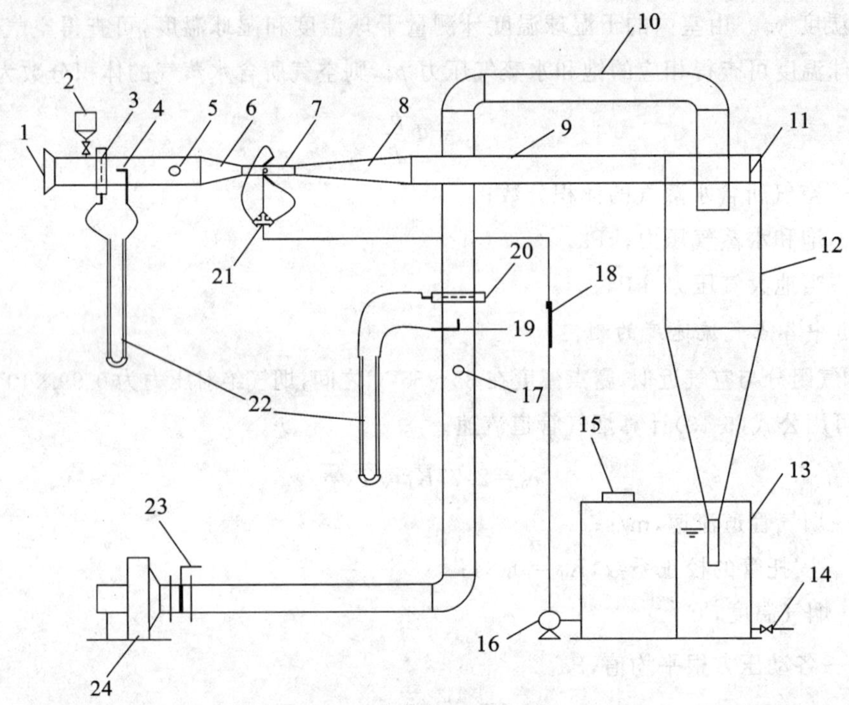

图 5-7　旋风除尘器实验装置与流程示意图

1—喇叭形均流管；2—粉尘布灰斗；3—静压测口 1；4—动压测口 1；5—取样口 1；6—渐缩管；7—喉管；8—渐扩管；9—进风管；10—出风管；11—切入口；12—旋风分离器；13—集水槽；14—放空阀；15—加水口；16—耐腐泵；17—取样口 2；18—进水流量计；19—动压测口 2；20—静压测口 2；21—分配接头；22—U 形管压差计；23—风量调节阀；24—高压离心风机

(2) 其他仪器：干湿球温度计 1 支、风速测定仪 1 台、空盒式气压表 1 个、秒表 1 个、钢卷尺 1 个、分析天平(分度 1/1000 g)1 台、压差计 3 台、托盘天平(分度为 1 g)1 台、皮托管 2 支、干燥器 2 个、烟尘采样管 2 支、鼓风干燥箱 1 台、烟尘测试仪 2 台、超细玻璃纤维无胶滤筒 10 个。

2. 实验材料

实验用粉尘。

四、实验步骤

1. 实验准备工作

测量记录室内空气的干球温度(即除尘系统中气体的温度)、湿球温度及相对湿度,计算空气中水蒸气的体积分数(即除尘系统中气体的含湿量);测量记录当地大气压;测量记录除尘器进出口测定截面直径和截面面积,确定测定截面分环数和测点数,求出各测点距管道内壁的距离,并用胶布标记在皮托管和采样管上。

2. 实验步骤

(1) 将旋风除尘器进出口截面的静压测孔与压差计连接,做好各截面气体静压的测定准备。

(2) 启动风机,调整风机入口阀门,使之达到实验要求的气体流量,并固定阀门。

(3) 在除尘器进、出口截面同时测量记录各测点的气流动压,关闭风机。

(4) 计算并记录各测点气流速度、各截面平均气流速度、除尘器处理气体流量(Q_s)。

(5) 用托盘天平称量一定量的尘样(S),做好发尘准备。

(6) 启动风机和发尘装置,调整好浓度(c_i),使实验系统运行达到稳定。

(7) 测定除尘率:保持风量并尽可能维持进口粉尘浓度不变,观察除尘系统中的含尘气流的变化情况。关闭风机,称量,计算除尘率。

(8) 改变系统风量,重复上述实验,确定旋风除尘器在各种工况下的性能。

(9) 停止发尘,关闭风机。

五、数据处理与分析

1. 旋风除尘器处理气体流量与压力损失的测定

实验数据按表5-2、表5-3记录整理。

表5-2　旋风除尘器处理风量测定结果记录表

当地大气压力 p/kPa	烟气干球温度 /℃	烟气湿球温度 /℃	烟气相对湿度 Φ/(%)	除尘器管道横截面积 A/m^2	除尘器入口面积 F/m^2

表5-3　旋风除尘器性能测定结果记录表

测定次数	除尘器进气管		除尘器排气管		Δp	v_0	Q_s	v_1
	Δl_1	p_1	Δl_2	p_2				
1								
2								
3								
4								
5								

注:Δl——压差计读数,mm;p_1,p_2——全压,Pa;v_0——管道流速,m/s;Q_s——风量,m^3/h;v_1——入口流速,m/s。

2. 除尘率的测定

除尘率测定数据按表5-4记录整理。

表 5-4　除尘器效率测定结果记录表

测定次数	除尘器进口气体含尘浓度						除尘器出口气体含尘浓度						除尘效率/(%)
	采样流量/(L/min)	采样时间/min	采样体积/L	滤筒初质量/g	滤筒总质量/g	粉尘浓度/(mg/m^3)	采样流量/(L/min)	采样时间/min	采样体积/L	滤筒初质量/g	滤筒总质量/g	粉尘浓度/(mg/m^3)	
1													
2													
3													
4													
5													

3. 压力损失、除尘率与入口速度 v_1 的关系

整理不同(v_1)下的 Δp、η 资料，绘制 Δp-v_1 和 η-v_1 关系曲线，分析入口速度对旋风除尘器压力损失、除尘率的影响。

六、思考题

(1) 通过实验，你对旋风除尘器除尘率和阻力随入口气速的变化规律得出什么结论？它对除尘器的选择和运行有何意义？

(2) 你认为实验中还存在什么问题？应如何改进？

△实验五　袋式除尘器性能的测定

一、实验目的

袋式除尘器是利用织物过滤含尘气体使粉尘沉积在织物表面以达到净化气体的目的，它是一种在工业废气除尘方面应用广泛的高效除尘器。本实验主要研究这类除尘器的性能。袋式除尘器的除尘率和压力损失由实验测定。通过实验主要达到以下目的。

(1) 提高对袋式除尘器结构和除尘机理的认识。

(2) 掌握袋式除尘器主要性能测试的实验方法。

(3) 了解过滤速度对袋式除尘器压力损失及除尘率的影响。

(4) 提高对除尘技术基本知识和实验技能的综合应用能力，以及通过实验方案设计和实验结果分析，加强创新能力的培养。

二、实验原理

袋式除尘器的性能与结构、滤料种类、清灰方式、粉尘特性及其运行参数等因素有关。本装置在结构、滤料种类、清灰方式和粉尘特性已定的前提下，测定袋式除尘器性能指标并在此基础上，测定运行参数 Q_s、V_F 对除尘器压力损失(Δp)和除尘率(η)的影响。

1. 气体温度和含湿量的测定

由于系统吸入的是室内空气，所以近似用室内空气的温度和湿度代表管道内气流的温度 T_s 和湿度 y_w。由挂在室内的干、湿球温度计测量的干球温度和湿球温度，可查得空气的相对

湿度 Φ，由干球温度可查得相应的饱和水蒸气压力 p_v，即空气所含水蒸气的体积分数为

$$y_w = \Phi \frac{p_v}{p_a} \tag{5-18}$$

式中：y_w——空气所含水蒸气的体积分数；

p_v——饱和水蒸气压力，kPa；

p_a——当地大气压力，kPa。

2．管道中各点气流速度的测定

当干烟气组分与空气近似，露点温度在 35～55 ℃之间，烟气绝对压力为 0.99×10^5～1.03×10^5 Pa 时，可用下列公式计算烟气管道流速。

$$v_0 = 2.77K_P\sqrt{T}\sqrt{p} \tag{5-19}$$

式中：v_0——烟气管道流速，m/s；

K_P——皮托管的校正系数，$K_P=0.84$；

T——烟气温度，℃；

$\sqrt{p}$——各动压方根平均值，Pa。

$$\sqrt{p} = \frac{\sqrt{p_1}+\sqrt{p_2}+\cdots+\sqrt{p_n}}{n} \tag{5-20}$$

式中：p_n——任一点的动压值，Pa；

n——动压的测点数。

3．管道中气体流量的测定

气体流量计算公式：

$$Q_s = A\cdot v_0 \tag{5-21}$$

式中：A——管道横截面积，m^2。

测定袋式除尘器处理气体量（Q_s），应同时测出除尘器进、出口连接管道中的气体流量，取其平均值作为除尘器的处理气体流量。

$$Q_s = \frac{Q_{s1}+Q_{s2}}{2} \tag{5-22}$$

式中：Q_{s1}、Q_{s2}——分别为袋式除尘器进、出口连接管道中的气体流量，m^3/s。

除尘器漏风率（δ）按下式计算：

$$\delta = \frac{Q_{s1}-Q_{s2}}{Q_{s1}}\times100\% \tag{5-23}$$

一般要求除尘器的漏风率小于 5%。

4．过滤速度 v_F 的计算

$$v_F = \frac{60Q_s}{F}\ (\mathrm{m/min}) \tag{5-24}$$

式中：F——袋式除尘器总过滤面积，m^2。

5．压力损失的测定和计算

袋式除尘器的压力损失（Δp）为除尘器进、出口管中气流的平均全压之差，即

$$\Delta p = p_1 - p_2 \tag{5-25}$$

式中：p_1——除尘器入口处气体的全压，Pa；

p_2——除尘器出口处气体的全压，Pa。

袋式除尘器的压力损失与其清灰方式和清灰条件有关。当采用新滤料时，应预先发尘运行一段时间，使新滤料在反复过滤和清灰过程中，残余粉尘基本达到稳定后再开始实验。

考虑到袋式除尘器在运行过程中，其压力损失随运行时间会产生一定变化。因此，在测定压力损失时，应每隔一定时间，连续测定（一般可考虑 5 次），并取其平均值作为除尘器的压力损失（Δp）。

6. 除尘率的测定和计算

除尘率采用质量浓度法测定，即用等速采样法同时测出除尘器进、出口管道中气流平均含尘浓度 c_i 和 c_0，按式(5-26)计算：

$$\eta_T = \left(1 - \frac{c_0}{c_i}\right) \times 100\% \tag{5-26}$$

由于袋式除尘器除尘率高，除尘器进、出口气体含尘浓度相差较大，为保证测定精度，可在除尘器出口采样中，适当加大采样流量。

7. 压力损失、除尘率与过滤速度关系的分析测定

袋式除尘器的过滤速度可通过改变风机入口阀门开度来调节。当然，应要求在各组实验中，保持除尘器清灰周期固定，除尘器进口气体含尘浓度（c_i）基本不变。

为保持实验过程中 c_i 基本不变，可根据发尘量（S）、发尘时间（t）和进口气体流量（Q_{s1}），按下式估算出进口气体含尘浓度（c_i）：

$$c_i = \frac{S}{tQ_{s1}} \ (\mathrm{g/m^3}) \tag{5-27}$$

三、实验仪器与材料

1. 实验仪器

(1) 袋式除尘器装置如图 5-8 所示。

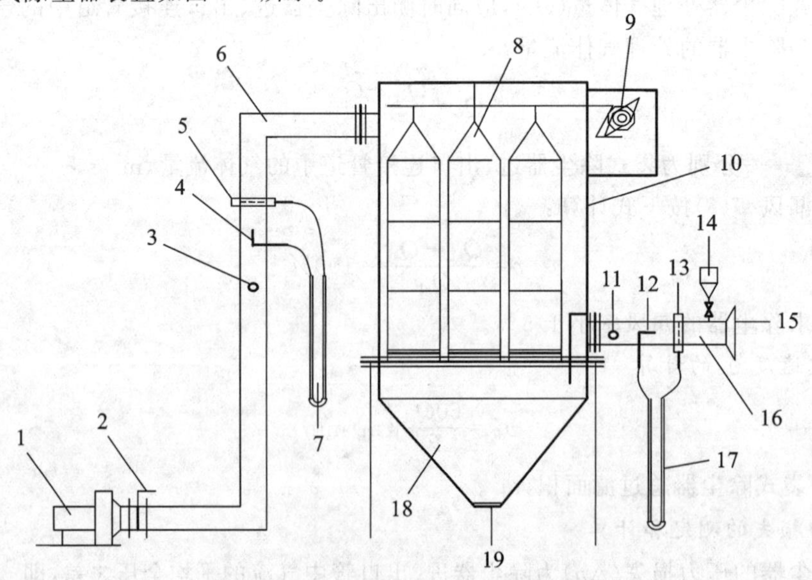

图 5-8 袋式除尘器性能实验流程图

1—高压离心风机；2—风量调节阀；3—取样口 1；4—动压测口 1；5—静压测口 1；6—出风管；7—U 形管压差计 1；8—布袋；9—振打电机；10—滤室；11—取样口 2；12—动压测口 2；13—静压测口 2；14—粉尘布灰斗；15—喇叭形均流管；16—进风管；17—U 形管压差计 2；18—灰斗；19—卸灰口

本除尘器共 6 条滤袋，总过滤面积为 0.26 m^2，滤料选用 208 工业涤纶绒布。实验过程中能定量地连续供给粉尘，处理气体流量和过滤速度，方便控制发尘浓度。

(2) 其他实验仪器：干湿球温度计 1 支、风速测定仪 1 台、空盒式气压表 1 个、秒表 1 个、钢卷尺 1 个、分析天平(分度值 1/1000 g)1 台、压差计 3 台、托盘天平(分度值为 1 g)1 台、皮托管 2 支、干燥器 2 个、烟尘采样管 2 支、鼓风干燥箱 1 台、烟尘测试仪 2 台、超细玻璃纤维无胶滤筒 10 个。

2. 实验材料

实验用粉尘。

四、实验步骤

1. 实验准备工作

测量记录室内空气的干球温度(即除尘系统中气体的温度)、湿球温度及相对湿度，计算空气中水蒸气体积分数(即除尘系统中气体的含湿量)；测量记录当地大气压；记录袋式除尘器型号规格、滤料种类、总过滤面积；测量记录除尘器进、出口测定截面直径和截面面积，确定测定截面分环数和测点数，求出各测点距管道内壁的距离，并用胶布标记在皮托管和采样管上。

2. 实验步骤

(1) 将除尘器进、出口截面的静压测孔与倾斜微压计连接，做好各截面气体静压的测定准备。

(2) 启动风机，调整风机入口阀门，使之达到实验要求的气体流量，并固定阀门。

(3) 在除尘器进、出口测定截面同时测量记录各测点的气流动压。

(4) 计算并记录各测点气流速度、各截面平均气流速度、除尘器处理气体流量(Q_0)、漏风率(δ)和过滤速度(v_F)。

(5) 用托盘天平称量一定量的尘样，做好发尘准备。

(6) 启动风机和发尘装置，调整好发尘浓度(c_i)，使实验系统运行达到稳定(1 min 左右)。

(7) 测定进、出口含尘浓度。进口采样 3 min，出口采样 15 min。

(8) 在进行采样的同时，测定记录除尘器压力损失。压力损失亦应在除尘器处于稳定运行状态下，每间隔 3 min，连续测定并记录 5 次数据，取其平均值 Δp 作为除尘器的压力损失。

(9) 采样完毕，取出滤筒包好，置于鼓风干燥箱烘干后称重。计算出除尘器进、出口管道中气体含尘浓度和除尘率。

(10) 关闭风机和发尘装置，进行清灰振动 10 次。

(11) 改变入口气体流量，稳定运行 1 min 后，按上述方法，测取共 5 组数据。

(12) 实验结束。整理好实验用的仪表、设备。

五、注意事项

(1) 本实验装置采用手动清灰方式，实验应尽量保证在相同的清灰条件下进行。

(2) 注意观察在除尘过程中压力损失的变化。

(3) 尽量保持在实验过程中发尘浓度基本不变。

六、数据处理与分析

1. 处理气体流量和过滤速度

按表 5-5、表 5-6 记录和整理数据。按式(5-22)计算除尘器处理气体量，按式(5-23)计算除尘器漏风率，按式(5-24)计算除尘器的过滤速度。

表 5-5　袋式除尘器处理风量测定结果记录表

除尘器型号、规格	除尘器过滤面积 F/m^2	当地大气压力 p/kPa	烟气干球温度 /℃	烟气湿球温度 /℃	烟气相对湿度 Φ/(%)

表 5-6　旋风除尘器性能测定结果记录表

测定次数	除尘器进气管				除尘器排气管				Q_s	v_F	δ
	p_1	v_1	A_1	Q_{s1}	p_2	v_2	A_2	Q_{s2}			
1											
2											
3											
4											
5											

注：p——全压，Pa；v——管道流速，m/s；A——横截面面积，m^2；Q_s——风量，m^3/s；v_F——除尘器过滤速度，m/min；δ——除尘器漏风率。

2. 压力损失

按表 5-7 记录整理数据。按式(5-25)计算压力损失，并取 5 次测定数据的平均值(Δp)作为除尘器压力损失。

表 5-7　除尘器压力损失测定记录表

测定次数	每个间隔时间	静压差测定结果/Pa															除尘器压力损失
		1(3 min)			2(6 min)			3(9 min)			4(12 min)			5(15 min)			
	t/min	p_1	p_2	Δp	p_1	p_2	Δp	p_1	p_2	Δp	p_1	p_2	Δp	p_1	p_2	Δp	Δp/Pa
1	3																
2	3																
3	3																
4	3																
5	3																

3. 除尘率

除尘率测定数据按表 5-8 记录整理，除尘率按式(5-26)计算。

4. 压力损失、除尘率和过滤速度的关系

整理 5 组不同 v_F 下的 Δp 和 η，绘制 v_F-Δp 和 v_F-η 关系曲线，分析过滤速度对袋式除尘器压力损失和除尘率的影响。对每一组资料，分析在一次清灰周期中，压力损失、除尘率和过滤速度随时间的变化情况。

表 5-8　除尘器效率测定结果记录表

测定次数	除尘器进口气体含尘浓度						除尘器出口气体含尘浓度						除尘率/(%)
	采样流量/(L/min)	采样时间/min	采样体积/L	滤筒初质量/g	滤筒总质量/g	粉尘浓度/(mg/m³)	采样流量/(L/min)	采样时间/min	采样体积/L	滤筒初质量/g	滤筒总质量/g	粉尘浓度/(mg/m³)	
1													
2													
3													
4													
5													

七、思考题

(1) 用发尘量求得的入口含尘浓度和用等速采样法测得的入口含尘浓度，哪个更准确些？为什么？

(2) 测定袋式除尘器的压力损失，为什么要固定其清灰条件？为什么要在除尘器稳定运行状态下连续 5 次读数并取其平均值作为除尘器的压力损失？

(3) 试根据关系曲线 $\Delta p\text{-}v_F$ 和 $\eta\text{-}v_F$，分析过滤速度对袋式除尘器压力损失和除尘率的影响。

(4) 总结在一次清灰周期中，压力损失、除尘率和过滤速度随过滤时间的变化规律。

△实验六　湿式喷淋水浴除尘器性能的测定

一、实验目的

本实验在武汉科技大学自主设计研发的湿式除尘实验教学平台上完成，该湿式除尘实验教学平台主要由喷淋水浴除尘器，喷淋水量与喷雾粒径测量装置组成。研发的喷淋水浴除尘器是一种具有除尘效率高、应用范围广、能耗低、结构简单、阻力较低、体积小的新型湿式除尘器。

通过一系列的实验研究喷雾粒径、粉尘粒径和喷淋水浴除尘器结构等因素对除尘率的影响，对除尘系统中喷淋水浴除尘器的结构进行设计和优化，进而指导工程设计，通过实验，要达到以下几个目的。

(1) 了解喷头的选型，掌握喷雾粒径的测定。

(2) 了解影响湿式除尘器除尘率的主要影响因素，掌握除尘器的除尘率、管道中各点流速和气体流量、除尘器压力损失的测定方法。

(3) 提高对湿式除尘技术基本知识和实验技能的综合应用能力，以及通过实验方案设计和实验结果分析，加强创新能力的培养。

二、实验原理

1. 湿式除尘器的工作原理

湿式除尘器的工作原理是借助液体的撞击、凝聚及接触阻流来实现粉尘的捕集，一般适用于微粒、高湿、高温及有毒性气体等环境中的粉尘捕集。湿式除尘器由于结构简单、设备投资少、净化效率高和可以处理高湿、高温、腐蚀性及有毒气体等优点在很多领域得到广泛应用，我国冶金行业10%以上，矿山行业80%以上均使用湿式除尘器。

2. 喷淋水浴除尘器的结构

喷淋水浴除尘器由进气箱、喷淋装置、排气箱、下箱体、洗气管和灰斗等组成，结构如图5-9所示。进气箱与排气箱侧壁封闭式固定连接，进气箱的顶板自入口处向下倾斜至进气箱末端，入口处的横截面积大于末端。进气箱内设有喷淋装置，喷淋装置安装于烟气入口的下方。排气箱内从上至下依次设有洗涤装置、除雾器和气流均布板。进气箱和下箱体上下连接，进气箱和下箱体间的隔板上均匀地开有孔，每个孔口处竖直地装有锥形洗气管，进气箱和下箱体通过锥形洗气管相通，锥形洗气管的上端口内径大于下端口内径。下箱体侧面设有水位观察窗，下箱体下部设有灰斗，灰斗底部设有排污口，排污口装有可调节阀门。

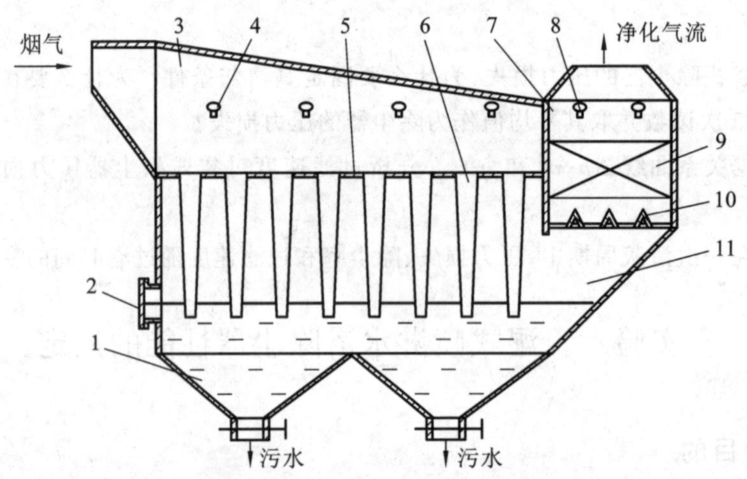

图5-9　喷淋水浴除尘器结构示意图

1—灰斗；2—水位观察窗；3—进气箱；4—喷淋装置；5—隔板；6—锥形洗气管；7—排气箱；8—洗涤装置；9—除雾器；10—气流均布板；11—下箱体

3. 喷淋水浴除尘器的工作原理

烟气进入进气箱时，在进气箱顶部斜板作用下均匀分布，并与喷淋装置喷出的水雾混合，粉尘被雾滴充分润湿后进入锥形洗气管。由于锥形洗气管管径从上到下逐渐减小，故喷雾能在洗气管的内壁形成均匀水膜。充分润湿的粉尘与已形成均匀水膜的洗气管内壁发生碰撞，大部分粉尘被捕集下来，余下的粉尘在气流作用下经洗气管的下端进入下箱体中，在惯性碰撞、接触阻流等作用下实现高效捕集。

净化后的气流经排气箱内的气流均布板均匀分布后进入除雾器进行气水分离，有效降低了净化后气体中的含湿量。每工作一段时间，可根据实际情况用洗涤装置对除雾器进行洗涤，保证除尘过程持续高效地进行。

灰斗的正下方设有排污口，排污口单位时间内排出的污水量与喷淋装置单位时间内喷出的总水量相等，以保证下箱体中水位的稳定。水位通过水位观察窗观测，通过调节排污口处的阀门实现定量排污。从排污口排出的污水由泵送入混凝土充填泵，实现废水的再利用。

三、实验仪器与装置

1. 喷淋水量与喷雾粒径测量装置

为了测试喷淋水浴除尘器中喷嘴的流量、喷射角度、喷雾粒径等相关参数，便于对喷嘴进行选型，搭建了喷淋水量与喷雾粒径测量装置。装置示意图如图 5-10 所示。使用 Winner318 型工业喷雾激光粒度分析仪测量喷嘴的喷淋水量与喷雾粒径，该仪器测量颗粒群的散射谱，通过计算机来分析并输出颗粒粒度分布数据。

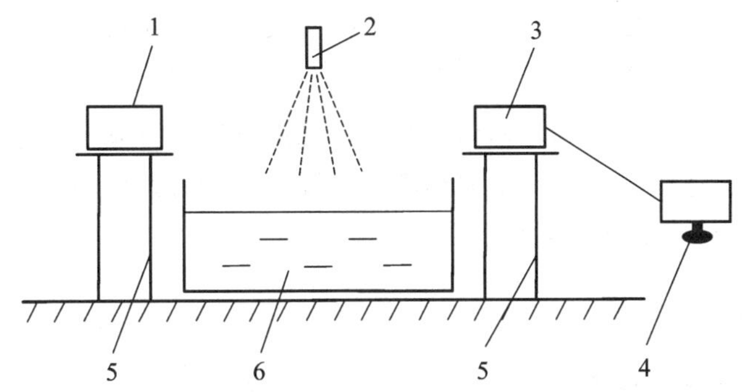

图 5-10　喷淋水量与喷雾粒径测量装置示意图

1—喷雾激光粒度分析仪(激光发射端)；2—喷嘴；3—喷雾激光粒度分析仪(激光接收端)；4—计算机；5—支架；6—水池

2. 喷淋水浴除尘器阻力测定的实验

除尘器的阻力测定实验装置如图 5-11 所示。除尘器前后的全压差即为除尘器的阻力，本实验采用 U 形管测定喷淋水浴除尘器的全压差。

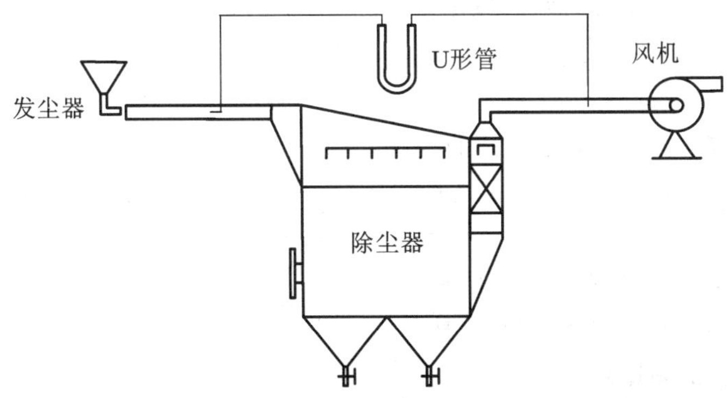

图 5-11　除尘器阻力测定装置图

3. 喷淋水浴除尘器除尘率的测定实验

除尘率是评价除尘器性能的另一重要指标。除尘率的测定装置主要由发尘器、烟尘采样管、转子流量计、真空泵、喷淋水浴除尘器和离心式通风机等组成，如图 5-12 所示。实验中通过调节离心式通风机的变频器来调节处理风量。

实验采用等速采样法测定喷淋水浴除尘器入口及出口处的粉尘浓度，进而计算除尘率。等速采样法是指烟尘采样管采样嘴口的采样速度与烟道内烟气的流速相等的采样方法。发尘

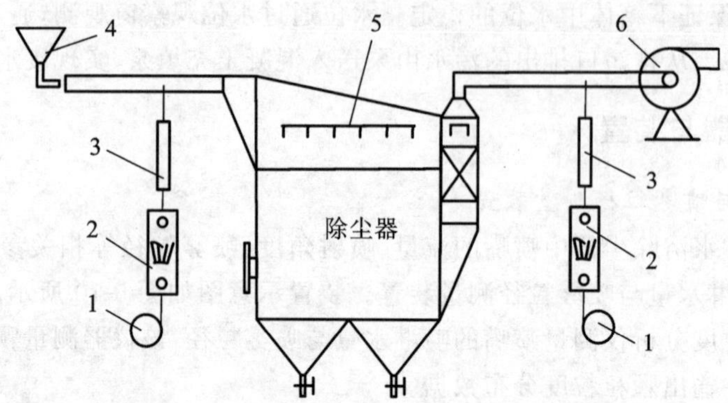

图 5-12　喷淋水浴除尘器除尘效率测定装置图

1—真空泵；2—转子流量计；3—烟尘采样管；4—发尘器；5—喷淋装置；6—离心式通风机

器发尘后，由烟尘采样管捕集喷淋水浴除尘器入口及出口处的粉尘，根据捕集的粉尘重量和抽取的烟气体积计算粉尘浓度，进而计算除尘率。等速采样时，烟气通过真空泵抽取，采样速度和气流量的控制通过调节转子流量计实现。

四、实验步骤

1. 喷淋水量与喷雾粒径测量

(1) 按图 5-12 所示连接好实验装置，安装所测喷嘴。

(2) 在水槽中放入 3/5 的水。

(3) 慢慢打开水管，调节水泵，测量不同压力(或流量)下的雾化效果，通过调节液体流量达到最好的喷雾效果。

(4) 关闭水泵，清理实验室并关闭电源。

2. 喷淋水浴除尘器阻力的测定和计算

(1) 连接皮托管和压差计。

(2) 记录压差计液位差。

(3) 测定除尘器进、出口管中气流的全压。

喷淋水浴除尘器的压力损失(Δp)为除尘器进、出口管中气流的平均全压之差，即

$$\Delta p = p_1 - p_2 \tag{5-28}$$

式中：p_1——除尘器入口处气体的全压，Pa；

p_2——除尘器出口处气体的全压，Pa。

3. 除尘率的测定和计算

(1) 按图 5-12 所示连接好设备。

(2) 当抽气泵开动时，工作区的含尘空气通过采样头被吸入，粉尘被阻留在夹在采样头内的滤膜表面上。根据滤膜在采样前后增加的质量(即被阻留的粉尘质量)和采样的空气量，即可计算出空气中的粉尘浓度：

$$c = \frac{W_2 - W_1}{Q_N} \tag{5-29}$$

式中：c——工作区粉尘浓度，mg/m^3；

W_1、W_2——分别为采样前后的滤膜质量，mg；

Q_N——采样空气量，m^3。

(3) 除尘率采用质量浓度法测定，即用等速采样法同时测出除尘器进、出口管道中气流平均含尘浓度 c_i 和 c_0，按下式计算：

$$\eta_T=\left(1-\frac{c_0}{c_i}\right)\times 100\% \tag{5-30}$$

由于喷淋水浴除尘器效率高，除尘器进、出口气体含尘浓度相差较大，为保证测定精度，可在除尘器出口采样中，适当加大采样流量。

五、注意事项

(1) 严格按系统连接设备和测试仪表。

(2) 仪器设备连接好后，启动风机，风机由实验指导老师确认后启动。

六、思考题

根据喷淋水浴除尘器研发设计的思路，针对湿式除尘的原理，查阅文献，简要设计一个用于除尘的喷头，要求写明工作原理，画出关键尺寸，给出实际应用方案。

*实验七　袋式除尘器滤料性能的测试

一、实验目的

袋式除尘器净化气体的主要部件是滤料，正确选择滤料是使用袋式除尘器的关键。滤料按照结构大致可分为机织布、针刺毡、表面过滤材料等。

本实验在 FilTEq FEMA 1-AT/HT 粉尘过滤效率测试系统上完成，实验过程中要了解粉尘过滤效率测试系统的工作原理，通过滤袋常规性能的检测，判断滤料性能的优劣。

二、实验原理

(1) 袋式除尘器的工作原理。

袋式除尘器的工作原理是依靠编织的或毡织(压)的滤布作为过滤材料，当含尘气体通过滤袋时，粉尘被阻留在滤袋的表面，干燥空气则通过滤袋纤维间的缝隙排走，从而达到分离含尘气体粉尘的目的。它的工作原理是粉尘通过滤布时产生的筛分、惯性、黏附、扩散和静电等作用而被捕集。布袋除尘器除尘效果的优劣与多种因素有关，但主要取决于滤料(图 5-13)。

(2) FilTEq FEMA 1-AT/HT 粉尘过滤效率测试系统可模拟烟气的浓度、温度等条件，参照相应国标，对袋式除尘器的滤袋进行模拟检测(图 5-14)。

在除尘器滤袋安装之前，对滤袋的性能和品质进行检测，以确保安装的滤袋符合设计要求，为除尘器的长期稳定运行创造必要条件。滤料质量的差异会使滤料使用的寿命相差很大，对于大型设备而言，滤料的成本很高，如果滤料寿命延长一年，意味着可以节省百万元以上的费用。

三、实验仪器

FilTEq FEMA 1-AT/HT 粉尘过滤效率测试系统。

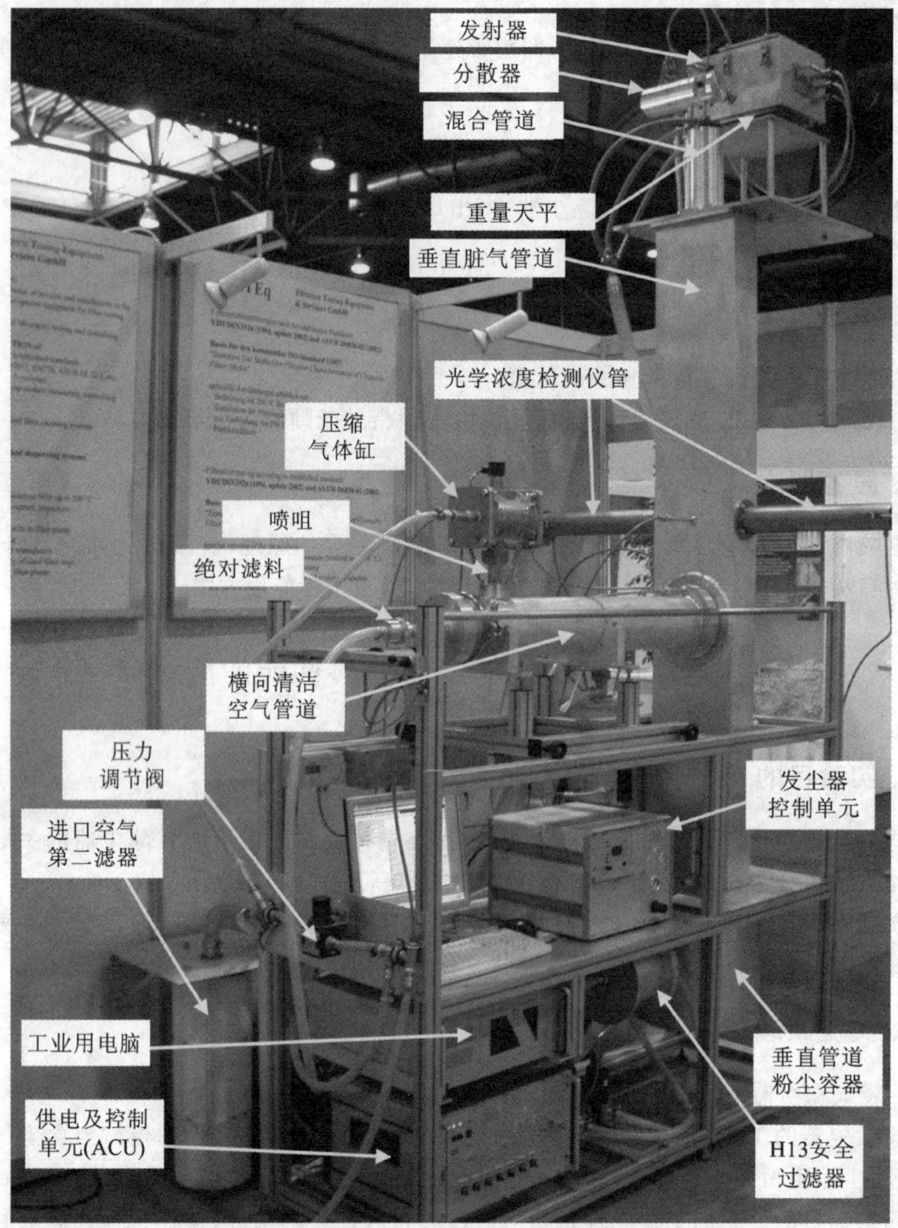

图 5-13　设备实物图

四、实验步骤

1. 测试前准备

(1) 进行测试实验前，应提前 0.5 h 左右打开压缩机和压缩空气干燥机开关，实际喷吹压力可通过手动调节。

(2) 在接下来的 0.5 h 内，先打开所有设备的电源，并检查设备能否正常运行。

(3) 对容易积灰或者对灰尘有严格要求的部位(主要检查分散器的电刷和盖子是否被粉尘堵塞)进行清灰(具体清灰方式见日常清洁附件)，并检查发尘器中粉尘量是否足够(若粉尘

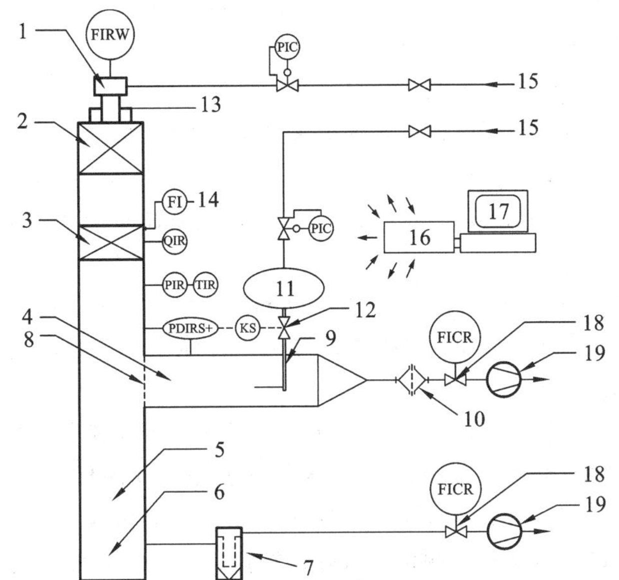

FI——流量测量和指示

FICR——流量测量、指示、控制和校准

FIRW——粉尘流量的测量、指示和校准

KS——信号发生器和定时器

PDIRS+——差压测量、指示、校准和开关装置

PIC——压力指示与控制

PIR——压力指示和校准

QIR——浓度测量、指示和校准

TIR——温度测量与指示

图 5-14 带测控设备的试验装置原理图

1—发尘器；2—混合管；3—光度浓度监测；4—水平净气管道；5—垂直含尘烟气管道；6—灰斗；7—含尘烟气净化器；8—测试过滤样品；9—喷管；10—高效颗粒过滤器；11—压缩空气罐；12—针阀；13—环境空气入口；14—清洁净化空气；15—压缩空气 0.6 MPa；16—控制和数据采集系统；17—工业计算机；18—大流量控制器；19—泵

的重量少于 600 g，则需添加实验粉尘）。

2. 测试

（1）检漏测试。

① 为确保实验的可靠性，应事先对设备进行检漏测试（一般 1 年检测 1 次，如经常进行实验或压力显示有异常则应该进行测试）。

② 完成上述两个步骤后，打开 MELAB 软件，将 MFC2 先调到 2，再把 Pump2 打开（显示器页面如下），MFC2 显示的流量低于 0.1，在这种情况下可确认为不漏气，如果出现漏气情况应该检查清洁气体管是否密封。

（2）粉尘浓度测试（以下所有测试原则上都需要先做浓度测试）。

① 将测试浓度滤料固定在滤料夹具上并清灰，称量滤料及夹具的重量，并记录数值 G_1，再把滤料夹具装到清洁气体管上。在绝对过滤器上装上绝对滤料，然后打开气动活塞，压紧清洁气体管。

② 在主菜单中点击 Automatic unit control and monitoring，再单击[Script 8]，程序开始运行。6.5 min 后仪器自动停止，称量滤料及夹具的重量，记录数据 G_2，计算实际粉尘浓度（VDI 标准粉尘浓度为(5±0.5) g/m^3）。

③ 计算出实际粉尘浓度后，根据实际测试实验需求调节粉尘浓度，可以调节发尘控制系统 NDF100，通过 setpoint"＋"或"－"按键调节实际粉尘浓度，理论上粉尘浓度和 setpoint 中数值成正比例，实际过程中一般数值的调整略高，比如当数值为 400 时，实际粉尘浓度为 5 g/m^3，当需要实际粉尘浓度为 10 g/m^3 时，数值可能需要调节到 830，具体数值需要重复做浓度测试。

注意：安装滤料（所有滤料，包括浓度测试滤料和绝对滤料）至清洁气体管时，滤料的毛糙面朝着清洁气体管方向，光滑面朝着矩形脏气管道方向。测试之前应该对滤料进行清灰。当粉尘浓度降为 0 时，再打开清洁气体管，防止粉尘污染。

(3) 常规测试(老化测试、寿命周期测试、各类标准测试)

① 测试滤料初始压差：打开程序(如果已经打开，但有其他无关数据，应清除)，进入主菜单，先打开 Pump 1，打开并确认 Photometer 没有感应到粉尘时再打开 Pump 2，等待泵流量达到设定值(标准实验参数 Pump 1：4.00 m^3/h，Pump 2：1.85 m^3/h)以后，记录滤料的初始压差。测完后依次关闭 Pump 2 和 Pump 1。

② 从[Setting]里选择[Protocol]，再选择[Max runtime]；在[Open protocol files]中，选择预设参数文件，例如 ISO phase 1，再回到[Analog input]检查设置是否正确。若不正确，修改设置后点击[Save]，再点击[Back]退出[Analog input]。

Δ说明："cyclone $PM_{2.5}$. cal"表示 $PM_{2.5}$ 测试参数文件，"ISO phase 1"表示开始阶段滤料调整期国标，"ISO phase 2"表示滤料老化期国标，"ISO phase 3"表示滤料稳定期国标，"ISO phase 4"表示滤料测试期国标，"ISO phase 5"表示滤料后测试期国标，"kali. cal"常规测试参数文件，"reverse flow. cal"反吹条件下测试参数文件。测试前最好根据相关文件要求选择，预设参数资料可以根据标准自行更改。

③ 在主菜单中点击[Automatic unit control and monitoring]，再单击[Script 1]，[file path]栏选择计算机中的实验数据活页夹，输入文件路径，点击[OK]进行保存，程序开始运行。若程序没有运行，则需重新启动计算器程序，重新打开。若仪器在测试过程中出现异常或故障，进入菜单[Automatic unit control and monitoring]，单击[Script 2]停止仪器运行后，再进行异常问题处理。

④ 当程序运行到实验停止条件时，Pump 2 自动停止。测试数据储存于实验数据文件中。待粉尘浓度降为 0 时，再打开 Pump 2，等待 Pump 1 到达 4.00 m^3/h 和 Pump 2 到达 1.85 m^3/h 时，单击[Cleaning pulse]，进行一次手动清灰，然后记录测试滤料压差。再依次关闭[NDF100 (OFF)]，[Photometer][Pump 2]和[Pump 1]。

⑤ 打开气动活塞，取出滤料夹具，称重并记录。打开绝对过滤器，取出绝对滤料，称重并记录。如需进行测试其他阶段(例如老化阶段)，重复③的步骤运行程序并确认所有参数(根据测试阶段选择参数文件)。在所有阶段完成后关闭程序：在[Program modus]中选择下拉菜单中[Program end]，弹出对话框[Are you sure to end the program?]，选择[Yes]。

五、数据处理与分析

数据处理相关计算公式：

(1) 实际粉尘浓度

$$\frac{\text{受试滤料测试后重量(g)}-\text{受试滤料测试前重量(g)}}{\text{清洁空气流速}(m^3/h)\times\text{测试时间(0.1 h)}} \tag{5-31}$$

(2) 排放浓度

$$\frac{\text{绝对滤料测试后重量(mg)}-\text{绝对滤料测试前重量(mg)}}{\text{清洁空气流速}(m^3/h)\times\text{测试时间(h)}} \tag{5-32}$$

(3) 残余粉尘质量

$$\frac{\text{受试滤料测试后重量(g)}-\text{受试滤料测试前重量(g)}}{\text{滤料暴露面积}(m^2)} \tag{5-33}$$

（4）过滤效率

$$\frac{\text{发尘浓度(mg/h)}-\text{排放浓度(mg/h)}}{\text{发尘浓度(mg/h)}}\times 100\% \tag{5-34}$$

（5）剥离率

$$\frac{\text{清灰阻力(Pa)}-\text{测试后滤料阻力(Pa)}}{\text{清灰阻力(Pa)}-\text{测试前滤料阻力(Pa)}}\times 100\% \tag{5-35}$$

六、实验注意事项

（1）在装卸过滤夹时尤其是通入粉尘后，要确保不会因为抖动而使粉尘脱落。否则在确定含尘气体浓度时会造成误差。

（2）定期对仪器进行清理：主要是电刷和盖子，每个阶段完成后，拆下检查并清理干净，避免堵塞。

（3）实验粉尘需经过烘箱进行干燥冷却后才能使用。

（4）空压机开启后需立即启动干燥机，确保压缩空气干燥。

（5）与分散器连接的喷吹管需定期清理，因粉尘容易在管内结块。

七、思考题

哪些因素会影响袋式除尘器滤料的除尘率和使用寿命？

第六章　固体废物处理与处置实验

实验一　固体废物的破碎

一、实验目的

（1）了解固体废物破碎的目的及破碎方法的分类。

（2）掌握固体废物的机械能破碎常用的设备和流程的相关知识。

（3）了解颚式破碎机、对辊式破碎机的工作原理。

（4）掌握破碎比的概念，破碎比的相关计算。

二、实验原理

固体废物破碎是利用外力克服固体废物质点间的内力而使大块固体废物分裂成小块的过程。磨碎是使小块固体废物颗粒分裂成细粉的过程。固体废物的破碎和磨碎不仅为其有效处理、利用和处置提供了条件，还可达到以下目的。

（1）便于运输和储存，经破碎减容。

（2）便于分选回收，经破碎达到解体或适合于分选设备的适用粒度范围。

（3）便于热处理，增加比表面积。

（4）便于制造建材，满足建材制品对原料的粒度要求。

（5）便于填埋压实，经破碎增加密实度。

（6）保护处理设备，经破碎减小冲击力。

固体废物的破碎比是指固体废物破碎前后粒度的比值。真实破碎比为固体废物破碎前的平均粒度与破碎后的平均粒度之比，能较真实地反映固体废物的破碎程度，通常在科研和理论研究中采用；极限破碎比为固体废物破碎前的最大粒度与破碎后的最大粒度之比，通常在实际应用中采用，破碎机给料口的宽度常根据最大物料直径来选择。

固体废物的机械能破碎由破碎机来完成，常用的破碎机类型有颚式破碎机、冲击式破碎机、辊式破碎机、剪切式破碎机、球磨机等。

颚式破碎机通常按照可动颚板（动颚）的运动特性来进行分类，工业中应用最广的是动颚做简单摆动的双肘板机构（简摆型）的颚式破碎机和动颚做复杂摆动的单肘板机构（复摆型）的颚式破碎机。本实验采用的是复摆型颚式破碎机，其工作原理是可动颚板围绕悬挂轴对固定颚板做周期性的往复运动，动颚前进时，物料受到挤压、劈裂、弯曲的联合作用而破碎；动颚后退时，已破碎的产品在重力作用下从排料口排出。一般用于初碎。

辊式破碎机通常按辊子数目分为单辊和双辊（对辊），按辊子特点分为光面辊式破碎机（光辊）和齿面辊式破碎机齿辊。齿辊主要通过挤压、劈裂作用破碎固体废物，适用于脆性或黏性较大的废物、堆肥物料的破碎；光辊主要靠挤压、研磨作用而破碎固体废物，一般适用于硬度较大的固体废物的中碎和细碎。本实验采用的是光面辊式破碎机。

三、实验仪器与材料

1. 实验仪器

(1) EP60×100 型复摆型颚式破碎机的构造如图 6-1 所示，要求被破碎物料的抗压强度不超过 1500 kg/cm^3。主要技术参数：进料口尺寸为 EP60×100；最大进料尺寸为 50 mm；排料口尺寸为 1～6 mm；主轴转速为 360 r/min；生产能力为 0.15～0.5 t/h；配套动力为 1.5 kW；额定电压为 220 V。

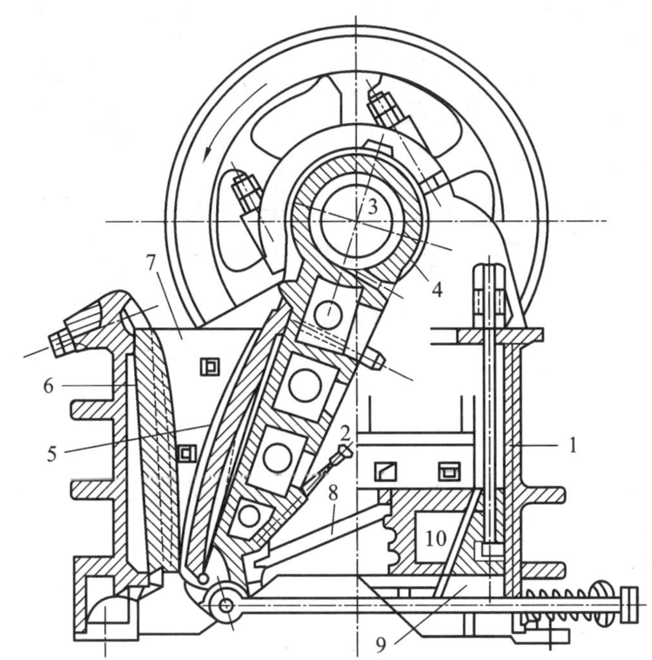

图 6-1　复摆型颚式破碎机

1—机架；2—动鄂板；3—偏心轴；4—滚动轴承；5,6—衬板；7—侧壁衬板；8—肘板；9,10—楔板

(2) XPS-Φ 250×150 mm 对辊式破碎机的构造如图 6-2 所示。主要技术参数：轧辊尺寸 Φ 为 250×150 mm；最大进料尺寸为 10 mm；给料方式为振动给料；排料粒度为 1～4 mm；处理能力为 200～1200 kg/h；电机功率为 2.2 kW；额定电压为 220 V。

2. 实验材料

固体废物样品：自备工业垃圾（块状尾矿）或建筑垃圾（砖块）等 1 kg 左右。

四、实验步骤

(1) 熟悉颚式破碎机和对辊式破碎机的构造及使用说明，测量固体废物样品的堆积体积及质量。

(2) 启动破碎机，并检查破碎机运转是否正常，再将称量好的固体废物试样均匀地放入破碎机给料口，先经一段颚式破碎机，再经二段对辊式破碎机。

(3) 将破碎样品收集，用孔径为 2 mm 的筛子进行筛分、称重，并测量堆积体积。

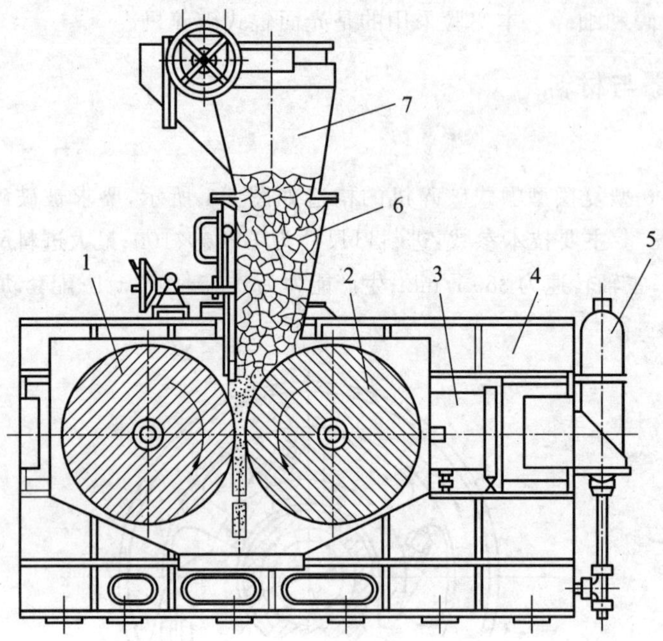

图 6-2 对辊式破碎机构造简图

1—固定辊；2—浮动辊；3—液压缸；4—机架；5—蓄能器；6—进料装置；7—电动阀门

五、数据处理与分析

(1) 记录实验过程中观察到的现象，根据实验过程的数据记录，对固体废物堆积密度、体积减小百分比、破碎比进行计算。

(2) 计算筛下物质量占总质量的百分比。

六、思考题

(1) 简述颚式破碎机和对辊式破碎机的特点。

(2) 画出颚式破碎机和对辊破碎机的工作原理图。

(3) 什么叫破碎比？怎样求破碎机的破碎比？怎样确定"筛分 1—破碎 1—筛分 2—破碎 2—筛分 3"流程的破碎比？

(4) 分析固体废物经颚式破碎机和对辊式破碎机破碎前后的变化情况。

实验二　固体废物的粒度分析——筛分分析法

一、实验目的

(1) 用筛分分析法测定固体物料的粒度分布。

(2) 学会绘制物料粒度特性曲线。

(3) 了解和掌握筛分分析法测定物料的粒度分布实验技术。

二、实验原理

用筛分的方法将物料按粒度分成若干个级别的粒度分析方法，称为筛分分析法，简称筛析。

筛析是一种根据物料能否通过筛子的筛孔来分离固体的方法。物料在筛分时可能以不同的取向通过筛孔，在大多数情况下，物料的长度不会限制物料通过筛孔，而决定物料能否通过筛孔的是物料的宽度，因此，物料的宽度是与筛孔尺寸联系最密切的尺寸。

筛分时，物料通过一套已校准筛网的套筛，筛孔的尺寸由顶筛至底筛逐渐减小。套筛装在具有震动的震筛机上，震筛一段时间后，被筛分的物料分成一系列粒度间隔或粒级。如果用 n 个筛子，则可将物料分成 $n+1$ 个粒级，各粒级的物料粒度用相邻两个筛子相应的筛孔尺寸表示。

三、实验仪器与试剂

1. 实验仪器

震筛机、分样套筛、天平、计时器、铲子等。

2. 实验材料

固体物料、橡皮布等。

四、实验步骤

(1) 从物料中取出有代表性的试样 200 g，并称重。

(2) 将套筛按筛孔大小从上至下逐渐减小的次序排列好，最下一层套一底筛。

(3) 将称好重量的试样倒入最上层筛子中，然后盖上筛盖。

(4) 将震筛机上的压盖手轮放松，提到顶端，然后将套筛放入震筛机内，用压盖压紧并锁紧。

(5) 接通震筛机马达电源，震动 20～25 min 后，断开电源。

(6) 将套筛从震筛机上取下，取出最下层的筛子，用手在橡皮布上摇动 1 min。若筛下物料的重量小于筛上物料重量的 1%时，认定筛分终点已达到；否则，整个套筛应继续放到震筛机上进行筛分，直到筛分终点达到为止。

(7) 将已达到筛分终点的套筛取出，把各个筛子上的物料倒出并分别称重，记录。

(8) 筛析后各粒级重量之和与筛析前重量相比较，其误差不应大于±1%，否则实验应重新做。

五、数据处理与分析

1. 数据记录

筛析结果记录于表 6-1 中。

表 6-1　筛分结果记录表

粒级/mm	重量/g	产率/(%)		
		部分产率	正累计产率	负累计产率
合计				

2. 图表绘制

根据表 6-1 中数据绘制物料粒度特性曲线、正负累计曲线和半对数粒度特性曲线。

3. 数据分析

对照所绘制的粒度特性曲线，指出下列数值：

(1) 该试样的最大粒度为__________mm；

(2) 小于__________mm 粒级的产率为__________%；

(3) 大于__________mm 粒级的产率为__________%；

(4) 大于__________mm 小于__________mm 粒级的产率为__________%。

六、思考题

(1) 粒度特性曲线是什么？通常有哪几种？分别表示什么含义？

(2) 在正累计与负累计粒度特性曲线图中，两条曲线的相交点对应产率是多少？为什么？

(3) 产率-粒度半对数曲线与产率-粒度曲线有什么不同？

实验三　固体物料的磁选

一、实验目的

(1) 熟悉利用固体废物中各种物质的磁性差异，在非均匀磁场中进行磁选的原理。

(2) 了解磁选设备的结构和工作原理。

(3) 学会磁选机和磁选管的实际操作方法。

二、实验原理

磁选的原理是基于固体废物各组分的磁性差异，在非均匀磁场中作用于各种颗粒上的磁力和机械力的合力不同，使它们的运动轨迹也不同，从而实现分选。

磁选必须同时满足以下两个条件：

$$f'_{磁} > \sum f'_{机}$$

$$f''_{磁} < \sum f''_{机}$$

式中：$f'_{磁}$ —— 作用在磁性物体上的磁力；

$f''_{磁}$ —— 作用在非磁性物体上的磁力；

$\sum f'_{机}$ —— 作用于磁性物体上的机械力的合力(重力、离心力、黏着力、介质阻力等)。

三、实验仪器与材料

1. 实验仪器

鼓形湿式弱磁选机(型号 XCRS-74)、磁选管(型号 XCGS，管径 50 mm)、烧杯、洗耳球、制样工具等。

2. 实验材料

实验试样：磁铁矿粉和石灰石粉。

四、实验步骤

1. 矿石中回收磁铁矿实验

(1) 将一定量矿粉倒入搅拌桶中，加水，搅拌制成 20%～30%的矿浆溶液。

(2) 接通电源，将鼓形湿式弱磁选机电源开关置于“通”位置，此时电源指示灯亮，同时磁鼓按正常方向旋转。

(3) 旋转调整磁极的位置，使扇形磁极置于所需位置，调整调压器手柄，使输出直流电流在所需位置(注意极限使用值)。

(4) 给矿，并同时开启喷水管。

(5) 给矿完毕后，将开关置于“断”位置，使转鼓停止旋转，然后关闭反冲水管及喷水管。

(6) 排接尾矿。

(7) 排接精矿。

(8) 切断激磁电源，断磁。

(9) 再冲洗尾矿槽和精矿槽，得到非磁性和磁性两种产品。

(10) 操作完毕后，全部进行一次冲洗，将整机电源切断，调压器手柄拨回零位，一次实验即告结束。

(11) 将非磁性产品和磁性产品分别进行脱水、烘干、称重、取样化验等处理。

2. 磁选管实验

(1) 称样：称取磁铁矿粉及石灰石粉各 10 g。

(2) 打开水龙头将水注入磁选管，使磁选管内的水面保持在磁极以上 4 cm 处，并保持磁选管内进水量和出水量平衡。

(3) 接通电源开关，并启动磁选管。

(4) 启动激磁电源开关，调节激磁电流至一定值，并在排矿端放好接样容器。

(5) 给样：取一份试样倒入烧杯中，先用水润湿后再稀释至 100～150 mL(容积)，然后用玻璃棒边搅拌边给样，试样应均匀给入，注意避免试样从磁选管上部溢出。

(6) 给样完毕后，继续给水，直到磁选管内的水清净为止。关闭磁选管时应先切断磁选管转动电源，然后切断进水，待管内水流尽后，排出物即为非磁性产品。

(7) 将排样端容器移开，换上另一个容器，然后切断激磁电源，并用水冲洗干净管壁内的磁性产品。

(8) 将非磁性产品和磁性产品分别进行脱水、烘干、称重、取样化验等处理。

五、数据处理与分析

(1) 求出“矿石中回收磁铁矿实验”中磁性产品和非磁性产品的产率；求出矿石中 Fe 的回收率。

(2) 在“磁选管实验”中，分别计算各产品的产率、品位和回收率(表 6-2)。

表 6-2　磁选实验结果记录表

产 品 名 称	质量/g	产率/(%)	品位/(%)	备注
磁性产品				
非磁性产品				
合计(混合试样)				

六、思考题

(1) 影响磁选效果的因素有哪些?

(2) 比较磁选机和磁选管磁选的异同点。

实验四　固体废物的浮选

一、实验目的

(1) 掌握根据固体废物各组分表面性质的不同进行浮选分离的原理。

(2) 熟悉各药剂(抑制剂、捕收剂、起泡剂)的作用机理,并学会正确使用。

(3) 了解浮选机的结构和工作原理。

(4) 学会小型球磨机、浮选机的使用及浮选实验的操作、调节、分选过程。

二、实验原理

浮选的原理是利用固体废物中不同物质表面润湿性的差异,在固体废物与水调制的料浆中加入浮选药剂扩大不同组分可浮性的差异,并通入空气形成无数细小气泡,使欲选物质颗粒黏附在气泡上,随气泡上浮于料浆表面成为泡沫层,然后刮出回收;不上浮的颗粒仍留在料浆内,通过适当处理后废弃。

在浮选过程中,固体废物各组分对气泡黏附的选择性是由固体颗粒、水、气泡组成的三相界面间的物理化学特性所决定的,其中比较重要的是物质表面的润湿性。

固体废物中有些物质表面的疏水性较强,容易黏附在气泡上;而另一些物质表面亲水,不易黏附在气泡上。物质表面的亲水、疏水性能,可以通过浮选药剂的作用而加强。在浮选工艺中正确选择、使用浮选药剂是调整物质可浮性的主要外因。

三、实验仪器、试剂与材料

1. 实验仪器

XFD-1.5 浮选机、球磨机、秒表、天平、过滤机、干燥箱、电炉、注射器等。

2. 实验试剂

pH 试纸、浮选药剂(氧化石蜡皂、塔尔油、碳酸钠)。

3. 实验材料

实验试样:已磨细的赤铁矿尾矿(0.5 mm),每份 200～300 g。

四、实验步骤

1. 药剂配制

配制捕收剂：氧化石蜡皂和塔尔油(3∶1)药液，药剂浓度为10%，药温为60 ℃。

pH调整剂：碳酸钠药液，浓度为10%。

2. 磨矿

(1) 清洗球磨机：往球磨机中加入少量水，盖上盖磨5～10 min，停机，用水冲洗干净球磨机筒壁、盖及钢球。

(2) 根据待磨矿样量，用量筒量取磨矿用水，使磨矿浓度为67%。

(3) 倒入尾矿试样及磨矿用水，将盖盖严后磨矿，并记录磨矿时间。

(4) 试样磨完后将盖打开，倒出矿浆，并用少量水分次洗净残余矿浆试样。

3. 浮选

清洗浮选槽及其用品，测定充气量，待用。

(1) 开动浮选机，将矿浆倒入槽内，调整液面，同时将药剂吸入注射器和进样器加药，开动秒表计时并搅拌5 min。

(2) 测定矿浆的pH值及温度，然后按流程要求进行浮选操作，启动秒表计时，刮泡4 min。在刮泡过程中补加清水要均匀，并保证矿浆液面恒定，做到既不积压泡沫，又不刮出水。

本实验浮选矿浆温度要求在33～37 ℃之间，即将矿浆加热到33～37 ℃进行浮选，补加水也必须控制温度，以保证浮选在33～37 ℃进行，补加水的pH值应与矿浆大致相同。

4. 取样分析

将精矿(泡沫产品)、尾矿烘干、称重，送样分析。

五、数据处理与分析

记录实验过程中观察到的现象，按化验结果进行计算并将有关数据填入表6-3中。

表6-3　浮选实验结果记录表

产品名称	质量/g	产率/(%)	品位/(%)	备注
铁精矿				
尾矿				
原试样				

六、思考题

(1) 什么是正浮选和反浮选？什么是精选和扫选？

(2) 简述各种浮选药剂的作用及作用机理。

(3) 浮选的原理及影响浮选效果的因素有哪些？

实验五 危险废物的固化及浸出毒性鉴别

一、实验目的

(1) 掌握固体废物固化处理的操作流程。

(2) 熟悉我国危险废物鉴别标准中规定的危险特性和鉴别方法。

(3) 掌握危险废物浸出毒性的测定方法。

(4) 了解危险废物浸出毒性对环境的污染与危害。

二、实验原理

危险废物是指列入《国家危险废物名录》或国家规定的危险废物鉴别标准和鉴别方法认定的具有危险特性的废物。危险废物的污染危害具有长期性和潜伏性,国内外废物管理都将危险废物作为重点管理对象,其危险特性是指具有毒性、腐蚀性、易燃性、反应性和感染性等独特性质。含有有害物质的固体废物在堆放或处置过程中,遇水浸沥,使其中的有害物质迁移转化,污染环境。浸出实验是对这一自然现象的模拟实验。当浸出的有害物质的量超过相关法规提出的阈值时,则该废物具有浸出毒性。废物浸出液的组成和它对水质的潜在影响,是确定该种废物是否为危险废物的重要依据,也是评价这种废物所适用的处置技术的关键因素。

固化/稳定化技术是目前被广泛应用的处理危险废物的重要手段。用物理化学方法将废物掺和并包覆在惰性材料中,并使其达到稳定的处理方法称为固化处理。通常废物经固化处理后,其渗透性和溶出性均降低,所得固化体能安全运输和堆存填埋,稳定性好,强度高的固化体还能作为筑路的基材。固化处理的效果常采用浸出率、增容比、抗压强度等指标进行衡量。其中浸出率是评价固化处理效果和衡量固化体性能的一项重要指标。了解浸出率有助于比较和选择不同的固化方案,有利于估计各类固化体储存、运输等条件下与水接触所引起的危险大小。

固体废物中的有害物质及化合物遇水通过浸沥作用,从危险废物中迁移转化到水溶液中。通过延长接触时间,采用水平振荡器等方法强化可溶解物质的浸出,并测定强化条件下浸出的有害物质浓度可以表征危险废物的浸出毒性。浸出率测定依据《危险废物鉴别标准浸出毒性鉴别》(GB 5085.3—2007)和浸出液的制备《固体废物 浸出毒性浸出方法 水平振荡法》(HJ 557—2010)。

三、实验仪器与材料

1. 实验仪器

台秤、天平、胶砂搅拌机、模具、标准养护箱、秒表、量筒、压力实验机、锥形瓶、往复式水平振荡仪、0.45 μm 微孔滤膜、真空过滤装置、原子吸收分光光度计等。

2. 实验材料

普通硅酸盐水泥、黄沙、工业废渣、氢氧化钠、盐酸。

四、实验步骤

1. 固化实验

(1) 按配比分别称量水泥 150 g、黄砂 100 g,分别加入工业废渣 50 g、150 g,量取适量的水，占固体质量的50%～60%。

(2) 将全部干物料投入胶砂搅拌机中。启动电源，干混2 min后，边搅拌边加入量取的适量的水。调整搅拌刀片顺次、逆次交替搅拌若干次，湿混10 min至物料均匀混合成可塑性并稍有黏性的半固体后停机。

(3) 将标准模具固定在工作台上。从搅拌机上取下搅拌锅，将搅拌后的砂浆倒入标准模具中，用刮刀刮平表面，放入养护箱，24 h后脱模，并继续放置室温下养护至规定龄期。

(4) 养护好的固化样品进行抗压强度测试和浸出毒性鉴别。

2. 浸出毒性鉴别实验

(1) 将固化体粉碎，并将其研磨至粒度小于5 mm，准确称取10 g试样，置于锥形瓶中。

(2) 加入去离子水100 mL(氢氧化钠或盐酸调节pH值至5.8～6.3)，将瓶口密封。

(3) 将锥形瓶垂直固定于水平振荡仪上，调节频率为(110±10)次/分，单向振幅20 mm，在室温下振荡8 h(可根据需要适当调整浸取时间)。

(4) 取下锥形瓶，静置16 h，并于安装好滤膜的真空过滤装置上过滤，收集全部滤液，即为浸出液。

(5) 用原子吸收火焰分光光度法或ICP-AES测试浸出液中重金属Cd、Cr、Cu、Ni、Pb和Zn的浓度。

(6) 进行空白对照实验，选取同样规格的锥形瓶，同时进行步骤(2)～(5)的操作，其测定结果即为空白浓度。

(7) 记录整理数据，并分析实验结果。

五、数据处理与分析

(1) 不同原料配比的抗压强度的测定结果见表6-4。

表6-4　固化样品的抗压强度记录表

项　目	样品1		样品2	
抗压强度/MPa	3 d	5 d	3 d	5 d

(2) 浸出毒性的测定结果见表6-5。

表6-5　固化样品的浸出毒性实验记录表

项　目	Cd	Cr	Cu	Ni	Pb	Zn
空白浓度/(mg/L)						
样品浓度/(mg/L)						

六、思考题

(1) 简述水泥固化的原理。固化样品为何需要在养护箱中养护一段时间？

(2) 对比分析不同样品的结果存在哪些差异？为什么？

(3) 分析危险废物浸出浓度的影响因素及影响方式有哪些？

实验六　污泥的脱水性能实验

一、实验目的

(1) 了解影响污泥脱水的主要因素。

(2) 掌握污泥脱水的基本方法和相关操作。

二、实验原理

污水处理过程中,会产生大量的污泥,其数量占处理水量的 0.3%～0.5%(以含水率为 97%计)。污泥脱水是污泥减量化中最为经济的一种方法,是污泥处理工艺中的一个重要环节。其目的是去除污泥中的空隙水和毛细水、降低污泥的含水率,为污泥的最终处理创造条件。

影响污泥脱水性能的因素很多,包括污泥水分的存在方式和污泥的絮体结构(粒度、密度和分形尺寸等)、电势能、pH 值以及污泥来源等。通过添加改性剂,在降低污泥含水量的同时,可以提高污泥的其他性能,从而便于后期处理。添加矿化垃圾、粉煤灰和建筑垃圾等改性剂后,污泥含水率降低,同时污泥持水率降低,抗压强度、抗剪强度、渗透性能、密实度和压缩性均有改善,而且改性剂对污泥臭味也有改善作用。

三、实验仪器、试剂与材料

1. 实验仪器

离心脱水装置、pH 计等。

2. 实验试剂

硫酸溶液(10%)、氢氧化钠溶液(30%、10%)、有机絮凝剂为聚丙烯酰胺(PAM)等。

3. 实验材料

实验用污泥取自污水处理厂的浓缩污泥调蓄池。

四、实验步骤

实验前需测定污泥试样的 pH 值以及含水率。

(1) 取 50 mL 浓缩污泥加到 250 mL 烧杯中,并加入一定量的硫酸酸化。快速搅拌 30 s,慢速搅拌 2 min,酸化时间 5 min。

(2) 为了防止试样对设备的腐蚀,再加碱(氢氧化钠)调节 pH 值至 6。

(3) 加入有机絮凝剂 PAM 进行絮凝反应,并慢速搅拌使污泥形成矾花。

(4) 经预处理的污泥在 1500 r/min 下离心 2 min(离心速度和离心时间可根据实际情况适当调整)。

(5) 倾倒上清液,取过滤后的泥饼测定其含固率。

对于离心脱水实验,低转速 1500 r/min,短时间 2 min 离心后的泥饼用来评价离心脱水速率,用高转速 3800 r/min,长时间 30 min 离心后的泥饼含固率来评价可脱水程度。

五、数据处理与分析

实验结果记录于表 6-6 中。

表 6-6　酸处理对污泥离心脱水性能的影响

加药方案	离心泥饼含水量/(%)	
	3800 r/min,30 min	1500 r/min,2 min
空白(浓缩污泥)		
只加阳离子 PAM 0.5%		
加硫酸、碱调节 pH 值至 6,阳离子 PAM 0.4%		

六、思考题

(1) 使用不同的药剂调节对结果是否有影响?

(2) 离心机的使用有哪些注意事项?

实验七　堆肥腐熟度测定

一、实验目的

(1) 掌握堆肥腐熟度的分析测定方法。

(2) 了解评估堆肥腐熟度的各种方法、参数和指标。

二、实验原理

垃圾堆肥可将有机固体废物转化为稳定的腐殖质,是一项重要的资源化技术。腐熟度是衡量堆肥效果的重要指标,它的基本含义是通过微生物的作用,使堆肥产品达到稳定化、无害化,不对环境产生不良影响。评判堆肥腐熟度和稳定的指标和参数主要有物理学指标、化学指标、生物活性、植物毒性以及耗氧速率、释放二氧化碳速率、堆温、肥效等。它们在堆肥初始和腐熟后的含量或数值都有显著变化,而且其定性的变化趋势很明显,如堆肥经微生物降解腐熟后其外观颜色的变化、气味的变化、C/N 值降低、NH_4^+-N 减少和 NO_3^--N 增加、阳离子交换量增多、可生物降解的有机物减少、腐殖质增加、呼吸作用减弱等。

垃圾在堆肥处理过程中,可借助分析淀粉量来测定堆肥腐熟程度。淀粉与碘可形成配合物,利用反应的颜色变化来判断堆肥的降解程度。当堆肥降解尚未结束时,堆肥物料中的淀粉未完全分解,遇碘形成的配合物呈蓝色;堆肥完全腐熟时,物料中的淀粉已全部降解,加碘呈黄色。堆肥进程中的颜色变化过程:深蓝—浅蓝—灰—绿—黄。

三、实验仪器与试剂

1. 实验仪器

堆肥装置、烧杯、滤纸等。

2. 实验试剂

(1) 乙醇(80%)。

(2) 高锰酸钾溶液(3.6%)。

(3) 碘反应剂:将 2 g 碘化钾溶解到 500 mL 纯水中,再加入 0.08 g 碘。

四、实验步骤

(1) 将 1 g 堆肥置于 500 mL 烧杯中,滴入几滴乙醇使其润湿,再加入 200 mL 3.6%的高锰酸钾溶液。

(2) 用滤纸过滤。

(3) 在滤液中加入 200 mL 碘反应剂并搅动。

(4) 将几滴滤液滴到白板上,观察其颜色变化。

五、数据处理与分析

实验结果记录于表 6-7 中。

表 6-7 堆肥腐熟度测定记录表

序 号	颜色变化情况	腐熟程度
1		
2		

六、思考题

(1) 淀粉测试方法的基本原理是什么?

(2) 堆肥生物降解度有何意义?

实验八 激光粒度分析仪测定粒径分布

一、实验目的

(1) 熟悉激光粒度分析仪的原理、操作和应用技术。

(2) 掌握粒度的激光粒度分析方法。

二、实验原理

激光粒度分析仪是根据颗粒能使激光产生散射这一物理现象来测试粒度分布的(图 6-3)。米氏散射理论表明,当光束遇到颗粒阻挡时,一部分光将发生散射现象。散射光的传播方向与主光束的传播方向形成一个夹角 θ,θ 的大小与颗粒的大小有关。颗粒越大,产生的散射光的夹角 θ 就越小;颗粒越小,产生的散射光的夹角 θ 就越大。即小角度(θ)的散射光是由大颗粒引起的,大角度(θ)的散射光是由小颗粒引起的。进一步研究表明,散射光的强度代表该粒径颗粒的数量。因此,测量不同角度的散射光的强度,可以得到样品的粒度分布。

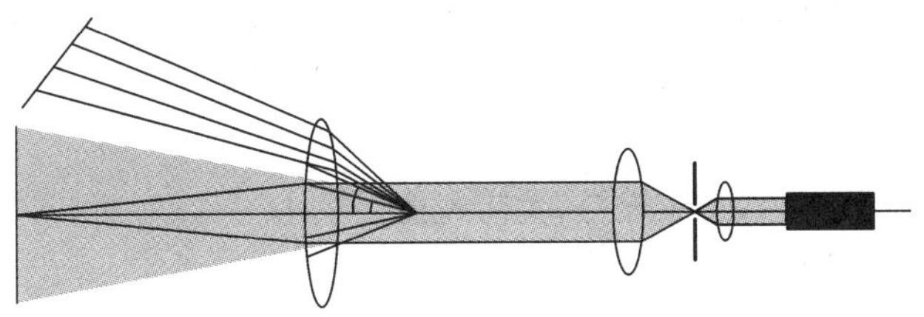

图 6-3　激光散射示意图

Winner2000 型激光粒度分析仪采用信息光学原理，通过测量颗粒群的散射谱来分析其粒度分布(图 6-4)。来自 He-Ne 激光器的激光束经扩束、滤波、汇聚后照射到测量区，测量区中的待测颗粒群在激光的照射下产生散射谱。散射谱的强度及其空间分布与被测颗粒群的大小及分布有关，被位于傅里叶透镜后焦面上的光电探测器阵列接收后，转换成电信号，经放大和 A/D 转换后经通讯口送入计算机，进行反演运算和数据处理后，即可给出被测颗粒群的大小、分布等参数，经屏幕显示或打印机打印输出。

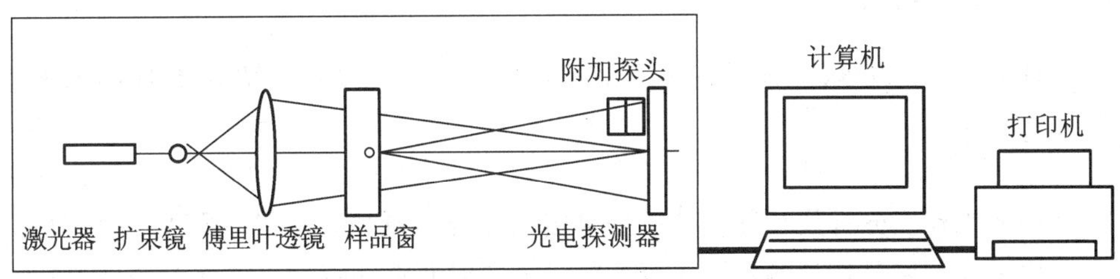

图 6-4　Winner2000 型激光粒度分析仪工作原理示意图

激光粒度分析仪采用湿法分散技术，机械搅拌使样品均匀散开，超声高频震荡使团聚的颗粒充分分散，电磁循环泵使大小不同的颗粒在整个循环系统中均匀分布，从而从根本上保证了分布样品测试的准确性和重复性。

三、实验仪器与材料

1. 实验仪器

激光粒度分析仪。

2. 实验材料

尾矿粉。

四、实验步骤

1. 测试前的准备工作

(1) 开启激光粒度仪，预热 10～15 min。

(2) 准备工作结束后，加入适量的分散介质，反复开关循环泵以排尽气泡。

(3) 点击工具栏中的“背景测量”，显示背景视图(背景以稳定平滑为宜)。

2. 样品测试

(1) 背景测量累计 10 次以后，单击工具栏中的“联机测试”，显示联机测试视图。

(2) 在样品筒中加入适量被测样品及分散剂(有必要时)，充分分散(超声、搅拌)。

(3) 充分分散后，根据样品的性质在超声开启或关闭状态下进入循环（浓度控制在 1.0～3.0 g/L 为宜）。

(4) 测试稳定后，保存数据。

(5) 保存一定量的数据后，结束保存，关闭视图。单击工具栏“断开”，断开连接。

(6) 循环清洗至少三次。

(7) 关闭粒度仪。

3. 数据处理及打印

(1) 去除不符合要求的数据，选中符合要求的数据，单击工具栏“数据分析”，选中其中的“统计”或“平均”，进行统计或平均记录。

(2) 打印测试报告：在数据表中对要打印的数据进行双击，单击工具栏中“打印预览”，在显示的测试报告中，单击“文件”中的“导出”，将报告保存在需要的位置并打印。

(3) 保存文件，关闭 W2000 分析专家系统。

五、数据处理与分析

测试结果以粒度分布数据表、分布曲线图、D10、D50、D90 等方式显示、打印和记录。

六、思考题

(1) 利用激光粒度分析仪与筛分分析法测定固体废物粒径分布存在哪些不同点？

(2) 利用激光粒度分析仪测定固体废物粒径分布时有哪些特别需要注意的事项？

△实验九　污泥板框压滤脱水综合实验

一、实验目的

(1) 研究确定污泥调理、脱水的最佳投药种类和投药量。

(2) 观察污泥调理效果，加深对污泥脱水方法与基本原理的理解。

(3) 掌握仪器和隔膜板框压滤设备的结构性能、操作方法。

(4) 掌握污泥机械脱水的常规指标测定方法，绘制过滤-时间曲线。

板框压滤机

二、实验原理

污泥中有机物含量高，造成污泥含水率高，脱水困难，因此必须经过调理后才能进行有效脱水。加入药品可以促进污泥脱水并提高排水性能。首先，选择不同的药剂对污泥进行调理以改善其脱水性能，然后将调理好的污泥用泵打入储泥罐，再利用空气压力将罐中的污泥输送到隔膜压滤机中进行固液分离。当隔膜压滤机开始运行时，手动液压杆将位于压紧板和止推板之间的隔膜板、滤板及滤布压紧，使相邻板框之间构成滤室，周围密封，确保带有压力的滤浆在滤室内进行加压过滤。过滤开始时，滤浆在空压机的推动下进入滤室内，滤浆借助空压机的压力进行固液分离。

固体颗粒由于滤布的阻挡留在滤室内形成滤饼，滤液经滤布沿滤板上的排水孔排出。隔膜压滤机对滤饼进行进一步脱水的原理是，压缩空气充填隔膜，隔膜变形产生两维方向

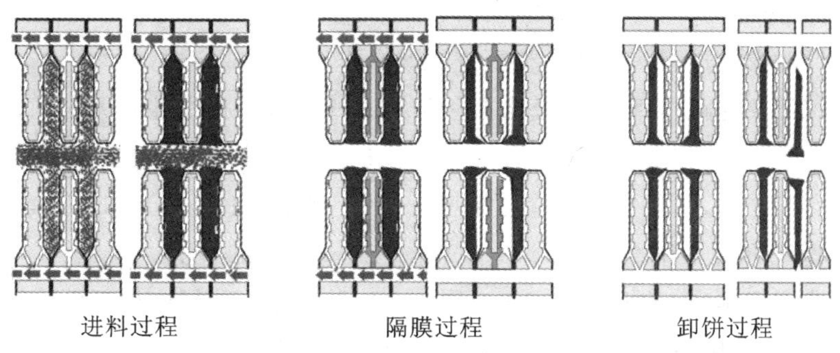

图 6-5　隔膜压滤机的工作原理

上的压力破坏颗粒间的拱桥，将残留在颗粒空隙间的滤液挤出，最大限度地降低滤饼的水分(图 6-5)。

影响污泥调理脱水的主要因素有污泥性质(含水率、有机物含量、pH 值、CODcr 及悬浮物含量)、药剂种类(有机、无机等)及水力条件。通过实验选择最佳药剂种类和最佳投药量，考虑操作条件(调理时间、搅拌条件、进料时间、压力等)对脱水效果的影响。另外，还需对隔膜板框污泥脱水效果进行评价，常用方法有物料衡算、泥饼含水率、脱水率、湿密度、固体损失率等。

三、实验仪器与材料

1. 实验仪器

板框过滤实验设备及流程如图 6-6 所示。

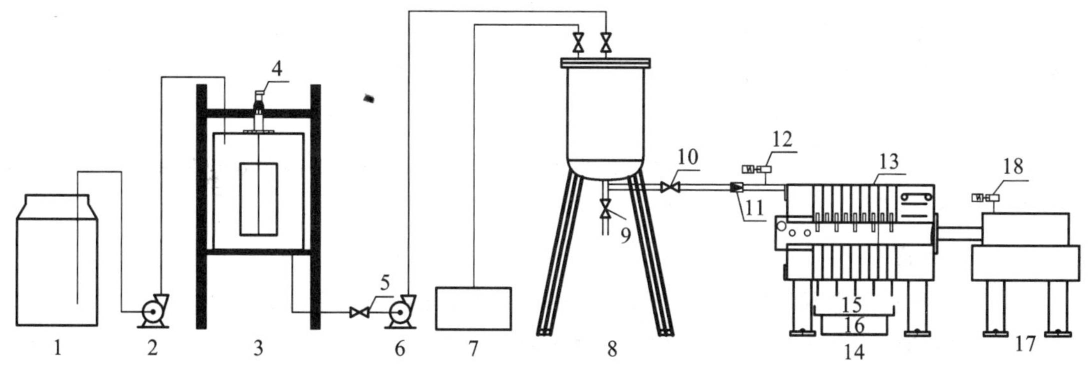

图 6-6　板框过滤实验设备及流程

1—污泥；2—自吸泵；3—调理罐；4—搅拌电机；5—球阀；6—螺杆泵；7—空压机；8—储泥罐；9—放泥阀；10—进泥阀；11—流量计；12—压力表；13—隔膜板；14—隔膜压滤机；15—接水槽；16—电子台秤；17—压紧装置；18—压力表

2. 实验材料

取自城市处理厂浓缩池的污泥。

四、实验步骤

隔膜板框污泥脱水过程分为准备工作、操作过程、注意事项、日常维护等。

1. 操作前的准备工作

(1) 在确保对操作过程熟悉的前提下进行此操作。

(2) 检查阀门及管路是否正常,滤布是否清洁。检查各连接零件有无松动,应随时予以调整紧固。

(3) 根据实验需要,选用合适数量的隔膜板,但所有板框不得少于 13 块,禁止在板框少于规定数量的情况下开机工作。

(4) 板框按次序排列,各板框孔应相对同心。安装平整,无异物,密封面接触良好。

(5) 压紧板框,液压站的最高工作压力不得超过 25 MPa。

(6) 根据实验需要,准备器具并记录相应数据(时间-滤液量、滤液 pH 值、COD、剩余污泥量、泥饼含水率、厚度及总质量等)。

2. 操作过程

(1) 关闭调理罐出泥阀,将适量污泥(一次进泥应少于 40 L)泵入调理罐。

(2) 接通搅拌器电源,按照最佳药剂配方及操作条件,在一定的时间和搅拌转速下(小于 30 r/min)完成调理过程。

(3) 打开调理罐出泥阀门,用扳手钳转动螺杆泵联轴器后,将料液注满泵腔,全开螺杆泵出泥管阀门。

(4) 打开储泥罐上进气阀门(必须连通气管),关闭储泥罐下出泥阀门和连接板框的进泥阀。

(5) 打开螺杆泵电动机,进料 25 L 左右,停机,以免引起喷泥现象。

(6) 打开板框进泥阀,关闭螺杆泵出泥管阀门,将空压机气管与储泥罐进气阀连通。

(7) 打开空压机,缓慢开启空压机出气阀,以免压力过大引起滤液混浊。根据出液情况,调整储泥罐压力(小于 0.8 MPa),当料液滤完或框中滤渣已满时,不能再继续过滤,即为一次压滤结束。排空储泥罐气体。

(8) 接通隔膜板进气管,进行隔膜压滤(小于 1.2 MPa),当无滤液流出时,隔膜压滤结束。

(9) 卸下隔膜板进气管,排空气体。卸料,清洗。

3. 操作注意事项

(1) 安装压滤布必须平整,不许折叠,以防压紧时损坏板框及泄漏。

(2) 液压站的最高工作压力不得超过 25 MPa。

(3) 过滤压力应阶梯加压,以免引起滤液过于混浊。因滤布有毛细现象,有少量滤液渗出,属正常现象。

(4) 过滤最大压力必须小于 0.45 MPa,隔膜压力必须小于 1.2 MPa,以防引起渗漏和板框变形、撕裂等。

(5) 板框在主梁上移动时,不得碰撞、摔打,施力应均衡,防止损坏密封面。

(6) 卸饼后清洗板框及滤布时,应保证孔道畅通,不允许残渣粘贴在密封面或进料通道内。

4. 日常的维护保养

(1) 注意各部分连接零件有无松动,应随时予以紧固。

(2) 压紧轴或压紧螺杆应保持良好的润滑,禁止有异物。

(3) 拆下的板框,存放时应码放平整,防止挠曲变形。

五、数据处理与分析

1. 板框脱水实验记录与核算

板框脱水实验记录与核算表(表 6-8)。

2. 污泥及滤液特性分析

(1) 含水率的测定。

① 将蒸发皿放入烘箱内于 105 ℃烘 2 h,取出后在干燥器中冷却,称重 W_1。

② 用天平称取污泥 20 g 置于蒸发皿中,放入烘箱内于 105 ℃烘至恒重。

③ 取出后在干燥器中冷却,称重 W_2。

④ 含水量 $P=\frac{[20-(W_2-W_1)]}{20}\times 100\%$。

(2) 污泥有机物的测定。

① 设定马弗炉温度为 550 ℃,保持实际温度在(550±50)℃。

② 将瓷坩埚放入马弗炉中烘干至恒重,取出后在干燥器中冷却,称重 W_1。

③ 将测完含水率的污泥样品放入瓷坩埚中,称重 W_2。

④ 冷却后称重 W_3。

⑤ 有机物含量 $=[(W_2-W_3)/(W_2-W_1)]\times 100\%$。

六、思考题

(1) 根据实验结果及实验中所观察到的现象,简述影响污泥脱水的几个主要因素。

(2) 药剂投加量与污泥脱水率之间存在什么关系？为什么？

(3) 绘制时间-滤液曲线有什么意义？

(4) 评价板框脱水效果是否还有其他方法？

表 6-8　隔膜板框脱水实验记录与核算表

实验者:			污泥批次:	
实验日期:			实验组号:	
调理操作条件				
污泥量/L				
投加顺序	1	2	3	4	5
药剂种类					
投加量/g					
搅拌速率/(r/min)					
搅拌时间/min					

续表

滤液-时间(压力)关系					
时间/min	滤液重量/kg	备注(压力、pH 值)	时间/min	滤液重量/kg	备注(压力、pH 值)
隔膜压滤时间					
滤液量					

泥饼含水率					
取样编号	盒重/g	盒＋湿泥重/g	盒＋干泥重/g	含水率/(%)	平均含水率
①					
②					
③					

泥饼湿密度					
取样编号	取样直径/mm	厚度/mm	质量/g	密度/(cm^3/g)	平均密度/(cm^3/g)

物料恒算记录表一			
记录项目	容器质量/kg	容器＋物重/kg	净重/kg
滤液			
泥饼			
剩余污泥			

物料恒算记录表二					
记录项目	污泥	药剂 1	药剂 2	药剂 3	药剂 4
含水率/(%)					
加入量/g					
剩余污泥/g					
实际脱水物/g					
原料水量/g					
滤液量/g					
理论损失水量/g					

总物料核算	固液总重/g	剩余污泥/g	滤液量/g	泥饼/g	理论损失量/g	固体损失率/(%)

水量核算	实际脱水量/g	滤液量/g	泥饼含水量/g	理论损失水量/g	脱水效率/(%)

注：可根据实验需要，增加相关记录目。

第七章　噪声污染控制实验

实验一　声级计的使用及声源设备噪声测量

一、实验目的

(1) 了解声级计的声学原理,掌握声级计的使用方法。

(2) 了解环境噪声频谱的测量方法,加强对噪声频谱概念的理解。

(3) 初步学会绘制环境噪声的频谱图。

二、实验原理

1. 声级计的工作原理

环境噪声的大小,不仅与噪声的物理量有关,还与人对声音的主观感觉有关。声压级可以反映声音的强度对人耳响度感觉的影响,而不能反映声音频率对响度感觉的影响,声压级相同而频率不同的声音,听起来不一样响,高频的声音比低频声音响,这是由人耳听觉特性所决定的。利用具有一个频率计权网络的声学测量仪器,对声音进行声压级测量,所得到的读数称为计权声压级,简称声级,单位为 dB。声学测量仪器中,模拟人耳的响度感觉特性,一般设置 A、B 和 C 三种计权网络。声压级经 A 计权网络后可得到 A 声级,用 A 声级来评价噪声对语言的干扰,对人们的吵闹程度以及听力损伤等方面都有很好的相关性。另外,A 声级测量简单、快速,还可以与其他评价方法进行换算,所以是使用最广泛的评价尺度之一。

声级计是一种测量声级的仪器,它是声学测量中最常用的基本仪器。声级计一般由传声器、输入及输出衰减器、输入及输出放大器、滤波器、检波器、指示器和电源等部分组成。

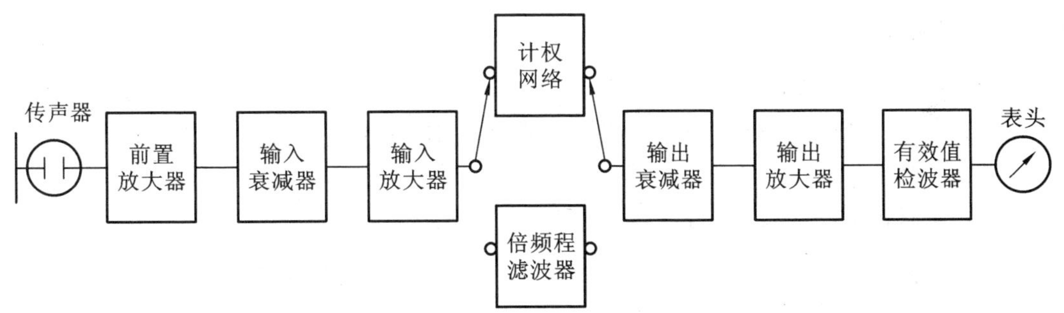

图 7-1　声级计的基本原理图

声级计的工作原理:由传声器将声音转换成电信号,再由前置放大器变换阻抗,使传声器与衰减器匹配。放大器将输出信号加到计权网络,对信号进行频率计权(或外接滤波器),然后再经衰减器及放大器将信号放大到一定的幅值,送入有效值检波器(或外按电平记录仪),在指示表头上给出噪声声级的数值。

噪声是由许多频率成分组成的。在很多场合,仅仅知道它的总声级是不够的,还需要知道它的频率成分分布,即知道它的频谱。一般的噪声分析工作,利用倍频程滤波器即可获得较满意的结果,如果要对噪声进行更精细的分析,可选用 1/3 倍频程滤波器。将滤波器的输入端连接声级计的交流输出端,就可以进行声音的频谱分析。操作滤波器选择相应的中心频率点,声级计上显示的示数就是通过此滤波器内的噪声级。将每一个倍频程噪声级读数在相应的频率坐标上画出来,就可以得到所分析噪声的频谱曲线。

2. 声源设备噪声的测量

(1) 测量点的等效连续 A 声级。

测量非稳态或者非连续声源的噪声时,先测量某一时段内的数个 A 计权声级 L_{A_i},再由公式(7-1)求得声源的等效连续 A 声级。

$$L_{eq} = 10\lg\left(\frac{1}{N}\sum_{i=1}^{N} 10^{0.1 L_{A_i}}\right) \tag{7-1}$$

式中:L_{eq}——等效连续 A 声级;

N ——测量数据的个数;

L_{A_i}——A 计权声级。

(2) 声源设备噪声的测量值。

各个测量点等效连续 A 声级的算术平均值$\overline{L_{eq}}$,即为声源设备噪声的测量值。

(3) 声源设备噪声的确定。

声源设备的噪声可以通过公式(7-2)求得。

$$L_p = 10\lg(10^{0.1L_{pB}} + 10^{0.1L_{pS}}) \tag{7-2}$$

式中:L_p——声源设备噪声的测量值;

L_{pB}——背景噪声(又称本底噪声);

L_{pS}——声源设备的噪声。

(4) 环境噪声频谱图的绘制。

噪声频谱图是以声波的频率为横坐标,以 A 计权声级为纵坐标。通过频谱分析可以确定噪声污染的主要频段。

三、实验仪器

(1) HS5920 噪声监测仪。

(2) HS6288B 型噪声频谱分析仪(测量范围:30～130 dB(A,C);40～130 dB(Lin);频率计权:F(快)、S(慢);滤波器:1/1 倍频程)。

(3) 声级校准器、秒表。

四、实验步骤

(1) 校准声压级:采用声级校准器对声级计校准。

(2) 练习声级计的使用,掌握测量方法。

HS5920 噪声监测仪:将[H-L]置于 H,[HOLD-MEAS]置于 MEAS,[ON-OFF]置于 ON,即可开始测量 A 声压级,[定时]设置测量时间:1 min,测量时间结束后,按[选择]键查看数据,按[运行]键进行新的一次测量。

HS6288B 型噪声频谱分析仪:开启电源或按[复位];选择计权 A 声级,按[快慢],显示 F

或 S,用快挡计权或慢挡计权测定,按[计权]选择线性,使显示 Lin,然后按[频率],选择中心频率(31.5 Hz,63 Hz,125 Hz,250 Hz,500 Hz,1 kHz,2 kHz,4 kHz,8 kHz)。

(3) 声源设备未启动之前,首先测量实验室内的背景噪声。在实验室内选取四个测量点,在每个测量点测一个数据,然后用近似算法(算术平均)计算背景噪声值。

(4) 待声源设备正常运行后,在设备四周各取一测量点(测量点距离声源设备 1 m,距离地面高 1.5 m,距离反射物 1 m)。每个测量点测 5 个数据并记录。

(5) 选择测量点(一般是声压级较高的点)测量倍频程声压级,记录对应频率点的声级值。

五、注意事项

(1) 测量要求:无雨、无雪的天气条件;风速<5 m/s。

(2) 测量时将金属探头呈 45°角对准测量目标。

(3) 测量时不要将嘴靠近金属探头以免影响灵敏度。

(4) 测点位置的选择应符合相关要求。

六、数据处理与分析

1. 数据记录

声级计的使用及频谱分析实验数据记录于表 7-1 至表 7-3 中。

表 7-1　验室背景噪声

背景噪声测量值/dB				背景噪声/dB
数据 1	数据 2	数据 3	数据 4	

表 7-2　测量点的等效连续 A 声级 L_{eq}

测量点	A 计权声级测量值/dB					L_{eq} /dB
	数据 1	数据 2	数据 3	数据 4	数据 5	
A						
B						
C						
D						

表 7-3　倍频程测量值

中心频率/Hz	声级/dB	A 计权声级/dB	中心频率/Hz	声级/dB	A 计权声级/dB
31.5			1000		
63			2000		
125			4000		
250			8000		
500					

(1) 当各测点间的最大值与最小值之差不大于 5 dB 时,取其算术平均值:

$$\overline{L_P}=\frac{L_{P_1}+L_{P_2}+\cdots+L_{P_n}}{n} \tag{7-3}$$

(2) 当各测点间的最大值与最小值之差大于 5 dB 时,取其对数平均值。其平均公式推导如下:

$$\begin{aligned}\overline{L_P}&=20\log\frac{\overline{P}}{P_0}=20\log\frac{\sqrt{\dfrac{(P_1^2+P_2^2+\cdots+P_n^2)}{n}}}{P_0}\\&=10\log\left(\frac{P_1^2+P_2^2+\cdots+P_n^2}{nP_0^2}\right)\\&=10\log\left(\log^{-1}\frac{L_{P_1}}{10}+\log^{-1}\frac{L_{P_2}}{10}+\log^{-1}\frac{L_{P_3}}{10}+\cdots+\log^{-1}\frac{L_{P_n}}{10}\right)-10\log n\end{aligned} \tag{7-4}$$

2. 数据分析

画出频谱图,并做出频谱分析。

七、思考题

(1) A、C 频率计权网络与线性计权网络之间有何区别?

(2) 什么样的噪声对人体危害更大?

(3) 评价噪声的主要技术参数是什么?各代表什么物理意义?

(4) 测等效声级的作用是什么?为何要测背景噪声?

实验二 校园环境噪声测量

一、实验目的

(1) 掌握区域环境噪声的监测方法。

(2) 加深对环境噪声测量方法的理解。

(3) 学习对非稳态的无规则噪声监测数据的处理方法。

(4) 学会画噪声污染图。

二、实验原理

校园环境属于城市区域环境,其噪声是随时间而起伏的无规则噪声,一般用等效连续 A 声级来评价。等效连续 A 声级等效于在相同的时间 t 内与不稳定噪声能量相等的连续稳定噪声的 A 声级,用符号 L_{Aeq} 或 L_{eq} 表示。如果在相同的采样时间间隔下,测量得到一系列 A 声级数据的系列,则测量时段内的等效连续 A 声级可通过式(7-5)计算:

$$L_{Aeq}=10\lg\left(\frac{1}{N}\sum_{i=1}^{N}10^{0.1L_{A_i}}\right) \tag{7-5}$$

式中:T——总的测量时段,s;

L_{A_i}——第 i 个 A 计权声级,dB;

t_i——采样时间间隔,s;

N——测试数据个数。

同样的噪声在白天和夜间对人的影响是不一样的，而等效连续A声级并不能反映人对噪声的主观反应这一特点。考虑到噪声在夜间对人们烦扰的增加，规定在夜间测得的所有声级均加上10 dB(A计权)作为修正值，再计算昼夜噪声能量的加权平均，由此构成昼夜等效声级这一评价参量，用符号L_{dn}表示。昼夜等效声级主要用来评价人们昼夜长期暴露在噪声环境中所受的影响。由上述规定，昼夜等效声级L_{dn}(dB)可用公式(7-6)表示：

$$L_{dn}=10\log_{10}\left[\frac{2}{3}\times10^{0.1L_d}+\frac{1}{3}\times10^{0.1(L_n+10)}\right] \tag{7-6}$$

式中：L_d——昼间(06：00—22：00)测得的噪声能量平均A声级(L_{Aedq})，dB；

L_n——夜间(22：00—06：00)测得的噪声能量平均A声级(L_{Aedn})，dB。

昼间和夜间的时段可以根据当地的情况或当地政府的规定做适当的调整。

《声环境质量标准》(GB 3096—2008)中，按区域的使用功能特点和环境质量要求，声环境功能区分为以下五种类型，并规定环境噪声的最高限值(表7-4)。

0类声环境功能区：指康复疗养区等特别需要安静的区域。

1类声环境功能区：指以居民住宅、医疗卫生、文化教育、科研设计、行政办公为主要功能，需要保持安静的区域。

2类声环境功能区：指以商业金融、集市贸易为主要功能，或者居住、商业、工业混杂，需要维护住宅安静的区域。

3类声环境功能区：指以工业生产、仓储物流为主要功能，需要防止工业噪声对周围环境产生严重影响的区域。

4类声环境功能区：指交通干线两侧一定距离之内，需要防止交通噪声对周围环境产生严重影响的区域，包括4a类和4b类两种类型。4a类为高速公路、一级公路、二级公路、城市快速路、城市主干路、城市次干路、城市轨道交通(地面段)、内河航道两侧区域；4b类为铁路干线两侧区域。

表7-4　城市各类区域环境噪声最高限值　　单位：dB(A)

声环境功能区类别		时段	
		昼间	夜间
0类		50	40
1类		55	45
2类		60	50
3类		65	55
4类	4a类	70	55
	4b类	70	60

三、实验仪器

1. 实验仪器

噪声监测仪(HS5920)。

2. 测量要求

测量要求：无雨、无雪的天气条件；声级计应保持传声器膜片清洁，风力在三级以上时必须加防风罩(以避免风噪声的干扰)，五级以上大风则应停止测量。测量过程中，一人手持仪器测量，另一人记录瞬时声级，传声器要求距离地面 1.2 m，测量时噪声仪距任意建筑物不得小于 1 m，传声器对准声源方向。

四、实验步骤

1. 监测布点

将校园作为测量区域，划分为 25 m×25 m 的网络，测量点选在每个网络的中心，若中心点位置不宜测量，可移到旁边能够测量的位置。根据网格划分，画出测量网格以及测点分布图。

2. 声级计校准

采用声级校准器对声级计进行校准。

3. 噪声测量

(1) 每组 2～3 人，配置一台声级计，按照顺序依次到各网点，进行为期 20 min 的测量。

(2) 读数方式用慢挡，每隔 1 min 读一个瞬时 A 声级，连续读取 20 个数据。读数同时要判断和记录附近主要噪声来源(如交通噪声、施工噪声、工厂或车间噪声、锅炉噪声等)和天气条件。

(3) 结合同一时间段的各测量点的数据进行本时间段的校园声环境分析。

五、数据处理与分析

1. 数据处理

噪声记录可以采用表 7-5。

表 7-5　城市区域噪声监测记录表

监测位置：

监测仪型号：　　声校准器(型号、编号)：　　监测前校准值/dB：　　监测后校准值/dB：　　气象条件：

测点位置	月	日	时	分	L_{eq}	L_{10}	L_{50}	L_{90}	L_{min}	L_{max}	标准差(SD)	备注

2. 计算区域评价值

将所有测点数据进行汇总，填入表 7-6 中。

表 7-6　测点数据汇总表

校园区域	A(临街)	B(操场)	C(教学区)	D(宿舍区)	E(食堂区)
小组	1、2、3	4、5、6	7、8、9	10、11、12	13、14、15
1					
2					
3					
4					

续表

校园区域	A(临街)	B(操场)	C(教学区)	D(宿舍区)	E(食堂区)
小组	1、2、3	4、5、6	7、8、9	10、11、12	13、14、15
5					
6					
7					
8					
9					
10					
11					
12					
13					
14					
15					
16					
17					
18					
19					
20					
最大值					
最小值					
昼间标准值					
超标个数					
超标率					
等效连续 A 声级					

将全部网格中心测点测得的等效连续 A 声级进行算数平均，所得到的平均值代表测量区域的环境噪声水平。计算公式见式(7-7)和式(7-8)。

$$L = \frac{1}{n}\sum_{i=1}^{n} L_{\mathrm{Aeq}i} \tag{7-7}$$

$$\delta = \sqrt{\frac{1}{n-1}\sum_{i=1}^{n}(L - L_{\mathrm{Aeq}i})^2} \tag{7-8}$$

式中：L ——城市某一功能区域或整座城市的环境噪声平均值，dB；

$L_{\mathrm{Aeq}i}$——第 i 个网格中心测得的昼间(或夜间)等效声级，dB；

δ ——标准偏差；

n ——网格总数。

3. 城市区域环境噪声总体评价

城市区域环境噪声总体水平按表 7-7 进行评价。

表 7-7 城市区域环境噪声总体水平等级划分 单位：dB(A)

等 级	一级	二级	三级	四级	五级
昼间平均等效声级(S_d)	≤50.0	50.1～55.0	55.1～60.0	60.1～65.0	>65.0
夜间平均等效声级(S_n)	≤40.0	40.1～45.0	45.1～50.0	50.1～55.0	>55.0

城市区域环境噪声总体水平等级"一级"至"五级"可分别对应评价为"好""较好""一般""较差"以及"差"。

六、思考题

(1) 影响噪声测量的因素有哪些?

(2) 根据测量结果,按照《声环境质量标准》(GB 3096—2008),分析校园生活区、教学区等不同功能区噪声是否达标,并进行噪声污染评价。

(3) 对照不同实验组的测量结果,分析不同测量时段对测量结果的影响及其原因。

实验三 材料吸声系数测定实验

一、实验目的

(1) 加深理解吸声材料对降低噪声的作用。

(2) 认识和了解驻波管法测定吸声材料的吸声系数装置的结构和原理。

(3) 学会常用材料吸声系数的测定方法。

二、实验原理

噪声污染控制中常采用吸声材料和吸声结构来降低噪声,而材料的吸声特性采用吸声系数来描述。不同材料或结构的吸声特性不同,因此只有了解吸声材料或吸声结构的吸声特性,才能在噪声控制中选择适当的材料,从而达到降低噪声的目的。

当声波入射到一个物体表面上时,一部分能量被反射,另一部分能量被吸收,常用吸声系数来描述吸声材料或吸声结构的吸声特性。吸声系数定义为材料吸收的声能与入射到材料上的总声能之比:

$$\alpha=\frac{E_a}{E_i}=\frac{E_i-E_r}{E_i}=1-r \tag{7-9}$$

式中:E_i——入射声能;

E_a——被材料或结构吸收的声能;

E_r——被材料或结构反射的声能;

r ——反射系数。

可见,当入射声波被完全反射时,$\alpha=0$,表示无吸声作用;当入射声波完全没有被反射时,$\alpha=1$,表示完全吸收。一般材料或结构的吸声系数为 0～1,α 越大,表示吸声性能越好,它是目前表征吸声性能最常用的参数。吸声系数是频率的函数，同一种材料，对于不同的频率，具有不同的吸声系数。为了方便，有时还用中心频率 125 Hz、250 Hz、500 Hz、1 kHz、2 kHz、4 kHz六个倍频程的吸声系数的平均值，称为平均吸声系数。

吸声材料的吸声系数可由实验方法测定，常用的方法有混响室法和驻波管法两种。测量方法不同，结果也有所不同。用混响室法所测得的吸声系数是材料的无规则入射吸声系数，而用驻波管法所测得的吸声系数是材料的垂直入射吸声系数。本实验所采用的是驻波管法，有实验条件的也可以采用混响室法。

驻波管为一根内壁光滑而坚硬的管子，其末端安装吸声材料试件，试件可按使用要求紧贴末端刚性活塞表面，也可留在空腔内。驻波管的另一端为由音频(低频)信号发生器通过扬声器向管内发出不同频率的单频信号，相应频率的声波是平面声波。设入射声波的声压为 p_i，投射于材料上时，必有相位相反的声波反射指向声源，其反射声压为 p_r，声波在管内多次来回反射，即形成了驻波，管内出现了声压极大值 p_{max}和极小值 p_{min}，通过探管可探测到声压极大值 p_{max}和极小值 p_{min}，利用可移动的探管传声器接收，在测试仪器上测出声压极大值与极小值的声级差(或极大值与极小值的比值)，用试件的反射系数 r 来表示声压的极大值与极小值，便可确定垂直入射吸声系数。

$$p_{max}=p_0(1+|r|) \tag{7-10}$$

$$p_{min}=p_0(1-|r|) \tag{7-11}$$

根据吸声系数的定义，吸声系数与反射系数的关系可以写成：

$$\alpha_0=1-|r|^2 \tag{7-12}$$

定义驻波比可表示为

$$S=\frac{|p_{max}|}{|p_{min}|} \tag{7-13}$$

吸声系数可用驻声系数表示为

$$\alpha_0=1-|r|^2=\frac{4S}{(1+S)^2} \tag{7-14}$$

因此，只要确定声压极大值和极小值的比值，即可计算出吸声系数。如果实际测得的是声压级的极大值和极小值，计算两者之差为 L_p，可由下式计算吸声系数：

$$\alpha_0=\frac{4\times 10^{\frac{L_p}{20}}}{(1+10^{\frac{L_p}{20}})^2} \tag{7-15}$$

三、实验仪器与材料

1. 实验仪器

(1) AWA6122A 驻波管及测试软件：整个实验系统由计算机、显示器、信号源、测量放大器、测试话筒五部分组成。机内自动进行线路校正，性能相当稳定。根据测量到的峰值与谷值计算吸声系数值，作出显示吸声系数值与频率刻度的坐标曲线。仪器输出信号的频率和幅度在规定范围内可自由设定。数据和曲线可以打印输出。

驻波管装置如图 7-2 所示。

(2) 信号输出。

① 频率范围：100 Hz～10 kHz，频率误差＜0.1%。

② 信号源输出电压：50～5000 mV(RMS：均方根值)。

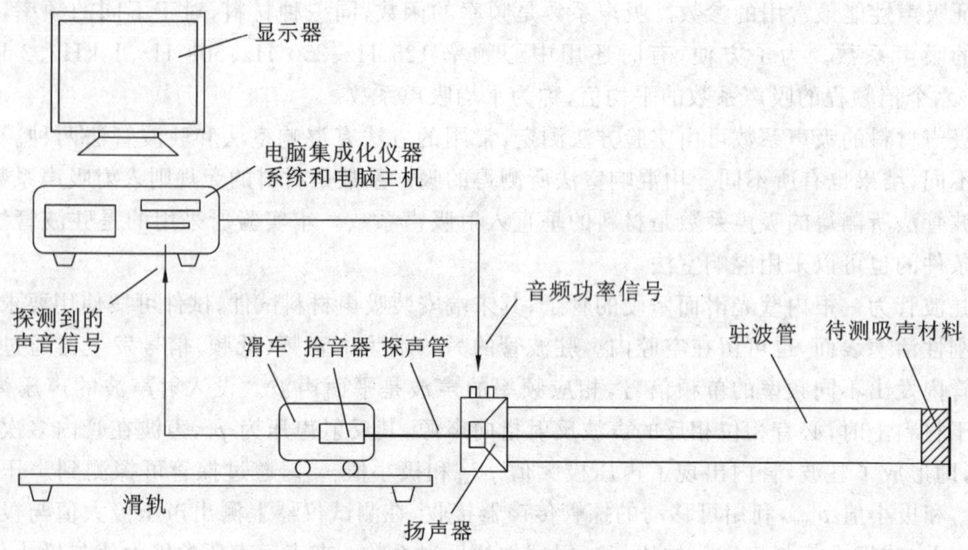

图 7-2　驻波管法测定吸声系数实验装置示意图

③ 频率点：按 1/96 倍频程可选。

(3) 幅度测量。

① 频率范围：0.02～20 kHz，频响≤±0.2 dB(以 1 kHz 为基准)。

② 幅度范围：35～136 dB。

③ 内置频率跟踪 1/3 倍频程带通滤波器。

(4) 声级校准器。

2. 实验材料

待测吸声材料。

四、实验步骤

1. 开机

上电前应按仪器背后标明的提示连接主机电源线、显示器电源线、显示器信号线，在信号输出口用信号输出线连接驻波管中的声源，在测试传声器端口连接测试话筒，测试话筒通过话筒连接器连到探测小车上。

2. 上电操作

开机后仪器进入 Windows 状态，用户点击“驻波管”图标，进入测试状态。

3. 仪器校准

AWA6122 性能相当稳定，只要外界条件变化不大，可以长期不校准。仪器校准需要进行“电子线路校准”和“测试话筒(参考话筒)校准”，具体校正方法参照加仪器说明书。在进行校准前或校准结束后，按〈ESC〉键可退出本校准状态。

4. 安装试件

将试件按照要求安装在试件筒内，并用凡士林将试件与筒壁接触处的缝隙填塞，使之严密，然后再用夹具将试件筒固定在驻波管上。

5. 输出信号设置

根据所需要测量的频率范围要求及驻波管规定的频率范围，设置仪器输出信号的频率。

根据测量到的声压级峰值、谷值设置仪器输出信号的幅度。要求测量到的声压级峰值不超过136 dB,测量到的声压级谷峰值不小于50 dB。

调节声频发生器的频率,一次发出100 Hz、125 Hz、160 Hz、200 Hz、250 Hz、315 Hz、400 Hz、500 Hz、630 Hz、800 Hz、1000 Hz、1250 Hz、1600 Hz、2000 Hz、2500 Hz、3150 Hz、4000 Hz、5000 Hz、6300 Hz不同的声频。

注意:大管的频率测量下限约为100 Hz,上限约为2075 Hz(测量低频声);小管的频率测量下限约为1600 Hz,上限约为6641 Hz(测量高频声)。

换管操作方法如下:

(1) 将小车(滑块)移动到导轨的末端。

(2) 拧下驻波管与音箱连接的螺钉,取下驻波管。

(3) 对于大管,取下探管上的支架,然后安装小管。

(4) 对于小管,在探管上安装支架,然后安装大管。

6. 数据读取

读取声压级峰值、谷值((2)以下操作时,〈Num Lock〉指示灯必须熄灭。)

(1) 将固定驻波管的滑块移到最远处。

(2) 移动仪器屏幕上的光标到所要测量的频率的第一个峰值位置,缓慢移动固定驻波管的滑块,同时读取光标位置显示的声压级,将滑块停在声压级为一个极大值的位置。此位置即为峰值位置,输入此时滑块所在位置的刻度。

(3) 移动仪器屏幕上的光标到所要测量的频率的第一个谷值位置,缓慢移动固定驻波管的滑块,同时读取光标位置显示的声压级,将滑块停在声压级为一个极小值的位置。此位置即为谷值位置,输入此时滑块所在位置的刻度。

(4) 移动仪器屏幕上的光标到所要测量的频率的第二个峰值位置、第二个谷值位置,或到所要测量的频率的第三个峰值位置、第三个谷值位置。重复步骤(2)和(3),可以测量到第二个峰值、谷值和第三个峰值、谷值(每一频率反复测试三次)。

(5) 重复步骤(1)、(2)、(3)、(4)可以测量到各个频率点的声压级峰值、谷值。

7. 计算吸声系数

在测量到各个频率点下的声压级峰值、谷值后,按〈F7〉键可计算各个频率对应下的吸声系数。

8. 输入信息和打印结果

按〈F8〉键,根据仪器提示操作,在屏幕上输入本次操作的“材料”“班级”“小组”“姓名”等。

按〈F9〉键,仪器可根据已计算的吸声系数显示出坐标,如图7-3所示。在显示坐标后,按〈F4〉键可打印显示结果。

9. 关机

在关机前按〈F10〉退出测试软件,以便保存仪器的测试状态。如已经设置好的频率及电压。拔掉电源插头,以保证安全。

五、注意事项

(1) 该系统的电脑应严格专用,谨防电脑病毒的侵袭,保护本系统应用软件的安全。

(2) 该系统不使用时,务必拔掉电源插头。

(3) 安装样品时,不要和后板之间留有间隙,否则曲线上会出现吸收峰。

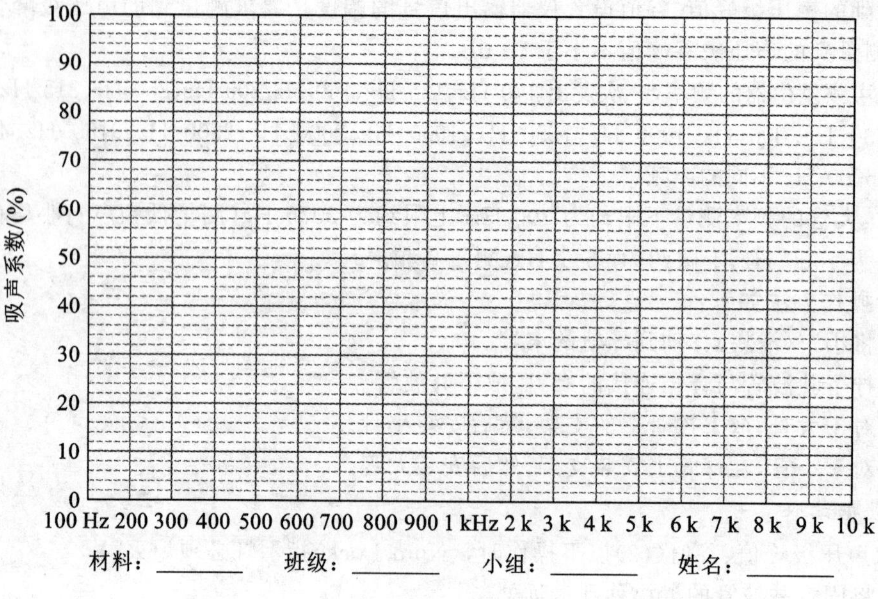

图 7-3　频率特性曲线

（4）交叉校准时，完全松开固紧螺栓，轻轻拿出传声器，然后再轻轻放到位后固紧。

六、数据处理与分析

（1）将结果按 1/3 倍频程绘出材料的吸声系数数据表。

（2）计算材料的平均吸声系数，并做出材料吸声系数频率特性曲线。

七、思考题

（1）驻波管法测量吸声系数的原理是什么？

（2）驻波管方法测量的吸声系数和混响室法测量的吸声系数有什么区别？各有什么优缺点？

第八章　环境监测实验

实验一　废水悬浮固体和浊度的测定

一、实验目的和要求

废水中悬浮固体和浊度指标是体现水污染状况最基本的指标，在工程应用中具有重要的实际意义。悬浮物是废水排放标准中的一个重要指标。

（1）熟练掌握废水悬浮物和浊度的测定，包括取样、测定以及数据处理和分析的过程。

（2）熟悉悬浮物排放标准的要求，掌握如何根据水质情况确定悬浮物的排放限值的方法。

二、废水悬浮固体的测定

1．实验原理

水质中的悬浮固体是指水样通过孔径为 0.45 μm 的滤膜时，截留在滤膜上并于 103～105 ℃烘干至恒重的固体物质。

2．实验内容

（1）废水的取样和预处理。

（2）废水的膜过滤和膜的预处理稳定化。

（3）悬浮物（SS 值）的测定。

（4）实验数据的分析和评价。

3．实验仪器与试剂

（1）孔径为 0.45 μm 的滤膜及相应的抽滤装置（全玻璃微孔滤膜过滤器）；

（2）内径为 30～50 mm 的称量瓶；

（3）烘箱；

（4）分析天平；

（5）干燥器；

（6）无齿扁嘴镊子。

4．实验步骤

（1）将滤膜放在称量瓶中，打开瓶盖，在 103～105 ℃烘干 2 h，取出于干燥器中冷却，盖好瓶盖称重，直至恒重（两次称量相差不超过 0.0005 g）。

（2）去除待测水样的漂浮物，量取适量振荡均匀的水样（使悬浮物大于 2.5 mg），以恒重过的滤膜过滤；用蒸馏水清洗残渣 3～5 次。如样品中含油脂，用 10 mL 石油醚分两次淋洗残渣。

（3）用无齿扁嘴镊子小心取下滤膜，放入原称量瓶内，在 103～105 ℃烘箱中打开瓶盖烘 2 h，冷却后盖好盖称重，直至恒重为止（两次称量相差不超过 0.0005 g）。

悬浮固体计算公式：

$$悬浮固体(mg/L)=\frac{(A-B)\times1000\times1000}{V} \tag{8-1}$$

式中：A ——悬浮固体、滤膜及称量瓶总重，g；

B ——滤膜及称量瓶总重，g；

V ——水样体积，mL。

5. 注意事项

（1）样品的采样和样品储存。

① 水样的采集：采用聚乙烯瓶或硬质玻璃瓶采样，采样前用洗涤剂洗净，再依次用自来水和蒸馏水冲洗干净。采样前，用即将采集的水样清洗采样器三次，然后采集具有代表性的水样500～1000 mL，盖严瓶塞。

② 水样的储存：采集的水样要尽快分析测定，如需放置，应储存在 4 ℃的冷藏箱中，但最长不超过 7 d。

（2）采集的水样不能加入任何保护剂，以防破坏物质在固、液间的分配平衡。水样中漂浮的和沉没的不均匀固体物质均不属于悬浮固体，应从水样中去除。水样中的树叶、木棒、水草等杂质应先从水中除去。

（3）废水黏度高时，可加 2～4 倍蒸馏水稀释，振荡均匀，待沉淀物下降后再过滤。

（4）取样体积的确定：一般以滤膜上截留 5～100 mg 的悬浮总量为合适的取样体积。滤膜上截留的悬浮物过多，可能夹带过多的水分，除延长干燥时间外，还有可能造成过滤困难，此时可酌情减少取样试样。滤膜上悬浮物过少，则会增大称量误差，此时可增大采用体积。

三、浊度的测定

1. 实验原理

浊度反映水中悬浮物对光线透过时所产生的阻碍程度。水中含有的泥土、粉砂、微细有机物、无机物、浮游动物和其他微生物等悬浮物和胶体物都可使水样呈现浊度。水的浊度大小不仅和水中存在的颗粒物含量有关，而且和其粒径大小、形状、颗粒表面对光散射等特性有密切关系。

2. 实验内容

（1）浊度仪的校准。

（2）浊度的测定。

（3）实验数据的分析和评价。

3. 实验仪器

浊度仪（ET266020 微电脑快速浊度测定仪）、量筒、烧杯、玻璃棒等。

4. 实验步骤

（1）校准浊度仪。

在关机状态下，按住〈Mode〉键，然后按一下〈On/Off〉键，然后松开〈Mode〉键，按〈!〉键两次，屏幕显示指示到 Cal 后，按〈Mode〉键，进入校准程序。

屏幕显示“0.10”“StAn”，将＜0.1NTU 标准液放入测量池中，盖上遮光盖，按〈Read〉键。显示“01:00”，仪器开始 1 min 倒计时，仪器将闪烁显示“0.10”表示第一点校准完毕。

当屏幕显示“20”“StAn”，将 20NTU 比色皿翻转混匀，放入测量池中，按〈Read〉键。显示“01:00”，仪器开始 1 min 倒计时，仪器将闪烁显示“20”表示第二点校准完毕。

当屏幕显示“200”“StAn”，将200NTU比色皿翻转混匀，放入测量池中，按〈Read〉键。显示“01:00”，仪器开始1 min倒计时，仪器将闪烁显示“200”表示第三点校准完毕。

当屏幕显示“800”“StAn”，将800NTU比色皿翻转混匀，放入测量池中，按〈Read〉键。显示“01:00”，仪器开始1 min倒计时，仪器将闪烁显示“800”表示第四点校准完毕。

屏幕显示“USEr”“Stor”，按〈!〉键，进行存储。

屏幕显示“Stng”和“StEd”表示已存储此次校准。

(2) 去除待测水样的漂浮物后，量取适量振荡均匀的水样，测定其浊度。

① 按〈On/Off〉键开机，显示“NTU”。

② 先用样品润洗三次比色皿，然后在比色皿中加入样品。

③ 盖紧比色皿盖，将比色皿外壁擦拭干净并确保干燥。

④ 将比色皿放入仪器测量池中，并确保标识对齐。

⑤ 将遮光盖盖好。

⑥ 按〈Read〉键，开始测量，屏幕显示测量结果。

四、注意事项

浊度测量要点：

(1) 实验前，请确保比色皿洁净、干燥(无尘)，可用干净的无绒布擦拭比色皿内、外壁。比色皿上的指纹水滴及划痕都可能导致读数错误。

(2) 注入水样后到标记刻度处，马上将其放入测量池，注意刻度及白三角符号与另一个三角标记对齐(图8-1)。

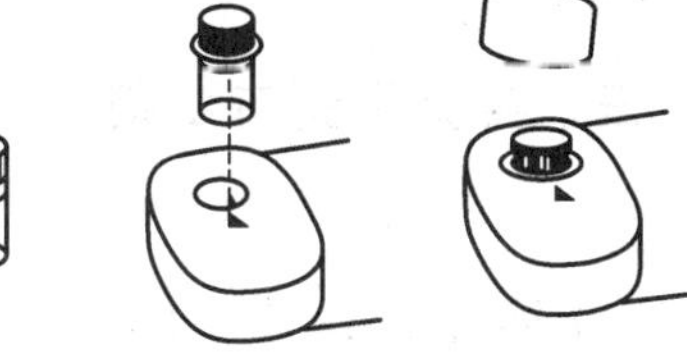

图8-1　浊度测量示意图

(3) 测量时，比色皿盖子必须旋紧，并盖好遮光盖。

(4) 容器内壁上的气泡会引起测量误差。

(5) 洒入样品池中的水会损坏和腐蚀浊度仪中的电子元件，因此，操作时要避免水样遗洒。

(6) 无论何时，应确保样品池处于关闭状态。

(7) 样品池内光学部件的污染(如光源污染和光传感器污染)会导致测量误差。因此，应定期检查光学部件，如需要，应使用湿布或棉花进行清洁，每次清洁后，请重新校准。

(8) 光度计和测量环境的较大温差会导致测量不准确，因此，应确保两者的适当温差。

(9) 避免在明亮的日光下使用此仪器。

(10) 每次测量后，必须彻底清洗比色皿及各类容器。

(11) 不要使用划伤了的比色皿进行测量，如发现划痕，应及时更换比色皿。

(12) 每次测量后应使用去离子水润洗比色皿。

(13) 对于严重污染的水样，可使用1∶1盐酸进行清洗，然后用去离子水进行润洗。

五、思考题

(1) 为什么需要对污染废水进行必要的预处理？

(2) 在实验操作过程中需要注意什么？

(3) 浊度的表示方法有哪几种？浊度有哪几种单位，分别表示什么意思？

实验二　化学需氧量的测定——重铬酸盐法

一、实验目的

化学需氧量(COD)是水污染指标中最重要的指标,COD是我国实施排放总量控制的标准之一。掌握COD的测定和数据分析,对于将来在工作实践中环境监测、环境污染治理、环境评价等均有重要的作用。

(1) 掌握重铬酸钾法测定地表水、生活污水和工业废水中化学需氧量的基本原理和要求。

(2) 熟悉如何根据水质情况确定COD的排放限值要求。

二、实验原理

在水样中加入已知量的重铬酸钾溶液,并在强酸介质下以银盐作催化剂,经沸腾回流后,以试亚铁灵为指示剂,用硫酸亚铁铵滴定水样中未被还原的重铬酸钾,由消耗的重铬酸钾的量计算出消耗氧的质量浓度。

注1:在酸性重铬酸钾条件下,芳烃和吡啶难以被氧化,其氧化率较低。在硫酸银催化作用下,直链脂肪族化合物可有效地被氧化。

注2:无机还原性物质如亚硝酸盐、硫化物和二价铁盐等会使测定结果偏大,其需氧量也是COD的一部分。

三、实验仪器与试剂

1. 实验仪器

(1) 回流装置:带有250 mL磨口锥形瓶的全玻璃回流装置,可选用水冷或风冷全玻璃回流装置,其他等效冷凝回流装置亦可。

(2) 加热装置:电炉或其他等效消解装置。

(3) 分析天平:感量为0.0001 g。

(4) 酸式滴定管(25 mL、50 mL)。

(5) 实验室常用仪器和设备。

2. 实验试剂

试剂和材料:除非另有说明,实验时所用试剂均为符合国家标准的分析纯试剂。硫酸(H_2SO_4,优级纯)、重铬酸钾($K_2Cr_2O_7$,基准试剂)、硫酸银(Ag_2SO_4)、硫酸汞($HgSO_4$)、六水合硫酸亚铁铵([$(NH_4)_2Fe(SO_4)_2 \cdot 6H_2O$])、邻苯二甲酸氢钾($KHC_8H_4O_4$,基准试剂)、七水合硫酸亚铁($FeSO_4 \cdot 7H_2O$)、硫酸溶液(1∶9)、防暴沸玻璃珠。

实验用水均为新制备的超纯水、蒸馏水或同等纯度的水。

(1) 重铬酸钾标准溶液($c(1/6\ K_2Cr_2O_7)=0.250$ mol/L):准确称取预先在105 ℃烘箱中干燥至恒重的重铬酸钾12.258 g溶于水中,移入1000 mL的容量瓶中,定容至1000 mL。

(2) 硫酸银-硫酸溶液:称取10 g硫酸银加到1 L优质纯硫酸中,放置1~2 d使之溶解,并混匀,使用前小心摇匀。

(3) 硫酸汞溶液(ρ=100 g/L):称取10 g硫酸汞溶于100 mL硫酸溶液(1∶9(体积比))中,混匀。

(4) 硫酸亚铁铵标准溶液($c[(NH_4)_2Fe(SO_4)_2]\approx 0.05$ mol/L):称取 19.5 g 六水合硫酸亚铁铵溶解于水中,加入 10 mL 优质纯硫酸,待溶液冷却后移入 1000 mL 的容量瓶中,稀释定容至 1000 mL。

每日临用前,必须用重铬酸钾标准溶液准确标定硫酸亚铁铵溶液的浓度。

标定方法:取 5.00 mL 重铬酸钾标准溶液置于锥形瓶中,用水稀释至约 50 mL,缓慢加入 15 mL 优质纯硫酸,混匀,冷却后加入 3 滴(约 0.15 mL)试亚铁灵指示剂,用硫酸亚铁铵溶液滴定,溶液的颜色由黄色经蓝绿色变为红褐色即为终点,记录硫酸亚铁铵溶液的消耗量 V(mL)。硫酸亚铁铵标准溶液的浓度按公式(8-2)计算:

$$c=\frac{5.00\ \text{mL}\times 0.250\ \text{mol/L}}{V} \tag{8-2}$$

式中:V ——滴定时消耗硫酸亚铁铵溶液的体积,mL。

(5) 试亚铁灵(1,10-菲绕啉(1,10-phenanthroline,商品名为邻菲罗啉、1,10-菲罗啉)指示剂溶液:溶解 0.7 g 七水合硫酸亚铁于 50 mL 水中,加入 1.5 g 1,10-菲绕啉,搅拌至溶解,稀释至 100 mL。

(6) 邻苯二甲酸氢钾($c(KHC_8H_4O_4)=2.0824$ mmol/L):称取 105 ℃干燥 2 h 的邻苯二甲酸氢钾 0.4251 g 溶于水中,并稀释至 1000 mL,混匀,以重铬酸钾为氧化剂,邻苯二甲酸氢钾完全氧化的 COD 为 1.176 g 氧/g(即 1 g 邻苯二甲酸氢钾耗氧 1.176 g),故该标准溶液的理论 COD 为 500 mg/L。

四、实验步骤

1. 样品测定

取 10.0 mL 水样于 250 mL 锥形瓶中,依次加入硫酸汞溶液、重铬酸钾标准溶液 5.00 mL 和几颗防暴沸玻璃珠,摇匀。硫酸汞溶液按质量比 $m(HgSO_4):m(Cl^-)\geqslant 20:1$的比例加入,最大加入量为 2 mL。

将锥形瓶连接到回流装置冷凝管的下端,打开冷凝装置,从冷凝管上端缓慢加入 15 mL 硫酸银-硫酸溶液,以防止低沸点有机物逸出,不断振动锥形瓶使之混合均匀。自溶液开始沸腾时保持微沸回流 2 h。回流并冷却后,自冷凝管上端加入 45 mL 水冲洗冷凝管,取下锥形瓶。

溶液冷却至室温后,加入 3 滴试亚铁灵指示剂溶液,用硫酸亚铁铵标准溶液滴定,溶液的颜色由黄色经蓝绿色变为红褐色即为终点。记录消耗的硫酸亚铁铵标准溶液体积 V_1。

2. 空白实验

按上面样品测定相同步骤以 10.0 mL 实验用水代替水样进行空白实验,记录空白滴定时消耗硫酸亚铁铵标准溶液的体积 V_0。

五、数据处理与分析

1. 结果处理

按公式(8-3)计算样品中化学需氧量的质量浓度 ρ(mg/L)。

$$\rho=\frac{c\times(V_0-V_1)\times 8000}{V_2}\times f \tag{8-3}$$

式中：c——硫酸亚铁铵标准溶液的浓度，mol/L；

V_0——空白实验所消耗的硫酸亚铁铵标准溶液的体积，mL；

V_1——水样测定所消耗的硫酸亚铁铵标准溶液的体积，mL；

V_2——加热回流时所取水样的体积，mL；

f——样品稀释倍数；

8000——$\frac{1}{4}O_2$的摩尔质量以 mg/L 为单位的换算值。

2. 结果表示

当 COD 测定结果小于 100 mg/L 时保留至整数位；当 COD 测定结果大于或等于 100 mg/L 时，保留三位有效数字。

六、注意事项和其他说明

1. 其他说明

本方法测定范围：当取样体积为 10.0 mL 时，本方法的检出限为 4 mg/L，测定下限为 16 mg/L。未经稀释的水样测定上限为 700 mg/L，超过此检出限时必须稀释后测定。

(1) 对于污染严重的水样，可选取所需体积 1/10 的水样放入硬质玻璃管中，加入 1/10 的试剂，摇匀后加热至沸腾数分钟，观察溶液是否变成蓝绿色。如呈蓝绿色，应适当取少量水样，直至溶液不变为蓝绿色为止，从而可以确定待测水样的稀释倍数。

(2) 对于 COD 小于 50 mg/L 的水样，应该用 0.025 mol/L 的重铬酸钾标准溶液回滴 0.005 mol/L的硫酸亚铁铵标准溶液。

(3) 本方法不适用于含氯化物浓度大于 1000 mg/L(稀释后)的水中 COD 的测定。

本方法的主要干扰物为氯化物，可加入硫酸汞溶液去除。经回流后，氯离子可与硫酸汞结合成可溶性的氯汞配合物。硫酸汞溶液的用量可根据水样中氯离子的含量，按质量比 $m(HgSO_4)$∶$m(Cl^-)\geqslant 20$∶1加入，最大加入量为 2 mL(按照氯离子最大允许浓度 1000 mg/L 计)。

2. 注意事项

(1) 消解时应使溶液缓慢沸腾，不宜暴沸。如出现暴沸，说明溶液中出现局部过热，会导致测定结果有误。暴沸的原因可能是加热过于激烈，或是防暴沸玻璃珠的效果不好。

(2) 亚铁灵指示剂的加入量虽然不影响临界点，但应该尽量一致。当溶液的颜色先变为蓝绿色再变为红褐色即达到终点，几分钟后可能还会重现蓝绿色。

(3) 每日临用前，必须用重铬酸钾标准溶液准确标定硫酸亚铁铵溶液的浓度。

(4) 本方法所用试剂硫酸汞有剧毒，实验人员应避免与其直接接触。样品前处理过程应在通风橱中进行。

(5) 采集的水样应置于玻璃瓶中，并尽快分析。当不能立即分析时，应加入硫酸至 $pH<2$，置于 4 ℃下保存，保存时间不超过 5 d。

七、思考题

(1) 水体中的化学需氧量反映的是什么？

(2) 当废水的浓度超过检测限时，应如何处理？

(3) 回流过程中溶液颜色变成蓝绿色是什么原因？应如何处理？

实验三 五日生化需氧量(BOD_5)的测定——稀释与接种法

一、实验目的

(1) 掌握地表水、工业废水和生活污水中五日生化需氧量(BOD_5)的测定,为环境污染设施的运行管理提供参考依据。

(2) 熟悉稀释与接种法测定 BOD_5 的操作过程,以及实验过程的注意事项,保证测定结果的准确性。

二、实验原理

生化需氧量是指在规定的条件下,微生物分解水中的某些可氧化的物质,特别是分解有机物的生物化学过程消耗的溶解氧。通常情况下是指水样充满完全密闭的溶解氧瓶,在(20±1) ℃的暗处培养 5 d±4 h 或(2+5) d±4 h[先在 0～4 ℃的暗处培养 2 d,接着在(20±1) ℃的暗处培养 5 d,即培养(2+5) d,分别测定培养前后水样中溶解氧的质量浓度,由培养前后溶解氧的质量浓度之差,计算每升样品消耗的溶解氧量,以 BOD_5 形式表示。

若样品中的有机物含量较多,BOD_5 的质量浓度大于 6 mg/L 时,样品需适当稀释后测定;对不含或含微生物少的工业废水,如酸性废水、碱性废水、高温废水、冷冻保存的废水或经过氯化处理等的废水,在测定 BOD_5 时应进行接种,以引进能分解废水中有机物的微生物。当废水中存在难以被一般生活污水中的微生物以正常的速度降解的有机物或含有剧毒物质时,应将被驯化后的微生物引入水样中进行接种。

三、实验仪器与试剂

1. 实验仪器

本实验除非另有说明,分析时均使用符合国家 A 级标准的玻璃量器。

(1) 滤膜(孔径为 1.6 μm)。

(2) 溶解氧瓶(250～300 mL):带水封装置。

(3) 稀释容器(1000～2000 mL):量筒或容量瓶。

(4) 虹吸管:供分取水样或添加稀释水。

(5) 溶解氧测定仪。

(6) 冷藏箱:0～4 ℃。

(7) 冰箱:有冷冻和冷藏功能。

(8) 带风扇的恒温培养箱:(20±1) ℃。

(9) 曝气装置:多通道空气泵或其他曝气装置;曝气可能引入有机物、氧化剂和金属,导致空气污染,如有污染,空气应过滤清洗。

2. 实验试剂

本实验所用试剂除非另有说明,分析时均使用符合国家标准的分析纯化学试剂。

(1) 水:实验用水为符合 GB/T 6682 规定的 3 级蒸馏水,且水中铜离子的质量浓度不大于 0.01 mg/L,不含有氯或氯胺等物质。

(2) 接种液：可购买接种微生物用的接种物质，接种液的配制和使用按照说明书的要求操作，也可按以下方法获得接种液。

① 未受工业废水污染的生活污水：化学需氧量不大于 300 mg/L，总有机碳不大于 100 mg/L。

② 含有城镇污水的河水或湖水。

③ 污水处理厂的出水。

④ 分析含有难降解物质的工业废水时，在其排污口下游适当处取水样作为废水的驯化接种液，也可取中和或经适当稀释后的废水进行连续曝气，每天加入少量该种废水，同时加入少量生活污水，使适应该种废水的微生物大量繁殖。当水中出现大量絮状物时，表明微生物已繁殖，可用作接种液。一般驯化过程需 3～8 d。

(3) 盐溶液。

① 磷酸盐缓冲溶液：将 8.5 g 磷酸二氢钾(KH_2PO_4)、21.8 g 磷酸氢二钾(K_2HPO_4)、33.4 g 七水合磷酸氢二钠($Na_2HPO_4 \cdot 7H_2O$)和 1.7 g 氯化铵(NH_4Cl)溶于水中，稀释至 1000 mL，此溶液在 0～4 ℃时可稳定保存 6 个月。此溶液的 pH 值为 7.2。

② 硫酸镁溶液($\rho(MgSO_4)=11.0$ g/L)：将 22.5 g 七水合硫酸镁($MgSO_4 \cdot 7H_2O$)溶于水中，稀释至 1000 mL，此溶液在 0～4 ℃时可稳定保存 6 个月，若发现任何沉淀或微生物生长应弃去。

③ 氯化钙溶液($\rho(CaCl_2)=27.6$ g/L)：将 27.6 g 无水氯化钙($CaCl_2$)溶于水中，稀释至 1000 mL，此溶液在 0～4 ℃时可稳定保存 6 个月，若发现任何沉淀或微生物生长应弃去。

④ 氯化铁溶液($\rho(FeCl_3)=0.15$ g/L)：将 0.25 g 六水合氯化铁($FeCl_3 \cdot 6H_2O$)溶于水中，稀释至 1000 mL，此溶液在 0～4 ℃时可稳定保存 6 个月，若发现任何沉淀或微生物生长应弃去。

(4) 稀释水：在 5～20 L 的玻璃瓶中加入一定量的水，控制水温为(20±1) ℃，用曝气装置至少曝气 1 h，使稀释水中的溶解氧达到 8 mg/L 以上。使用前每升水中加入上述四种盐溶液各 1.0 mL，混匀，20 ℃保存。在曝气的过程中防止污染，特别是防止引入有机物、金属、氧化物或还原物。

稀释水中氧的质量浓度不能过饱和，使用前需开口放置 1 h，且应在 24 h 内使用，剩余的稀释水应弃去。

(5) 接种稀释水：根据接种液的来源不同，每升稀释水中加入适量的接种液(城市生活污水和污水处理厂出水加 1～10 mL，河水或湖水加 10～100 mL)，将接种稀释水存放在(20±1) ℃的环境中，当天配制，当天使用。接种的稀释水 pH 值为 7.2，BOD_5应小于 1.5 mg/L。

(6) 盐酸($c(HCl)=0.5$ mol/L)：将 40 mL 浓盐酸(质量分数为 36.5%)溶于水中，稀释至 1000 mL。

(7) 氢氧化钠溶液($c(NaOH)=0.5$ mol/L)：将 20 g 氢氧化钠溶于水中，稀释至 1000 mL。

(8) 亚硫酸钠溶液($c(Na_2SO_3)=0.0125$ mol/L)：将 1.575 g 亚硫酸钠(Na_2SO_3)溶于水中，稀释至 1000 mL。此溶液不稳定，需现用现配。

(9) 葡萄糖-谷氨酸标准溶液：将谷氨酸($HOOC—CH_2—CH_2—CHNH_2—COOH$，优级纯)和葡萄糖($C_6H_{12}O_6$，优级纯)在 130 ℃下干燥 1 h，各称取 150 mg 溶于水中，在 1000 mL 容量瓶中稀释至标线。此溶液的 BOD_5 为(210±20) mg/L，现用现配。该溶液也可少量冷冻保存，融化后立刻使用。

(10) 丙烯基硫脲硝化抑制剂($\rho(C_4H_8N_2S)=1.0$ g/L)：溶解 0.20 g 丙烯基硫脲($C_4H_8N_2S$)

于 200 mL 水中，混合，4 ℃下保存，此溶液可稳定保存 14 d。

(11) 乙酸溶液(1∶1)。

(12) 碘化钾溶液(ρ(KI)＝100 g/L)：将 10 g 碘化钾(KI)溶于水中，稀释至 100 mL。

(13) 淀粉溶液(ρ＝5 g/L)：将 0.50 g 淀粉溶于水中，稀释至 100 mL。

四、实验步骤

1. 非稀释法

非稀释法分为两种情况：非稀释法和非稀释接种法。

若样品中的有机物含量较少，BOD_5 的质量浓度不大于 6 mg/L，且当样品中有足够的微生物时，用非稀释法测定。若样品中的有机物含量较少，BOD_5 的质量浓度不大于 6 mg/L，但样品中无足够的微生物时，如酸性废水、碱性废水、高温废水、冷冻保存的废水或经过氯化处理等的废水，采用非稀释接种法测定。

(1) 试样的准备。

待测试样：测定前待测试样的温度达到(20±2) ℃，若样品中溶解氧浓度低，需要用曝气装置曝气 15 min，充分振摇赶走样品中残留的空气泡；若样品中氧过饱和，将容器 2/3 体积充满样品，用力振荡赶出过饱和氧，然后根据试样中微生物含量情况确定测定方法。非稀释法可直接取样测定；非稀释接种法，每升试样中加入适量的接种液，待测定。若试样中含有硝化细菌，则可能发生硝化反应，需在每升试样中加入 2 mL 丙烯基硫脲硝化抑制剂。

空白试样：非稀释接种法，每升稀释水中加入与试样中相同量的接种液作为空白试样，需要时每升试样中加入 2 mL 丙烯基硫脲硝化抑制剂。

(2) 试样的测定：碘量法或电化学探头法测定试样中的溶解氧。

将待测试样充满两个溶解氧瓶，使试样少量溢出，防止试样中的溶解氧质量浓度改变，使瓶中存在的气泡沿瓶壁排出。将其中一瓶盖上瓶盖，水封，在瓶盖外罩上一个密封罩，防止培养期间水蒸发干，在恒温培养箱中培养 5 d±4 h 或(2＋5) d±4 h 后测定试样中溶解氧的质量浓度。另一瓶 15 min 后测定试样在培养前溶解氧的质量浓度。

空白试样的测定方法同碘量法测定试样中的溶解氧或电化学探头法测定试样中的溶解氧。

2. 稀释与接种法

稀释与接种法分为两种情况：稀释法和稀释接种法。

若试样中的有机物含量较多，BOD_5 的质量浓度大于 6 mg/L，且样品中有足够的微生物时，采用稀释法测定；若试样中的有机物含量较多，BOD_5 的质量浓度大于 6 mg/L，但试样中无足够的微生物时，采用稀释接种法测定。

(1) 试样的准备。

待测试样：待测试样的温度达到(20±2) ℃，若试样中溶解氧浓度低，需要用曝气装置曝气 15 min，充分振摇赶走样品中残留的气泡；若样品中氧过饱和，将容器的 2/3 体积充满样品，用力振荡赶出过饱和氧，然后根据试样中微生物含量情况确定测定方法。采用稀释法测定时，稀释倍数按表 8-1 和表 8-2 方法确定，然后用稀释水稀释。采用稀释接种法测定时，用接种稀释水稀释样品。若样品中含有硝化细菌，则可能发生硝化反应，需在每升试样培养液中加入2 mL 丙烯基硫脲硝化抑制剂。

稀释倍数的确定：样品稀释的程度应使消耗的溶解氧质量浓度不小于 2 mg/L，培养后样品中剩余溶解氧质量浓度不小于 2 mg/L，且试样中剩余的溶解氧的质量浓度为开始浓度的 1/3～2/3 为最佳。

稀释倍数可根据样品的总有机碳（TOC）、高锰酸盐指数（I_{Mn}）或化学需氧量（COD）的测定值，按照表 8-1 列出的 BOD_5 与总有机碳（TOC）、高锰酸盐指数（I_{Mn}）或化学需氧量（COD）的比值 R 估计 BOD_5 的期望值（R 与样品的类型有关），再根据表 8-2 确定稀释因子。当不能准确地选择稀释倍数时，一个样品做 2～3 个不同的稀释倍数。

表 8-1　典型的比值 *R*

水样的类型	总有机碳 $R(BOD_5/TOC)$	高锰酸盐指数 $R(BOD_5/I_{Mn})$	化学需氧量 $R(BOD_5/COD_{Cr})$
未处理的废水	1.2～2.8	1.2～1.5	0.35～0.65
生化处理的废水	0.3～1.0	0.5～1.2	0.20～0.35

由表 8-1 中选择适当的 R 值，按式(8-4)计算 BOD_5 的期望值：

$$\rho = R \cdot Y \tag{8-4}$$

式中：ρ ——五日生化需氧量浓度的期望值，mg/L；

Y ——总有机碳（TOC）、高锰酸盐指数（I_{Mn}）或化学需氧量（COD）的值，mg/L。

由估算出的 BOD_5 的期望值，按表 8-2 确定样品的稀释倍数。

表 8-2　BOD_5 测定的稀释倍数

BOD_5 的期望值/(mg/L)	稀释倍数	水样类型
6～12	2	河水，生物净化的城市污水
10～30	5	河水，生物净化的城市污水
20～60	10	生物净化的城市污水
40～120	20	澄清的城市污水或轻度污染的工业废水
100～300	50	轻度污染的工业废水或原城市污水
200～600	100	轻度污染的工业废水或原城市污水
400～1 200	200	重度污染的工业废水或原城市污水
1 000～3 000	500	重度污染的工业废水
2 000～6 000	1 000	重度污染的工业废水

按照确定的稀释倍数，将一定体积的试样或处理后的试样用虹吸管加入已加部分稀释水或接种稀释水的稀释容器中，加稀释水或接种稀释水至刻度，轻轻混合避免残留气泡，待测定。若稀释倍数超过 100 倍，可进行两步或多步稀释。

若试样中有微生物毒性物质，应配制几个不同稀释倍数的试样，选择与稀释倍数无关的结果，并取其平均值。试样测定结果与稀释倍数的关系确定如下。

当分析结果精度要求较高或存在微生物毒性物质时，一个试样要做两个以上不同的稀释倍数，每个试样的每个稀释倍数做平行双样同时进行培养。测定培养过程中每瓶试样氧的消耗量，并作出氧消耗量对每一稀释倍数试样中原样品的体积曲线。

若此曲线呈线性，则此试样中不含有任何抑制微生物的物质，即样品的测定结果与稀释倍数无关；若曲线仅在低浓度范围内呈线性，取线性范围内稀释比的试样测定结果计算平均 BOD_5。

空白试样：

稀释法测定，空白试样为稀释水，必要时每升稀释水中加入 2 mL 丙烯基硫脲硝化抑制剂。

稀释接种法测定，空白试样为接种稀释水，必要时每升接种稀释水中加入 2 mL 丙烯基硫脲硝化抑制剂。

（2）试样的测定。

试样和空白试样的测定方法同碘量法或电化学探头法测定试样中的溶解氧。

五、注意事项

1. 样品采集与保存

样品采集按照地表水和污水监测技术规范的相关规定执行。

采集的样品应充满并密封于棕色玻璃瓶中，样品量不小于 1000 mL，在 0～4 ℃的暗处运输和保存，并于 24 h 内尽快分析。24 h 内不能分析，可冷冻保存（冷冻保存时避免样品瓶破裂），冷冻样品分析前需解冻、均质化和接种。

2. 样品的前处理

（1）pH 值的调节。

若样品或稀释后的样品 pH 值不在 6～8 范围内，应用盐酸溶液或氢氧化钠溶液调节其 pH 值至 6～8。

（2）余氯和结合氯的去除。

若样品中含有少量余氯，一般在采样后放置 1～2 h，游离氯即可消失。对在短时间内不能消失的余氯，可加入适量亚硫酸钠溶液去除样品中存在的余氯和结合氯，加入的亚硫酸钠溶液的量由下述方法确定。

取已中和好的水样 100 mL，加入乙酸溶液 10 mL、碘化钾溶液 1 mL，混匀，暗处静置 5 min。用亚硫酸钠溶液滴定析出的碘至淡黄色，加入 1 mL 淀粉溶液呈蓝色，再继续滴定至蓝色刚刚褪去，即为终点，记录所用亚硫酸钠溶液的体积，由亚硫酸钠溶液消耗的体积，计算出水样中应加亚硫酸钠溶液的体积。

（3）样品均质化。

含有大量颗粒物、需要较大稀释倍数的样品或经冷冻保存的样品，测定前均需将样品搅拌均匀。

（4）样品中有藻类。

当样品中有大量藻类存在时，BOD_5 的测定结果会偏高。当分析结果精度要求较高时，测定前应用滤孔为 1.6 μm 的滤膜过滤，检测报告中注明滤膜滤孔的大小。

（5）含盐量低的样品。

若样品含盐量低，非稀释样品的电导率小于 125 μS/cm 时，需加入适量相同体积的上述四种盐溶液，使样品的电导率大于 125 μS/cm。每升样品中至少需加入各种盐的体积 V 按式(8-5)计算：

$$V=\frac{\Delta K-12.8}{113.6} \tag{8-5}$$

式中：V ——需加入各种盐的体积，mL；

ΔK ——样品需要提高的电导率，μS/cm。

3. 质量保证和质量控制

(1) 空白试样。

每一批样品做两个分析空白试样，稀释法空白试样的测定结果不能超过 0.5 mg/L，非稀释接种法和稀释接种法空白试样的测定结果不能超过 1.5 mg/L，否则应检查可能的污染来源。

(2) 接种液、稀释水质量的检查。

每一批样品要求做一个标准样品，样品的配制方法如下：取 20 mL 葡萄糖-谷氨酸标准溶液于稀释容器中，用接种稀释水稀释至 1000 mL，测定 BOD_5，结果应在 180～230 mg/L 范围内，否则应检查接种液、稀释水的质量。

(3) 平行样品。

每一批样品至少做一组平行样，计算相对百分偏差 RP。当 BOD_5 小于 3 mg/L 时，RP 应不超过 15%；当 BOD_5 为 3～100 mg/L 时，RP 应不超过 20%；当 BOD_5 大于 100 mg/L 时，RP 应不超过 25%。计算公式如下：

$$RP=\frac{\rho_1-\rho_2}{\rho_1+\rho_2}\times 100\% \tag{8-6}$$

式中：RP ——相对百分偏差，%；

ρ_1——第一个样品的 BOD_5，mg/L；

ρ_2——第二个样品的 BOD_5，mg/L。

六、数据处理与分析

1. 非稀释法

非稀释法按式(8-7)计算样品 BOD_5 的测定结果：

$$\rho=\rho_1-\rho_2 \tag{8-7}$$

式中：ρ ——五日生化需氧量，mg/L；

ρ_1——水样在培养前的溶解氧质量浓度，mg/L；

ρ_2——水样在培养后的溶解氧质量浓度，mg/L。

2. 非稀释接种法

非稀释接种法按式(8-8)计算样品 BOD_5 的测定结果：

$$\rho=(\rho_1-\rho_2)-(\rho_3-\rho_4) \tag{8-8}$$

式中：ρ ——五日生化需氧量，mg/L；

ρ_1——接种水样在培养前的溶解氧质量浓度，mg/L；

ρ_2——接种水样在培养后的溶解氧质量浓度，mg/L；

ρ_3——空白样在培养前的溶解氧质量浓度，mg/L；

ρ_4——空白样在培养后的溶解氧质量浓度，mg/L。

3. 稀释法

稀释法与稀释接种法按式(8-9)计算样品 BOD_5 的测定结果：

$$\rho=\frac{(\rho_1-\rho_2)-(\rho_3-\rho_4)f_1}{f_2} \tag{8-9}$$

式中：ρ ——五日生化需氧量，mg/L；

ρ_1——接种稀释水样在培养前的溶解氧质量浓度，mg/L；

ρ_2——接种稀释水样在培养后的溶解氧质量浓度，mg/L；

ρ_3——空白样在培养前的溶解氧质量浓度，mg/L；

ρ_4——空白样在培养后的溶解氧质量浓度，mg/L；

f_1——接种稀释水或稀释水在培养液中所占的比例；

f_2——原样品在培养液中所占的比例。

BOD_5测定结果以氧的质量浓度(mg/L)报告。对稀释与接种法，如果有几个稀释倍数的结果满足要求，则取这些稀释倍数结果的平均值。结果小于 100 mg/L 时，保留一位小数；结果为 100～1000 mg/L 时，取整数位；结果大于 1000 mg/L 时，以科学计数法报告。报告中应注明：样品是否经过过滤、冷冻或均质化处理。

七、思考题

(1) 测定水样的 BOD_5 时，什么情况下需要将水样进行稀释和接种？常用的接种水是什么？

(2) 测定水样的 BOD_5 的过程中，为了减小误差需要注意什么？

(3) 如何检测水样 BOD_5 测定的准确性和精确度？

实验四　氨氮的测定——纳氏试剂分光光度法

一、实验目的

氨氮指标是环境监测中水污染和大气污染的重要指标。对于浓度不是很高的氨氮，常用纳氏试剂分光光度法测定，掌握纳氏试剂分光光度法对地表水、地下水、生活污水和工业废水中氨氮的测定，对于后续水和废气的监测有很重要的实际意义。

二、实验原理

以游离态的氨或铵离子等形式存在的氨氮与纳氏试剂反应生成淡红棕色配合物，该配合物的吸光度与氨氮含量成正比，于波长 420 nm 处测量吸光度，根据吸光度的大小计算其含量。

当水样体积为 50 mL，使用 20 mm 比色皿时，本方法的检出限为 0.025 mg/L，测定下限为 0.10 mg/L，测定上限为 2.0 mg/L(均以 N 计)。

三、实验仪器与试剂

1. 实验仪器

(1) 可见分光光度计：配有 20 mm 比色皿。

(2) 氨氮蒸馏装置：由 500 mL 凯氏烧瓶、氮球、直形冷凝管和导管组成，冷凝管末端可连接一段适当长度的滴管，使出口尖端浸入吸收液面下，亦可使用 500 mL 蒸馏烧瓶。

2. 实验试剂

除非另有说明，分析时所用试剂均使用符合国家标准的分析纯化学试剂，实验用水采用无氨水。

(1) 无氨水的制备可采用下列方法之一。

① 离子交换法。

蒸馏水通过强酸性阳离子交换树脂(氢型)柱,将流出液收集在带有磨口玻璃塞的玻璃瓶内,每升流出液加 10 g 同样的树脂,以利于保存。

② 蒸馏法。

在 1000 mL 的蒸馏水中,加入 0.1 mL 的硫酸(ρ=1.84 g/mL),在全玻璃蒸馏器中重新蒸馏,弃去前 50 mL 馏出液,然后将约 800 mL 馏出液收集在带有磨口玻璃塞的玻璃瓶内,每升馏出液加 10 g 强酸性阳离子交换树脂(氢型)。

③ 纯水器法。

用市售纯水器临用前制备。

(2) 轻质氧化镁(MgO):将氧化镁在 500 ℃下加热,以除去碳酸盐。

(3) 浓盐酸(ρ=1.18 g/mL)。

(4) 纳氏试剂:称取 16.0 g 氢氧化钠,溶于 50 mL 水中,充分冷却至室温。

另称取 7.0 g 碘化钾(KI)和 10.0 g 碘化汞(HgI_2),溶于水,然后将此溶液在搅拌下缓缓注入上述 50 mL 氢氧化钠溶液中,用水稀释至 100 mL,储存在聚乙烯瓶中,用橡皮塞或聚乙烯盖子盖紧后,存放于暗处。

(5) 酒石酸钾钠溶液(ρ=500 g/L):称取 50.0 g 四水合酒石酸钾钠($KNaC_4H_4O_6 \cdot 4H_2O$),溶于 100 mL 水中,加热煮沸以除去氨,冷置,定容至 100 mL。

(6) 硫代硫酸钠溶液(ρ=3.5 g/L):称取 3.5 g 硫代硫酸钠($Na_2S_2O_3$),溶于水中,稀释至 1000 mL。

(7) 硫酸锌溶液(ρ=100 g/L):称取 17.8 g 七水合硫酸锌($ZnSO_4 \cdot 7H_2O$),溶于水中,稀释至 100 mL。

(8) 氢氧化钠溶液(ρ=250 g/L):称取 25 g 氢氧化钠(NaOH),溶于水中,稀释至 100 mL。

(9) 氢氧化钠溶液(c(NaOH)=1 mol/L):称取 4 g 氢氧化钠(NaOH),溶于水中,稀释至 100 mL。

(10) 盐酸(c(HCl)=1 mol/L):量取 8.5 mL 浓盐酸于适量水中,用水稀释至 100 mL。

(11) 硼酸(H_3BO_3)溶液(ρ=20 g/L):称取 20 g 硼酸溶于水中,稀释至 1000 mL。

(12) 溴百里酚蓝指示剂(ρ=0.5 g/L):称取 0.05 g 溴百里酚蓝,溶于 50 mL 水中,加入 10 mL 无水乙醇,用水稀释至 100 mL。

(13) 淀粉-碘化钾试纸:称取 1.5 g 可溶性淀粉于烧杯中,用少量水调成糊状,加入 200 mL 沸水,搅拌混匀放冷,加 0.5 g 碘化钾和 0.5 g 碳酸钠,用水稀释至 250 mL,将滤纸条浸渍后,取出晾干,于棕色瓶中密封保存。

(14) 氨氮标准溶液。

① 氨氮标准储备液(ρ=1000 μg/mL):称取 3.8190 g 经 100~105 ℃干燥过 2 h 的氯化铵(NH_4Cl),溶于水中,移入 1000 mL 容量瓶中,稀释至标线,可于 2~5 ℃条件下保存 1 个月。

② 氨氮标准工作液(ρ=10 μg/mL):移取 5.00 mL 氨氮标准储备液于 500 mL 容量瓶中,用水稀释至标线。此溶液要求临用前配制。

四、实验步骤

1. 水样预处理(预蒸馏)

将 50 mL 硼酸溶液移入接收瓶内,确保冷凝管出口在硼酸溶液液面之下,分取 250 mL 样品，移入烧瓶中，加几滴溴百里酚蓝指示剂，必要时用氢氧化钠溶液（c(NaOH)=1 mol/L）或盐酸（c(HCl)=1 mol/L）调整 pH 值至 6.0（指示剂呈黄色）～7.4（指示剂呈蓝色），加入 0.25 g 轻质氧化镁及数粒玻璃珠，立即连接氮球和冷凝管，加热蒸馏，使馏出液速率为 10 mL/min，待馏出液达 200 mL 时，停止蒸馏，定容至 250 mL。

2. 校准曲线的绘制

在 50 mL 比色管中，分别加入 0.00 mL、0.50 mL、1.00 mL、2.00 mL、4.00 mL、6.00 mL、8.00 mL 和 10.0 mL 氨氮标准工作液，加水至标线，加 1.0 mL 酒石酸钾钠溶液，混匀，加 1.5 mL 纳氏试剂，混匀，放置 10 min 后，在波长 420 nm 处，用光程 20 mm 的比色皿，以水为参比，测定吸光度。

由测得的吸光度，减去零浓度空白管的吸光度后，得到校正吸光度，绘制以氨氮含量（mg）对校正吸光度的校准曲线。

3. 水样的测定

（1）清洁水样：直接取 50 mL 水样，按与校准曲线相同的步骤测量吸光度。

（2）有悬浮物或色度干扰时的水样：取适量经蒸馏预处理后的馏出液，加入 50 mL 比色管中，按与校准曲线相同的步骤测量吸光度。

注：经蒸馏或在酸性条件下煮沸预处理的水样，须加一定量的氢氧化钠（c(NaOH)=1 mol/L），调节水样至中性，用水稀释至 50 mL，再按与校准曲线相同的步骤测定吸光度。

4. 空白实验

以无氨水代替水样，按与校准曲线相同的步骤测定吸光度。

五、数据分析

水中氨氮的质量浓度按式(8-10)计算：

$$\rho_{N}=\frac{A_{s}-A_{b}-a}{bV} \tag{8-10}$$

式中：ρ_N——水样中氨氮的质量浓度，mg/L；

A_s——水样的吸光度；

A_b——空白水样的吸光度；

a——校准曲线的截距；

b——校准曲线的斜率；

V——水样体积，mL。

六、注意事项及质量保证

1. 注意事项

（1）纳氏试剂中碘化汞与碘化钾的比例，对显色反应的灵敏度有较大影响。静置后生成的沉淀应除去。

（2）氯化汞（$HgCl_2$）和碘化汞（HgI_2）为剧毒物质，避免其与皮肤和口腔接触。

2. 质量保证

（1）纳氏试剂的配制：为了保证纳氏试剂有良好的显色能力，配制时务必控制 $HgCl_2$ 的加入量，至微量 HgI_2 红色沉淀不再溶解为止，配制 100 mL 纳氏试剂所需要的 $HgCl_2$ 与 KI 的质量之比约为 2.3∶5，在配制时为了加快反应速度，节约配制时间，可进行低温加热，防止 HgI_2 红色沉淀的提前出现。

(2) 酒石酸钾钠的配制：酒石酸钾钠试剂中铵盐含量较高时，仅加热煮沸或加纳氏试剂沉淀不能完全去除氨，此时可加入少量氢氧化钠溶液，煮沸蒸发使溶液体积减小 20%～30%，冷却后用无氨水稀释至原体积。

(3) 水样的预蒸馏：蒸馏过程中某些有机物很可能与氨同时馏出，对测定有干扰，其中有些物质（如甲醛）可以在酸性条件下（pH＜1）煮沸去除。在蒸馏刚开始时，氨气馏出速度较快，加热不能过快，否则造成水样暴沸，馏出液温度升高，氨吸收不完全。馏出液速度应保持在 10 mL/min。

部分工业废水可加入石蜡碎片等作为防沫剂。

七、思考题

(1) 废水为什么要进行预处理？

(2) 实验中为什么需要加入酒石酸钾钠，它和纳氏试剂的作用是什么？

(3) 氨氮的测定方法有哪几种？各自的优缺点有哪些？

实验五　总磷的测定——钼酸铵分光光度法

一、实验目的

(1) 掌握用钼酸铵分光光度法测定水中总磷的方法。

(2) 掌握根据监测结果判断地表水是否达到排放标准的方法。

(3) 掌握分光光度计的工作原理。

二、实验原理

在中性条件下用过硫酸钾（或硝酸-高氯酸）使试样消解，将所含磷全部氧化为正磷酸盐。在酸性介质中，正磷酸盐与钼酸铵反应，在锑盐存在的情况下生成磷钼杂多酸后，立即被抗坏血酸还原，生成蓝色的配合物。在一定浓度范围内，吸光度与其浓度成正比。

本测定方法适用于地表水、污水和工业废水。本方法的最低检出浓度为 0.01 mg/L，测定上限为 0.01 mg/L。

三、实验仪器与试剂

1. 实验仪器

(1) 蒸汽消毒器或压力锅（0.11～0.14 MPa）。

(2) 50 mL 的具塞磨口比色管。

(3) 分光光度计。

注意：所有玻璃器皿均应用稀盐酸或稀硝酸浸泡。

2. 实验试剂

本实验所用试剂除另有说明外，均为符合国家标准的分析纯试剂，采用蒸馏水或同等程度的水。

(1) 浓硫酸（$\rho(H_2SO_4)=1.84$ g/mL）。

(2) 浓硝酸（$\rho(HNO_3)=1.42$ g/mL）。

(3) 高氯酸（$\rho(HClO_4)=1.68$ g/mL，优质纯）。

(4) 硫酸(H_2SO_4,1∶1)。

(5) 硫酸($c(H_2SO_4)=1$ mol/L)溶液:将 54 mL 浓硫酸加入 946 mL 水中。

(6) 氢氧化钠($c(NaOH)=1$ mol/L)溶液:将 40 g 氢氧化钠溶于水中,并稀释至 1000 mL。

(7) 氢氧化钠($c(NaOH)=6$ mol/L)溶液:将 240 g 氢氧化钠溶于水中,并稀释至 1000 mL。

(8) 过硫酸钾(50 g/L)溶液:将 5 g 过硫酸钾($K_2S_2O_8$)溶于水中,并稀释至 100 mL。

(9) 抗坏血酸(100 g/L)溶液:将 10 g 抗坏血酸($C_6H_8O_6$)溶于水中,并稀释至 100 mL。

此溶液存放于棕色的试剂瓶中,在冷处可稳定存放数周,如不变色可长期使用。

(10) 钼酸盐溶液:将 13 g 四水合钼酸铵($(NH_4)_6Mo_7O_{24}\cdot 4H_2O$)溶解于 100 mL 水中;将 0.35 g 酒石酸锑钾溶解于 100 mL 水中,在不断搅拌下,将钼酸铵溶液缓缓加到 300 mL 硫酸(1∶1)中,加入酒石酸锑钾溶液并混合均匀。

此溶液储存于棕色试剂瓶中,在冷处可保存两个月。

(11) 浊度-色度补偿液:将 2 体积的硫酸(1∶1)与 1 体积的抗坏血酸混合,使用当天配制。

(12) 磷标准储备液:称取 0.2197 g±0.001 g 于 110 ℃干燥 2 h 且在干燥器中放冷的磷酸二氢钾(KH_2PO_4),加水溶解后移至 1000 mL 容量瓶中,加入大约 800 mL 水、5 mL 硫酸(1∶1),用水稀释至标线并混匀,1 mL 此标准溶液含有 50 μg 磷。

此溶液在玻璃瓶中可储存至少 6 个月。

(13) 磷标准使用液:将 10 mL 的磷标准储备液移至 250 mL 容量瓶中,用水稀释至标线并混匀。1 mL 此标准溶液中含有 2.0 μg 磷。使用当天配制。

(14) 酚酞(10 g/L)溶液:称取 0.5 g 酚酞,溶于 50 mL95%的乙醇中。

四、实验步骤

1. 样品的采集和制备

(1) 样品的采集:采集 500 mL 水样后加入 1 mL 浓硫酸,调节样品的 pH 值,使之低于或等于 1,也可不添加任何试剂,但须在冷处保存。

注意含磷量较少的水样,不要用塑料瓶采样,因磷酸盐易吸附在塑料瓶壁上,引起误差。

(2) 试样的制备:取 50 mL 样品于具塞刻度管中,取时应仔细摇匀,以得到溶解部分和悬浮部分均具有代表性的试样。若水样中磷浓度较高,试样体积可适当减少。

2. 样品的测定

(1) 水样的消解:可以选择下述方法进行消解。

① 过硫酸钾消解:向试样中加入 4 mL 过硫酸钾溶液,将具塞刻度管的塞子塞紧后,用一小块布和线将玻璃塞扎紧(或用其他方法固定),放入大烧杯中置于高压蒸汽消毒器中加热,待压力达到0.11 MPa,相应温度为 120 ℃时,保持 30 min 后停止加热,待压力表读数降至零后取出冷置,然后用水稀释至标线。

注意:对于用硫酸保存的水样,当用过硫酸钾消解时,需先将试样调至中性。

② 硝酸-高氯酸消解:取 25 mL 试样于锥形瓶中,加数粒玻璃珠,并加入 2 mL 硝酸,在电热板上加热浓缩至 10 mL,冷却后加入 5 mL 硝酸,再加热浓缩至 10 mL,冷置,加入 3 mL 高氯酸加热至高氯酸冒白烟,此时可在锥形瓶上加小漏斗或调节电热板温度,使消解液在锥形瓶内壁保持回流状态,直至剩余 3～4 mL,冷置。

加水 10 mL,加入 1 滴酚酞指示剂,滴加氢氧化钠溶液至微红色,再滴加硫酸溶液(5),使微红色刚好褪去,充分混合,移至具塞刻度管中,用水稀释至标线。

（2）显色反应。

分别向各份消解液中加入 1 mL 抗坏血酸溶液，混匀，30 s 后加入 2 mL 钼酸盐溶液充分混匀。

（3）分光光度计测量。

室温下放置 15 min 后，使用 30 mm 的比色皿，在 700 nm 波长下，以水做参比物，测定吸光度，扣除空白实验的吸光度后，从工作曲线上查得磷的含量。

（4）工作曲线的绘制：取 7 支具塞比色管分别加入 0.00 mL、0.50 mL、1.00 mL、3.00 mL、5.00 mL、10.00 mL、15.00 mL 磷酸盐标准溶液，加水至 25 mL，然后按上述消解—显色—测定步骤进行处理，以水做参比物，测定吸光度，扣除空白实验的吸光度后，和对应的磷的含量绘制工作曲线。

五、数据处理与分析

总磷含量以 c(mg/L)表示，按式(8-11)计算：

$$c=\frac{m}{V} \tag{8-11}$$

式中：m ——试样测的含磷量，μg；

V ——测定用试样体积，mL。

六、注意事项

（1）废水在酸性条件下，砷、铬、硫会干扰测定，需要消除干扰。

（2）用硝酸-高氯酸消解时，需要在通风橱中进行，高氯酸和有机物的混合物经加热易发生爆炸危险，需先将试样用硝酸消解，然后再加入硝酸-高氯酸消解。

（3）用硝酸-高氯酸消解时绝不可把消解的试样蒸干。

（4）用硝酸-高氯酸消解时如有残渣，可用滤纸过滤于具塞刻度管中，并用清水充分清洗锥形瓶及滤纸，一并移至具塞刻度管中。

（5）在显色反应过程中，当试样混浊现象时，需要配制一个空白试样（消解后用水稀释至标线），然后向试样中加入 3 mL 浊度-色度补偿液，但不加抗坏血酸和钼酸盐溶液，然后从试样的吸光度中扣除空白试样的吸光度。

七、思考题

（1）用钼酸铵分光光度法测定的总磷中包含什么状态的磷？

（2）当废水中含有较多的干扰物时，如何消除干扰？

（3）用钼酸铵分光光度法测定废水中的总磷时如何选择消解方式？

实验六　水质总汞的测定——冷原子吸收分光光度法

一、实验目的

（1）了解冷原子吸收分光光度计的结构和工作原理。

（2）掌握用冷原子吸收分光光度法对地表水、地下水、工业废水和生活污水中总汞进行测定的方法。

二、实验原理

在加热条件下，用高锰酸钾和过硫酸钾在硫酸-硝酸介质中消解样品；或用溴酸钾-溴化钾混合剂在硫酸介质中消解样品；或在硝酸-盐酸介质中用微波消解仪消解样品。

消解后的样品中所含汞全部转化为二价汞，用盐酸羟胺将过剩的氧化剂还原，再用氯化亚锡将二价汞还原成金属汞。在室温下通入空气或氮气，将金属汞汽化，载入冷原子吸收汞分析仪，于 253.7 nm 波长处测定响应值，汞的含量与响应值成正比。

三、实验仪器与试剂

1. 实验仪器

(1) 冷原子吸收汞分析仪，具有空心阴极灯或无极放电灯。

(2) 反应装置：总容积为 250 mL、500 mL，具有磨口，带莲蓬形多孔吹气头的玻璃翻泡瓶，或与仪器相匹配的反应装置。

注：采用密闭式反应装置可测定更低含量的汞，反应装置详见图 8-2。

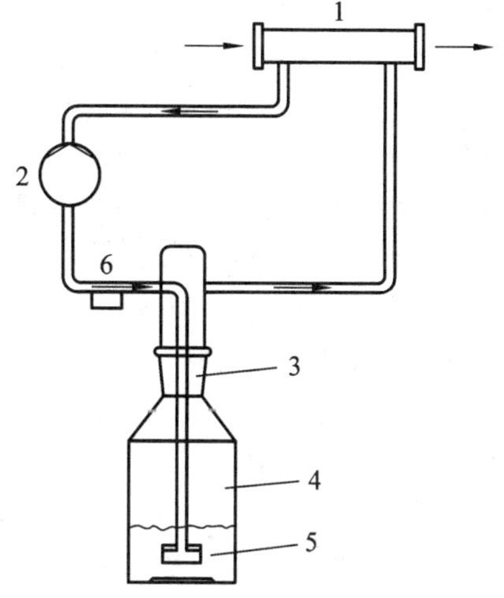

图 8-2　密闭式反应装置

1—吸收池，内径 2 cm，长 15 cm，材质为硼硅玻璃或石英，吸收池的两端具有石英窗；

2—循环泵(隔膜泵或蠕动泵)，流量为 1～2 L/min；

3—玻璃磨口(29/32)；

4—反应瓶，250 mL 和 100 mL；

5—多孔玻板；

6—流量计。

注：该反应装置的泵、连接管和流量计宜采用聚四氟乙烯、聚砜等材质。

(3) 微波消解仪：具有升温程序功能。

(4) 可调温电热板或高温电炉。

(5) 恒温水浴锅：温控范围为室温至 100 ℃。

(6) 微波消解罐。

(7) 样品瓶(500 mL、1000 mL)：硼硅玻璃或高密度聚乙烯材质。

(8) 实验室常用仪器和设备。

2. 实验试剂

除非另有说明，分析时均使用符合国家标准的分析纯试剂，实验用水为无汞水。

(1) 无汞水：一般使用二次重蒸水或去离子水，也可使用浓盐酸酸化至 pH＝3，然后通过巯基棉纤维管除汞后的普通蒸馏水。

(2) 重铬酸钾($K_2Cr_2O_7$，优级纯)。

(3) 浓硫酸($\rho(H_2SO_4)=1.84$ g/mL，优级纯)。

(4) 浓盐酸($\rho(HCl)=1.19$ g/mL，优级纯)。

(5) 浓硝酸($\rho(HNO_3)=1.42$ g/mL，优级纯)。

(6) 硝酸溶液(1∶1)：量取 100 mL 浓硝酸，缓慢倒入 100 mL 无汞水中。

(7) 高锰酸钾溶液($\rho(KMnO_4)=50$ g/L)：称取 50 g 高锰酸钾(优级纯，必要时重结晶精制)，溶于少量无汞水中，然后用无汞水定容至 1000 mL。

(8) 过硫酸钾溶液($\rho(K_2S_2O_8)=50$ g/L)：称取 50 g 过硫酸钾，溶于少量无汞水中，然后用无汞水定容至 1000 mL。

(9) 溴酸钾-溴化钾溶液(简称溴化剂，$c(KBrO_3)=0.017$ mol/L，$\rho(KBr)=10$ g/L)：称取 2.784 g 溴酸钾(优级纯)，溶于少量无汞水中，加入 10 g 溴化钾。溶解后用无汞水定容至 1000 mL，置于棕色试剂瓶中保存。若见溴逸出，应重新配制。

(10) 巯基棉纤维：于棕色磨口广口瓶中，依次加入 100 mL 硫代乙醇酸($CH_2SHCOOH$)、60 mL 乙酸酐[$(CH_3CO)_2O$]、40 mL 36%乙酸(CH_3COOH)、0.3 mL 浓硫酸，充分混匀，冷却至室温后，加入 30 g 长纤维脱脂棉，铺平，使之浸泡完全，用水冷却，待反应产生的热散去后，加盖，放入(40±2) ℃烘箱中 2～4 d 后取出。用耐酸过滤器抽滤，用无汞水充分洗涤至中性后，摊开，于 30～35 ℃下烘干。成品置于棕色磨口广口瓶中，避光低温保存。

(11) 盐酸羟胺溶液($\rho(NH_2OH \cdot HCl)=200$ g/L)：称取 200 g 盐酸羟胺，溶于适量无汞水中，然后用无汞水定容至 1000 mL。该溶液常含有汞，应提纯。当汞含量较低时，采用巯基棉纤维管除汞法；当汞含量较高时，先按萃取除汞法除掉大量汞，再按巯基棉纤维管除汞法除尽汞。

① 巯基棉纤维管除汞法：在内径为 6～8 mm、长约 100 mm、一端拉细的玻璃管，或 500 mL 分液漏斗放液管中，填充 0.1～0.2 g 巯基棉纤维，将待净化试剂以 10 mL/min 速度流过 1～2 次即可除尽汞。

② 萃取除汞法：量取 250 mL 盐酸羟胺溶液倒入 500 mL 分液漏斗中，每次加入 0.1 g/L 二硫腙($C_{13}H_{12}N_4S$)的四氯化碳(CCl_4)溶液 15 mL，反复进行萃取，直至含二硫腙的四氯化碳溶液保持绿色不褪色为止，然后用四氯化碳萃取，以除去多余的二硫腙。

(12) 氯化亚锡溶液($\rho(SnCl_2)=200$ g/L)：称取 20 g 二水合氯化亚锡($SnCl_2$)于干燥的烧杯中，加入 20 mL 浓盐酸，微微加热。待完全溶解后，冷却，再用无汞水稀释至 100 mL。若含有汞，可通入氮气或空气去除。

(13) 重铬酸钾溶液($\rho(K_2Cr_2O_7)=0.5$ g/L)：称取 0.5 g 重铬酸钾，溶于 950 mL 无汞水中，再加入 50 mL 浓硝酸。

(14) 汞标准储备液($\rho(Hg)=100$ mg/L)：称取 0.1354 g 置于硅胶干燥器中充分干燥的氯化汞($HgCl_2$)，溶于重铬酸钾溶液后，转移至 1000 mL 容量瓶中，再用重铬酸钾溶液稀释至标线，混匀。也可购买有证标准溶液。

(15) 汞标准中间液($\rho(Hg)=10.0$ mg/L)：量取 10.00 mL 汞标准储备液至 100 mL 容量瓶中，用重铬酸钾溶液稀释至标线，混匀。

(16) 汞标准使用液Ⅰ($\rho(Hg)=0.1$ mg/L)：量取 10.00 mL 汞标准中间液至 1000 mL 容量瓶中，用重铬酸钾溶液稀释至标线，混匀。室温阴凉处放置，可稳定存在 100 d 左右。

(17) 汞标准使用液Ⅱ($\rho(Hg)=10$ μg/L)：量取 10.00 mL 汞标准使用液Ⅰ至 100 mL 容量瓶中，用重铬酸钾溶液稀释至标线，混匀。临用现配。

(18) 稀释液：称取 0.2 g 重铬酸钾，溶于 900 mL 无汞水中，再加入 27.8 mL 浓硫酸，用无汞水稀释至 1000 mL。

(19) 仪器洗液：称取 10 g 重铬酸钾，溶于 9 L 水中，加入 1000 mL 浓硝酸。

四、实验步骤

1. 仪器调试

按照仪器说明书进行调试：

(1) 开机预热，检查主机、计算机、打印机上所有连线是否连接好。

(2) 检查电源是否稳定。

(3) 安装空心阴极灯。

(4) 开机:打开计算机、打印机电源,在 WINDOWS 操作界面进入工作软件,看到提示后,打开主机电源,单击“确定”后仪器自动进入自检状态,找到光零位置后(此时弹出光零曲线窗口),单击“返回”;继续操作软件,设置适当测量条件值(或不改动软件初始设置),进行测量。

(5) 打开空压机,检查空气压力是否稳定(空压机上压力调整到0.2 MPa 左右即可),若空气压力稳定,打开主机上空气开关,旋开主机上乙炔气开关,用点火枪点火。

(6) 点火后,对仪器条件进一步优化:旋转雾化腔底盘上的旋钮调节燃烧头高度,调整燃气旋钮改变燃气流量调节燃气比;准备好标准系列及样品,按软件操作进行测量。

(7) 仪器工作条件经优化选择后,先测定汞的标准溶液,再测定水样中的汞含量。

2. 校准曲线的绘制

(1) 高质量浓度校准曲线的绘制。

① 分别量取 0.00 mL、0.50 mL、1.00 mL、1.50 mL、2.00 mL、2.50 mL、3.00 mL 和 5.00 mL 汞标准使用液Ⅰ于 100 mL 容量瓶中,用稀释液定容至标线,总汞质量浓度分别为 0.00 μg/L、0.50 μg/L、1.00 μg/L、1.50 μg/L、2.00 μg/L、2.50 μg/L、3.00 μg/L 和 5.00 μg/L。

② 将上述标准系列依次移至 250 mL 反应装置中,加入 2.5 mL 氯化亚锡溶液,迅速插入吹气头,由低质量浓度到高质量浓度测定响应值。以零质量浓度校正响应值为纵坐标,对应的总汞质量浓度(μg/L)为横坐标,绘制校准曲线。

注:高质量浓度校准曲线适用于工业废水和生活污水的测定。

(2) 低质量浓度校准曲线的绘制。

① 分别量取 0.00 mL、0.50 mL、1.00 mL、2.00 mL、3.00 mL、4.00 mL 和 5.00 mL 汞标准使用液Ⅱ于 200 mL 容量瓶中,用稀释液定容至标线,总汞质量浓度分别为 0.000 μg/L、0.025 μg/L、0.050 μg/L、0.100 μg/L、0.150 μg/L、0.200 μg/L 和 0.250 μg/L。

② 将上述标准系列依次移至 500 mL 反应装置中,加入 5 mL 氯化亚锡溶液,迅速插入吹气头,由低质量浓度到高质量浓度测定响应值。以零质量浓度校正响应值为纵坐标,对应的总汞质量浓度(μg/L)为横坐标,绘制校准曲线。

注:低质量浓度校准曲线适用于地表水和地下水的测定。

3. 测定

测定工业废水和生活污水样品时,将待测试样转移至 250 mL 反应装置中,按照高质量浓度校准曲线进行计算;测定地表水和地下水样品时,将待测试样转移至 500 mL 反应装置中,按照低质量浓度校准曲线进行计算。

4. 空白实验

按照与试样测定相同步骤进行空白试样的测定。

五、注意事项和其他要求

1. 测定范围

采用高锰酸钾-过硫酸钾消解法和溴酸钾-溴化钾消解法,当取样量为 100 mL 时,检出限为 0.02 μg/L,测定下限为 0.08 μg/L;当取样量为 200 mL 时,检出限为 0.01 μg/L,测定下限为 0.04 μg/L。采用微波消解法,当取样量为 25 mL 时,检出限为 0.06 μg/L,测定下限为 0.24 μg/L。

2. 干扰和消除

(1) 采用高锰酸钾-过硫酸钾消解法消解样品，在 0.5 mol/L 的盐酸介质中，样品中离子超过下列质量浓度时，即 Cu^{2+} 500 mg/L、Ni^{2+} 500 mg/L、Ag^{+} 1 mg/L、Bi^{3+} 0.5 mg/L、Sb^{3+} 0.5 mg/L、Se^{4+} 0.05 mg/L、As^{5+} 0.5 mg/L、I^{-} 0.1 mg/L，对测定产生干扰，可用无汞水适当稀释样品来消除这些离子的干扰。

(2) 采用溴酸钾-溴化钾法消解样品，当洗净剂质量浓度大于或等于 0.1 mg/L 时，汞的回收率小于 67.7%。

3. 样品的采集和保存

(1) 采集水样时，样品应尽量充满样品瓶，以减少器壁的吸附。工业废水和生活污水样品采集量应不少于 500 mL，地表水和地下水样品采集量应不少于 1000 mL。

(2) 采样后应立即以每升水样中加入 10 mL 浓盐酸的比例对水样进行固定，固定后水样的 pH 值应小于 1，否则应适当增加浓盐酸的加入量，然后加入 0.5 g 重铬酸钾，若橙色消失，应适当补加重铬酸钾，使水样呈持久的淡橙色，加塞，摇匀。在室温阴凉处放置，可保存 1 个月。

4. 试样的制备

根据样品特性可以选择以下三种方法制备试样。

(1) 高锰酸钾-过硫酸钾消解法。

① 近沸保温法。

该消解方法适用于地表水、地下水、工业废水和生活污水。

样品摇匀后，量取 100.0 mL 样品移入 250 mL 锥形瓶中。若样品中汞含量较高，可减少取样量并稀释至 100 mL。

依次加入 2.5 mL 浓硫酸、2.5 mL 浓硝酸和 4 mL 高锰酸钾溶液，摇匀。若 15 min 内不能保持紫色，则需补加适量高锰酸钾溶液，以使颜色保持紫色，但高锰酸钾溶液总量不超过 30 mL，然后，加入 4 mL 过硫酸钾溶液。

插入漏斗，置于沸水浴中在近沸状态下保温 1 h 后，取下冷却。

测定前，边摇边滴加盐酸羟胺溶液，直至刚好使过剩的高锰酸钾及器壁上的二氧化锰全部褪色为止，待测。

注：当测定地表水或地下水时，量取 200 mL 水样置于 500 mL 锥形瓶中，依次加入 5 mL 浓硫酸、5 mL 浓硝酸和 4 mL 高锰酸钾溶液，摇匀。其他操作按照上述步骤进行。

② 煮沸法。

该消解方法适用于含有机物和悬浮物较多、组成复杂的工业废水和生活污水。

样品摇匀后，量取 100.0 mL 样品移入 250 mL 锥形瓶中。若样品中汞含量较高，可减少取样量并稀释至 100 mL，依次加入 2.5 mL 浓硫酸、2.5 mL 浓硝酸和 4 mL 高锰酸钾溶液，摇匀。若 15 min 内不能保持紫色，则需补加适量高锰酸钾溶液，以使颜色保持紫色，但高锰酸钾溶液总量不超过 30 mL。然后，加入 4 mL 过硫酸钾溶液。

向锥形瓶中加入数粒玻璃珠或沸石，插入漏斗，擦干瓶底，然后用高温电炉或可调温电热板加热煮沸 10 min，取下冷却。

边摇边滴加盐酸羟胺溶液，直至刚好使过剩的高锰酸钾及器壁上的二氧化锰全部褪色为止，待测。

(2) 溴酸钾-溴化钾消解法。

该消解方法适用于地表水、地下水，也适用于含有机物(特别是洗净剂)较少的工业废水和生活污水。

① 样品摇匀后，量取 100 mL 样品移入 250 mL 具塞聚乙烯瓶中。若样品中汞含量较高，可减少取样量并稀释至 100 mL。

② 依次加入 5 mL 浓硫酸、5 mL 溴化剂，加塞，摇匀，20 ℃以上放置 5 min 以上。试液中应有橙黄色溴逸出，否则可适当补加溴化剂，但每 100 mL 样品中用量不应超过16 mL。若仍无溴逸出，则该消解方法不适用，可改用煮沸法或微波消解法进行消解。

③ 测定前，边摇边滴加盐酸羟胺溶液还原过剩的溴，直至刚好使过剩的溴全部褪色为止，待测。

注：当测定地表水或地下水时，量取 200 mL 样品置于 500 mL 锥形瓶中，依次加入 10 mL 浓硫酸和 10 mL 溴化剂。其他操作按照上述步骤进行。

(3) 微波消解法。

该方法适用于含有机物较多的工业废水和生活污水。

① 样品摇匀后，量取 25 mL 样品移入微波消解罐中。若样品中汞含量较高，可减少取样量并稀释至 25 mL。

② 依次加入 2.5 mL 浓硝酸和 2.5 mL 浓盐酸，摇匀，加塞，室温静置 30～60 min。若反应剧烈则适当延长静置时间。

③ 将微波消解罐放入微波消解仪中，按照表 8-3 推荐的升温程序进行消解。消解完毕，冷却至室温后转移消解液至 100 mL 容量瓶中，用稀释液定容至标线，待测。

表 8-3　微波消解升温程序

步　骤	功率/W	升温时间/min	温度/℃	保持时间/min
1	1200	5	120	2
2	1200	5	150	2
3	1200	5	180	5

5. 空白试样的制备

用无汞水代替样品，按照试样的制备步骤制备空白试样，并把采样时加的试剂量考虑在内。

6. 质量保证和质量控制

(1) 每批样品均应绘制校准曲线，相关系数应大于或等于 0.999。

(2) 每批样品应至少做一个空白实验，测定结果应小于 2.2 倍检出限，否则应检查试剂纯度，必要时更换试剂或重新提纯。

(3) 每批样品应至少测定 10%的平行样品，样品数不足 10 个时，应至少测定一个平行样品。当样品汞含量≤1 μg/L 时，测定结果的最大允许相对偏差为 30%；当样品汞含量为 1～5 μg/L 时，测定结果的最大允许相对偏差为 20%；当样品汞含量＞5 μg/L 时，测定结果的最大允许相对偏差为 15%。

(4) 每批样品应至少测定 10%的加标回收样品，样品数不足 10 个时，应至少测定一个加标回收样品。当样品总汞含量≤1 μg/L 时，加标回收率应为 85%～115%；当样品总汞含量＞1 μg/L 时，加标回收率应为 90%～110%。

7. 注意事项

(1) 实验所用试剂(尤其是高锰酸钾)中的汞含量对空白实验测定值影响较大。因此,实验中应选择汞含量尽可能低的试剂。

(2) 在样品还原前,所有试剂和试样的温度应保持一致(小于 25 ℃)。环境温度低于 10 ℃时,灵敏度会明显降低。

(3) 汞的测定易受环境中汞的污染,在汞的测定过程中应加强对环境中汞的控制,保持清洁、加强通风。

(4) 汞的吸附或解吸反应易在反应容器和玻璃器皿内壁上发生,故每次测定前应采用仪器洗液将反应容器和玻璃器皿浸泡过夜后,用无汞水冲洗干净。

(5) 每测定一个样品后,取出吹气头,弃去废液,用无汞水清洗反应装置两次,再用稀释液清洗一次,以氧化可能残留的二价锡。

(6) 水蒸气对汞的测定有影响,会导致测定时响应值降低,应注意保持连接管路和汞吸收池干燥。可通过红外灯加热的方式去除汞吸收池中的水蒸气。

(7) 吹气头与底部距离越近越好。采用抽气(或吹气)鼓泡法时,气相与液相体积比应为(1～5)∶1,以(2～3)∶1为最佳;当采用闭气振摇操作时,气相与液相体积比应为(3～8)∶1。

(8) 当采用闭气振摇操作时,试样加入氯化亚锡后,先在闭气条件下用手或振荡器充分振荡 30～60 s,待完全达到气液平衡后才将汞蒸气抽入(或吹入)吸收池。

(9) 反应装置的连接管宜采用硼硅玻璃、高密度聚乙烯、聚四氟乙烯、聚砜等材质,不宜采用硅胶管。

六、数据处理与分析

1. 结果计算

样品中总汞的质量浓度 ρ(μg/L),按照式(8-12)进行计算。

$$\rho=\frac{(\rho_1-\rho_0)\times V_0}{V}\times\frac{V_1+V_2}{V_1} \tag{8-12}$$

式中:ρ ——样品中总汞的质量浓度,μg/L;

ρ_1——根据校准曲线计算出试样中总汞的质量浓度,μg/L;

ρ_2——根据校准曲线计算出空白试样中总汞的质量浓度,μg/L;

V_0——标准系列的定容体积,mL;

V_1——采样体积,mL;

V_2——采样时向水样中加入浓盐酸体积,mL;

V ——制备试样时分取样品体积,mL。

2. 结果表示

当测定结果小于 10 μg/L 时,保留到小数点后两位;大于或等于 10 μg/L 时,保留三位有效数字。

七、思考题

(1) 从原理、仪器、应用三方面比较原子吸收和原子发射光谱法的区别。

(2) 火焰原子吸收光谱法具有哪些特点?

(3) 如何根据水样的污染特性确定消解方式?

实验七　电感耦合等离子体发射光谱法对水中 32 种元素的测定

一、实验目的

(1) 掌握电感耦合等离子体发射光谱法的设备组成、测定原理和适用水质。

(2) 了解什么是水质中可溶性元素及元素总量。

(3) 掌握电感耦合等离子体发射光谱法对地表水、地下水、生活污水及工业废水中银、铝、砷、硼、钡、铍、铋、钙、镉、钴、铬、铜、铁、钾、锂、镁、锰、钼、钠、镍、磷、铅、硫、锑、硒、硅、锡、锶、钛、钒、锌及锆 32 种元素可溶性元素及元素总量的测定。

二、实验原理

经过滤或消解的水样注入电感耦合等离子体发射光谱仪后，目标元素在等离子体火炬中被汽化、电离、激发并辐射出特征谱线，在一定浓度范围内，其特征谱线的强度与元素的浓度成正比。

三、实验仪器与试剂

1. 实验仪器

(1) 电感耦合等离子体发射光谱仪：具背景校正发射光谱计算机控制系统。

(2) 温控电热板：具温控功能(温度稳定±5 ℃)，可控温度大于 180 ℃。

(3) 微波消解仪：功率为 600～1500 W，配备微波消解罐。

(4) 离心机：具 25～50 mL 离心管，转速可达 3000 r/min。

(5) 水系微孔滤膜：0.45 μm 孔径。

(6) 实验室常用仪器设备。

2. 实验试剂

除非另有说明，分析时均使用符合国家标准的优级纯化学试剂。实验用水应符合 GB/T 6682 一级水的相关要求。

(1) 浓硝酸($\rho(HNO_3)=1.42$ g/mL)。

(2) 浓盐酸($\rho(HCl)=1.19$ g/mL)。

(3) 浓硫酸($\rho(H_2SO_4)=1.84$ g/mL)。

(4) 高氯酸($\rho(HClO_4)=1.68$ g/mL)。

(5) 氢氧化钠(NaOH)。

(6) 氩气(纯度不低于 99.9%)。

(7) 硝酸溶液(1∶1)。

(8) 硝酸溶液(1∶9)。

(9) 盐酸(1∶1)。

(10) 盐酸(1∶9)。

(11) 盐酸(1∶20)。

(12) 硫酸溶液(1∶1)。

(13) 硫酸溶液(1∶4)。

(14) 氢氧化钠溶液($\rho(NaOH)=100$ g/L):称取 100 g 氢氧化钠,溶于适量水中,溶解后加水定容至 1000 mL,摇匀。

(15) 标准溶液。

单元素标准储备液:浓度为 1000 mg/L 或 100 mg/L。自配或购买市售有证标准溶液。

① 银($\rho=1000$ mg/L):称取 1.0000 g(精确到 0.0001 g)金属银(光谱纯),用 25 mL 浓硝酸加热溶解,冷却后用实验用水定容至 1 L。

② 铝($\rho=1000$ mg/L):称取 1.0000 g(精确到 0.0001 g)金属铝(光谱纯),用 150 mL 盐酸(1∶1)加热溶解,煮沸,冷却后用实验用水定容至 1 L。

③ 砷($\rho=1000$ mg/L):称取 1.3203 g(精确到 0.0001 g)三氧化二砷(As_2O_3),用 20 mL 氢氧化钠溶液(100 g/L)微热溶解,用适量水稀释,用盐酸调节至 pH 值为 6 左右,用实验用水定容至 1 L。

④ 硼($\rho=1000$ mg/L):称取 5.7192 g(精确到 0.0001 g)硼酸(H_3BO_3),溶于少量水中,用实验用水定容至 1 L。

⑤ 钡($\rho=1000$ mg/L):称取 1.5163 g(精确到 0.0001 g)无水氯化钡($BaCl_2$,250 ℃烘 2 h),用 20 mL 硝酸溶液(1∶1)溶解,用实验用水定容至 1 L。

⑥ 铍($\rho=1000$ mg/L):称取 0.1000 g(精确到 0.0001 g)金属铍(光谱纯),用 150 mL 盐酸(1∶1)加热溶解,冷却后用实验用水定容至 1 L。

⑦ 铋($\rho=1000$ mg/L):称取 1.0000 g(精确到 0.0001 g)金属铋(光谱纯),用 50 mL 硝酸溶液(1∶1)加热溶解,待完全溶解后冷却至室温,用实验用水定容至 1 L。

⑧ 钙($\rho=1000$ mg/L):称取 2.4972 g(精确到 0.0001 g)碳酸钙($CaCO_3$,110 ℃干燥 1 h),溶解于 20 mL 水中,加入 10 mL 浓盐酸至完全溶解,煮沸除去 CO_2,冷却后用实验用水定容至 1 L。

⑨ 镉($\rho=1000$ mg/L):称取 1.0000 g(精确到 0.0001 g)金属镉(光谱纯),用 30 mL 浓硝酸溶解,用实验用水定容至 1 L。

⑩ 钴($\rho=1000$ mg/L):称取 1.0000 g(精确到 0.0001 g)金属钴(光谱纯),用 50 mL 硝酸溶液(1∶1)加热溶解,冷却后用实验用水定容至 1 L。

⑪ 铬($\rho=1000$ mg/L):称取 1.0000 g(精确到 0.0001 g)金属铬(光谱纯),用 30 mL 盐酸(1∶1)加热溶解,冷却后用实验用水定容至 1 L。

⑫ 铜($\rho=1000$ mg/L):称取 1.0000 g(精确到 0.0001 g)金属铜(光谱纯),用 30 mL 硝酸溶液(1∶1)加热溶解,冷却后用实验用水定容至 1 L。

⑬ 铁($\rho=1000$ mg/L):称取 1.0000 g(精确 0.0001 g)金属铁(光谱纯),用 150 mL 盐酸(1∶1)溶解,冷却后用实验用水定容至 1 L。

⑭ 钾($\rho=1000$ mg/L):称取 1.9067 g(精确到 0.000 g)氯化钾(KCl,在 400～450 ℃灼烧至无爆裂声),用实验用水溶解并定容至 1 L。

⑮ 锂($\rho=1000$ mg/L):称取 5.3240 g(精确到 0.0001 g)碳酸锂(Li_2CO_3,在 105 ℃烘 1 h),加入 20 mL 盐酸(1∶1)至完全溶解,用实验用水定容至 1 L。

⑯ 镁($\rho=1000$ mg/L):称取 1.0000 g(精确到 0.0001 g)金属镁(光谱纯),加入 30 mL

水，缓慢加入 30 mL 浓盐酸，至金属镁完全溶解，煮沸，冷却后用实验用水定容至 1 L。

⑰ 锰（ρ=1000 mg/L）：称取 1.0000 g（精确到 0.0001 g）金属锰（光谱纯），用 30 mL 盐酸（1∶1）加热溶解，冷却后用实验用水定容至 1 L。

⑱ 钼（ρ=1000 mg/L）：称取 1.7325 g（精确到 0.0001 g）四水合钼酸铵[$(NH_4)_6Mo_7O_{24}\cdot 4H_2O$]，用实验用水溶解并定容至 1 L。

⑲ 钠（ρ=1000 mg/L）：称取 2.5421 g（精确到 0.0001 g）氯化钠（NaCl，在 400～450 ℃ 灼烧至无爆裂声），用实验用水溶解并定容至 1 L。

⑳ 镍（ρ=1000 mg/L）：称取 1.0000 g（精确到 0.0001 g）金属镍（光谱纯），用 30 mL 硝酸溶液（1∶1）加热溶解，冷却后用实验用水定容至 1 L。

㉑ 磷（ρ=1000 mg/L）：称取 4.3935 g（精确到 0.0001 g）磷酸二氢钾（KH_2PO_4，在 110 ℃下烘干 2 h），用实验用水溶解并定容至 1 L。

㉒ 铅（ρ=1000 mg/L）：称取 1.0000 g（精确到 0.0001 g）金属铅（光谱纯），用 30 mL 硝酸溶液（1∶1）加热溶解，冷却后用实验用水定容至 1 L。

㉓ 硫（ρ=1000 mg/L）：称取 4.4303 g（精确到 0.0001 g）硫酸钠（Na_2SO_4，在 105℃下烘 1 h）或称取 5.4352 g（精确到 0.0001 g）硫酸钾（K_2SO_4，105 ℃烘 1 h），用 10 mL 盐酸（1∶20）溶解，用实验用水定容至 1 L。

㉔ 锑（ρ=1000 mg/L）：称取 1.0000 g（精确到 0.0001 g）金属锑（光谱纯），用 20～30 mL 硫酸溶液（1∶1）加热完全溶解，用硫酸溶液（1∶4）定容至 1 L。

㉕ 硒（ρ=1000 mg/L）：称取 1.0000 g（精确到 0.0001 g）硒（光谱纯），加入 20～30 mL 盐酸溶液（1∶1），水浴加热溶解，滴加几滴硝酸至完全溶解，冷却后用实验用水定容至 1 L。

㉖ 硅（$\rho(SiO_2)$=1000 mg/L）：称取 2.9640 g（精确到 0.0001 g）六氟合硅酸铵[$(NH_4)_2SiF_6$]，用 200 mL 盐酸溶液（1∶20）低温加热至完全溶解，冷却后用实验用水定容至 1 L。

㉗ 锡（ρ=1000 mg/L）：称取 1.0000 g（精确到 0.0001 g）锡（光谱纯），加入 50 mL 盐酸（1∶1），水浴加热溶解，冷却后再加入 80 mL 盐酸，用实验用水定容至 1 L。

㉘ 锶（ρ=1000 mg/L）：称取 1.6848 g（精确到 0.0001 g）碳酸锶（$SrCO_3$，在 105 ℃下烘干 1 h），用 60 mL 盐酸（1∶1）溶解并煮沸，冷却后用实验用水定容至 1 L。

㉙ 钛（ρ=1000 mg/L）：称取 1.0000 g（精确到 0.0001 g）金属钛（光谱纯），用 100 mL 盐酸（1∶1）加热溶解，冷却后用盐酸溶液定容至 1 L。

㉚ 钒（ρ=1000 mg/L）：称取 2.2957 g（精确到 0.0001 g）偏钒酸铵（NH_4VO_3），用 10 mL 硝酸加热至完全溶解，用实验用水定容至 1 L。

㉛ 锌（ρ=1000 mg/L）：称取 1.0000 g（精确到 0.0001 g）金属锌（光谱纯），用 40 mL 浓盐酸溶解，煮沸，冷却后用实验用水定容至 1 L。

㉜ 锆（ρ=1000 mg/L）：称取 3.5328 g（精确到 0.0001 g）八水合氯化锆酰（$ZrOCl_2\cdot 8H_2O$），用 40～50 mL 盐酸（1∶9）至完全溶解，并用盐酸定容至 1 L。

单元素标准使用液：分别移取单元素标准储备液稀释配制。稀释时补加一定量的硝酸（1∶1），使标准使用液的硝酸含量达到 1%。

多元素混合标准溶液：根据元素间相互干扰的情况和标准溶液的性质分组制备，浓度应根据分析样品及待测元素而定。

标液的酸度尽量保持与待测试样的酸度一致，均为 1% 的硝酸。多元素混合标准溶液分组情况见表 8-4。

表 8-4 多元素混合标准溶液分组情况表

分组	元素
1	Mo、Ag
2	P
3	V、Ti
4	Al、B、Ba、Be、Ca、Cd、Co、Cr、Cu、Fe、Li、K、Mg、Mn、Na、Ni、Pb、Sr、Zn、Zr
5	As、Bi、Sb、Se、Sn
6	S
7	Si

四、实验步骤

1. 仪器参考测试条件

不同型号的仪器其最佳测试条件不同,根据仪器说明书要求优化测试条件。仪器参考测试条件见表 8-5。

表 8-5 仪器分析主要指标参考测试条件

观察方式	水平、垂直或水平垂直交替使用
发射功率	1150 W
载气流量	0.7 L/min
辅助气流量	1.0 L/min
冷却气流量	12.0 L/min

2. 校准曲线的绘制

取一定量的单元素标准使用液制备校准曲线,根据地表水及废水等浓度范围分组配制,在各自浓度范围内,至少配制 5 个浓度标准使用液。地表水、地下水测定的校准曲线参考浓度范围见表 8-6,废水测定的校准曲线参考浓度范围见表 8-7。由低浓度到高浓度依次进样,按照仪器参考测试条件测量发射强度。以发射强度为纵坐标,目标元素系列质量浓度为横坐标,建立目标元素的校准曲线。

表 8-6 地表水、地下水标准溶液浓度范围

元素	浓度范围/(mg/L)
Al、Sr、P	0.00～5.00
Ba、Fe	0.00～2.00
Be、Cd、Mo、Ag	0.00～0.50
B、Co、Cr、Cu、Li、Mn、Ni、Pb、Zn	0.00～1.00
V、Ti	0.00～1.00
Ca、Si	0.00～50.00
Mg、Na、K	0.00～10.00

表 8-7　废水标准溶液浓度范围

元　　素	浓度范围/(mg/L)
Ag、Al*、B、Ba*、Be、Bi、Ca*、Cd、Co、Cr、Cu、Fe*、K*、Li*、Mg、Mn、Na*、Ni、Pb、S、Sr、Zn、Zr	0.00～250.00* 0.00～500.00
P	0.00～500.00
As、Se、Sn V	0.00～500.00
Mo、Sb	0.00～500.00
Ti	0.00～250.00
Si	0.00～250.00

注：

3. 样品的预处理

(1) 测定可溶性元素的样品处理方法。

样品采集后立即通过水系微孔滤膜过滤，弃去初始的 50～100 mL 滤液，收集所需体积的滤液，加入适量硝酸，使硝酸含量达到 1%。如测定元素总量，样品采集后立即加入适量硝酸，使硝酸含量达到 1%。

(2) 测定元素总量的样品处理方法。

按比例在一定体积的均匀样品中加入硝酸(1∶1)，通常 100 mL 样品中加入 5.0 mL 硝酸(1∶1)。置于电热板上加热消解，在不沸腾的情况下，缓慢加热至近干。取下冷却，反复进行这一过程，直至试样溶液颜色变浅或稳定不变。冷却后，加入硝酸(1∶1)若干毫升，再加入少量水，置于电热板上继续加热使残渣溶解。冷却后，用实验用水定容至原取样体积，使溶液保持 1%(体积分数)的硝酸酸度。对于某些基体复杂的废水，消解时可加入 2～5 mL 高氯酸消解。若消解液中存在一些不溶物，可静置或在 2000～3000 r/min 转速下离心 10 min 以获得澄清液(若离心或静置过夜后仍有悬浮物，则可过滤去除，但应避免过滤过程中可能产生的污染)。

(3) 空白试样的制备。

以水代替样品，按与试样制备相同的步骤进行空白试样的制备。

4. 样品的测定

在与建立校准曲线相同的条件下，测定试样的发射强度。由发射强度在校准曲线上查得目标元素的含量。样品测量过程中，若样品中待测元素浓度超出校准曲线范围，样品需稀释后重新测定。

5. 空白样品的测定

按照与试样测定相同的条件测定空白试样。

五、数据处理与分析

1. 结果计算

样品中元素的含量按照公式(8-13)计算。

$$\rho = (\rho_1 - \rho_2) \times f \tag{8-13}$$

式中：ρ ——样品中目标元素的质量浓度，mg/L；

ρ_1——试样中目标元素的质量浓度，mg/L；

ρ_2——空白试样中目标元素的质量浓度，mg/L；

f ——稀释倍数。

2. 结果表示

测定结果小数位数与方法检出限一致，最多保留三位有效数字。

六、注意事项和其他说明

(1) 本测定方法中各元素的方法检出限为0.009～0.1 mg/L，测定下限为0.036～0.39 mg/L。

(2) 质量保证和质量控制。

① 校准有效性检查。

每批样品分析均须绘制校准曲线，校准曲线的相关系数应大于或等于0.995。

每分析10个样品需用一个校准曲线的中间点浓度校准溶液进行校准核查，其测定结果与最近一次校准曲线该点浓度的相对偏差应不大于10%，否则应重新绘制校准曲线。

② 空白实验。

每批样品至少做2个空白实验，空白值应低于方法测定下限。否则应检查实验用水质量、试剂纯度、器皿洁净度及仪器性能等。

③ 全程序空白。

每批样品至少做1个全程序空白，空白值应低于方法测定下限。否则应查明原因，重新分析直至合格之后才能测定样品。

④ 精密度控制。

每批样品至少测定10%的平行双样，样品数量少于10个时，应至少测定一个平行双样，两次平行测定结果的相对偏差应不大于25%。

⑤ 准确度控制。

每批样品应至少测定10%的加标样品，样品数量少于10个时，应至少测定一个加标样品，加标回收率应为70%～120%。

必要时，每批样品至少分析一个有证标准物质或实验室自行配制的质控样，有证标准物质测定结果应在其给出的不确定范围内，实验室自行配制的质控样，其回收率应控制在90%～110%之间。应注意实验室自行配制的质控样与国家有证标准物质的比对。

七、思考题

(1) 如何根据水质情况进行水样的预处理？

(2) 如何保证监测数据的准确性？

实验八　环境空气 PM_{10} 和 $PM_{2.5}$ 的测定——重量法

一、实验目的

(1) 掌握 PM_{10} 和 $PM_{2.5}$ 的概念。

（2）掌握重量法对环境空气中 PM_{10} 和 $PM_{2.5}$ 的测定。

（3）熟悉切割器的作用及设置要求。

二、实验原理

分别通过具有一定切割特性的采样器，以恒速抽取一定体积的空气，使环境空气中 $PM_{2.5}$ 和 PM_{10} 被截留在已知质量的滤膜上，根据采样前后滤膜的质量差和采样体积，计算出 $PM_{2.5}$ 和 PM_{10} 浓度。

本方法的检出限为 0.010 mg/m^3（以感量 0.1 mg，样品负载量 1.0 mg 的分析天平，采集 108 m^3 空气样品计）。

三、实验仪器与试剂

（1）切割器。

① PM_{10} 切割器、采样系统：切割粒径 $D_{a50}=(10\pm0.5)$ μm；捕集效率的几何标准差为 $\sigma_g=(1.5\pm0.1)$ μm。

② $PM_{2.5}$ 切割器、采样系统：切割粒径 $D_{a50}=(2.5\pm0.2)$ μm；捕集效率的几何标准差为 $\sigma_g=(1.2\pm0.1)$ μm。

（2）采样器孔口流量计。

① 大流量流量计：量程（0.8～1.4）m^3/min；误差≤2%。

② 中流量流量计：量程（60～125）L/min；误差≤2%。

③ 小流量流量计：量程小于 30 L/min；误差≤2%。

（3）滤膜：根据样品采集目的可选用玻璃纤维滤膜、石英滤膜等无机滤膜或聚氯乙烯、聚丙烯、混合纤维素等有机滤膜。滤膜对 0.3 μm 标准粒径的截留效率不低于 99%。空白滤膜按第四部分实验步骤进行平衡处理至恒重，称量后，放入干燥器中备用。

（4）分析天平：感量 0.1 mg 或 0.01 mg。

（5）恒温恒湿箱（室）：箱（室）内空气温度在 15～30 ℃范围内可调，控温精度±1°C。箱（室）内空气相对湿度应控制在 50%±5%。恒温恒湿箱（室）可连续工作。

（6）干燥器：内盛变色硅胶。

四、实验步骤

1. 采样滤膜的预处理

将滤膜放在恒温恒湿箱（室）中平衡 24 h，平衡条件：温度为 15～30 ℃，相对湿度控制在 45%～55%范围内，记录平衡温度与湿度。在上述平衡条件下，用感量为 0.1 mg 或 0.01 mg 的分析天平称量滤膜，记录滤膜质量。同一滤膜在恒温恒湿箱（室）中相同条件下再平衡 1 h 后称重。一般称重次数多于 10 次，以平均值作为滤膜的原始质量。

2. 样品的采集

（1）环境空气监测中采样环境及采样频率的要求，按 HJ/T 194 的要求执行。采样时，采样器入口距地面高度不得低于 1.5 m。采样不宜在风速大于 8 m/s 的天气条件下进行。采样点应避开污染源及障碍物。如果测定交通枢纽处 PM_{10} 和 $PM_{2.5}$，采样点应布置在距人行道外侧边缘 1 m 处。

(2) 采用间断采样方式测定日平均浓度时，累积采样时间不应少于 20 h。

(3) 采样时，将已称重的滤膜用镊子放入洁净采样夹内的滤网上，滤膜毛面应朝进气方向。将滤膜牢固压紧至不漏气。如果测定任何一次浓度，每次需更换滤膜；如果测日平均浓度，样品可采集在一张滤膜上。采样结束后，用镊子取出。将有尘面两次对折，放入样品盒或纸袋，并做好采样记录。

3. 采样后的滤膜样品称量

将滤膜放在恒温恒湿箱(室)中平衡 24 h，平衡条件：温度为 15～30 ℃，相对湿度控制在 45%～55%范围内，记录平衡温度与湿度。在上述平衡条件下，用感量为 0.1 mg 或 0.01 mg 的分析天平称量滤膜，记录滤膜重量。同一滤膜在恒温恒湿箱(室)中相同条件下再平衡 1 h 后称重。对于 PM_{10} 和 $PM_{2.5}$ 颗粒物样品滤膜，两次质量之差分别小于 0.4 mg 和 0.04 mg 为满足恒重要求。

五、数据处理与分析

1. 数据处理

$PM_{2.5}$ 和 PM_{10} 浓度按式(8-14)计算：

$$\rho=\frac{m_2-m_1}{V}\times 1000 \tag{8-14}$$

式中：ρ——PM_{10} 或 $PM_{2.5}$ 浓度，mg/m^3；

m_2——采样后滤膜的质量，g；

m_1——空白滤膜的质量，g；

V——已换算成标准状态(101.325 kPa，273 K)下的采样体积，m^3。

2. 结果表示

计算结果保留 3 位有效数字。

六、注意事项和其他说明

1. 样品保存

滤膜采集后，如不能立即称重，应在 4 ℃条件下冷藏保存。

2. 质量控制与质量保证

(1) 采样器每次使用前需进行流量校准。

(2) 滤膜使用前均需进行检查，不得有针孔或任何缺陷。滤膜称量时要消除静电的影响。

(3) 取清洁滤膜若干张，在恒温恒湿箱(室)中，按平衡条件平衡 24 h，称重。每张滤膜非连续称量 10 次以上，取每张滤膜的平均值为该张滤膜的原始质量。以上述滤膜作为“标准滤膜”。每次称滤膜的同时，称量两张标准滤膜。若标准滤膜称出的质量在原始质量±5 mg(大流量)或±0.5 mg(中流量和小流量)范围内，则认为该批样品滤膜称量合格，数据可用。否则应检查称量条件是否符合要求并重新称量该批样品滤膜。

(4) 要经常检查采样头是否漏气。当滤膜安放正确、采样系统无漏气时，采样后滤膜上颗粒物与四周白边之间界线应清晰，如出现界线模糊时，则表明应更换滤膜密封垫。

(5) 对于电机有电刷的采样器,应尽可能在电机由于电刷原因停止工作前更换电刷,以免使采样失败。更换时间视以往情况确定。更换电刷后要重新校准流量。新更换电刷的采样器应在负载条件下运转 1 h,待电刷与转子的整流子良好接触后,再进行流量校准。

(6) 当 PM_{10} 或 $PM_{2.5}$ 含量很低时,采样时间不能过短。对于感量为 0.1 mg 和 0.01 mg 的分析天平,滤膜上颗粒物负载量应分别大于 1 mg 和 0.1 mg,以减少称量误差。

(7) 采样前后,滤膜称量应使用同一台分析天平。

七、思考题

(1) 空气环境质量标准中对 PM_{10} 或 $PM_{2.5}$ 的采样时间、数据有效性的要求是什么?

(2) 如何检查滤膜是否破损?

(3) 如何根据监测结果,计算分空气环境质量指数,并判断污染程度?

实验九　空气中二氧化硫的测定
——甲醛吸收-副玫瑰苯胺分光光度法

一、实验目的

(1) 了解空气中二氧化硫的来源,掌握用甲醛吸收-副玫瑰苯胺分光光度法测定空气中二氧化硫的原理和测定过程。

(2) 掌握如何根据环境监测结果评价空气质量。

二、实验原理

二氧化硫被甲醛缓冲溶液吸收后,生成稳定的羟甲基磺酸加成化合物,在样品溶液中加入氢氧化钠使加成化合物分解,释放出的二氧化硫与副玫瑰苯胺、甲醛作用,生成紫红色的化合物,用分光光度计在波长 577 nm 处测量吸光度。

当使用 10 mL 吸收液,采样体积为 30 L 时,测定空气中二氧化硫的检出限为 0.007 mg/m^3,测定下限为 0.028 mg/m^3,测定上限为 0.667 mg/m^3。

当使用 50 mL 吸收液,采样体积为 288 L,试样为 10 mL 时,测定空气中二氧化硫的检出限为 0.004 mg/m^3,测定下限为 0.014 mg/m^3,测定上限为 0.347 mg/m^3。

三、实验仪器与试剂

1. 实验仪器

(1) 分光光度计。

(2) 多孔玻板吸收管:10 mL 多孔玻板吸收管,用于短时间采样;50 mL 多孔玻板吸收管,用于 24 h 连续采样。

(3) 恒温水浴装置:0～40 ℃,控制精度为±1 ℃。

(4) 具塞比色管(10 mL)。

(5) 空气采样器:用于短时间采样的普通空气采样器,流量范围为 0.1～1 L/min,应具有保温装置。用于 24 h 连续采样的采样器应具备有恒温、恒流、计时、控制开关的功能，流量范围为 0.1～0.5 L/min。

（6）实验室常用仪器。

2. 实验试剂

除非另有说明，分析时均使用符合国家标准的分析纯试剂，实验用水为新制的蒸馏水或同等纯度的水。

（1）碘酸钾（KIO_3，优级纯）：经 110 ℃干燥 2 h。

（2）氢氧化钠溶液（$c(NaOH)=1.5$ mol/L）：称取 6.0 g NaOH，溶于 100 mL 水中。

（3）环已二胺四乙酸二钠溶液（$c(CDTA\text{-}2Na)=0.05$ mol/L）：称取 1.82 g 反式 1,2-环已二胺四乙酸（简称 CDTA），加入 6.5 mL 氢氧化钠溶液（$c(NaOH)=1.5$ mol/L），用水稀释至 100 mL。

（4）甲醛缓冲吸收储备液：吸取 36%～38%的甲醛溶液 5.5 mL，CDTA-2Na 溶液 20.00 mL；称取 2.04 g 邻苯二甲酸氢钾，溶于少量水中；将三种溶液合并，再用水稀释至 100 mL，储存于冰箱可保存 1 年。

（5）甲醛缓冲吸收液：用水将甲醛缓冲吸收储备液稀释 100 倍。临用时现配。

（6）氨磺酸钠溶液（$\rho(NaH_2NSO_3)=6.0$ g/L）：称取 0.60 g 氨磺酸（H_2NSO_3H）置于 100 mL 烧杯中，加入 4.0 mL 氢氧化钠（$c(NaOH)=1.5$ mol/L），用水搅拌至完全溶解后稀释至 100 mL，摇匀。此溶液密封可保存 10 d。

（7）碘储备液（$c(1/2\ I_2)=0.10$ mol/L）：称取 12.7 g 碘（I_2）于烧杯中，加入 40 g 碘化钾和 25 mL 水，搅拌至完全溶解，用水稀释至 1000 mL，存于棕色细口瓶中。

（8）碘溶液（$c(1/2\ I_2)=0.010$ mol/L）：量取碘储备液 50 mL，用水稀释至 500 mL，存于棕色细口瓶中。

（9）淀粉溶液（ρ(淀粉)=5.0 g/L）：称取 0.5 g 可溶性淀粉于 150 mL 烧杯中，用少量水调成糊状，慢慢倒入 100 mL 沸水，继续煮沸至溶液澄清，冷却后存于试剂瓶中。

（10）碘酸钾基准溶液（$c(1/6KIO_3)=0.1000$ mol/L）：准确称取 3.5667 g 碘酸钾，溶于水，移入 1000 mL 容量瓶中，用水稀释至标线，摇匀。

（11）盐酸（$c(HCl)=1.2$ mol/L）：量取 100 mL 浓盐酸，加入 900 mL 水中。

（12）硫代硫酸钠标准储备液（$c(Na_2S_2O_3)=0.10$ mol/L）：称取 25.0 g 五水合硫代硫酸钠（$Na_2S_2O_3\cdot 5H_2O$），溶于 1000 mL 新煮沸但已冷却的水中，加入 0.2 g 无水碳酸钠，存于棕色细口瓶中，放置一周后备用。如溶液出现混浊，必须过滤。

标定方法：吸取三份 20.00 mL 碘酸钾基准溶液分别置于 250 mL 碘量瓶中，加入 70 mL 新煮沸但已冷却的水，加入 1 g 碘化钾，振摇至完全溶解后，加入 10 mL 盐酸，立即盖好瓶塞，摇匀，于暗处放置 5 min 后，用硫代硫酸钠标准溶液滴定至浅黄色，加入 2 mL 淀粉溶液，继续滴定至蓝色刚好褪去为终点。硫代硫酸钠标准溶液的浓度按式(8-15)计算：

$$c_1=\frac{0.1000\times 20.00}{V} \tag{8-15}$$

式中：c_1——硫代硫酸钠标准溶液的浓度，mol/L；

V——滴定所耗硫代硫酸钠标准溶液的体积，mL。

(13) 硫代硫酸钠标准溶液($c(Na_2S_2O_3)\approx 0.01000$ mol/L)：取 50.0 mL 硫代硫酸钠储备液置于 500 mL 容量瓶中，用新煮沸但已冷却的水稀释至标线，摇匀。

(14) 乙二胺四乙酸二钠盐(EDTA-2Na)溶液(ρ(EDTA-2Na)＝0.50 g/L)：称取 0.25 g 二水合乙二胺四乙酸二钠盐($C_{10}H_{14}N_2O_8Na_2 \cdot 2H_2O$)，溶于 500 mL 新煮沸但已冷却的水中。临用时现配。

(15) 亚硫酸钠溶液($\rho(Na_2SO_3)=1$ g/L)：称取 0.2 g 亚硫酸钠(Na_2SO_3)，溶于 200 mL EDTA-2Na 溶液中，缓缓摇匀以防充氧，使其溶解。放置 2～3 h 后标定。每毫升此溶液相当于 320～400 μg 二氧化硫。

标定方法：

① 取 6 个 250 mL 碘量瓶(A_1、A_2、A_3、B_1、B_2、B_3)，在 A_1、A_2、A_3 内各加入 25 mL 乙二胺四乙酸二钠盐溶液，在 B_1、B_2、B_3 内各加入 25.00 mL 亚硫酸钠溶液，分别在 A、B 瓶内加入 50.0 mL 碘溶液和 1.00 mL 冰乙酸，盖好瓶盖，摇匀。

② 立即吸取 2.00 mL 亚硫酸钠溶液加到一个装有 40～50 mL 甲醛吸收液的 100 mL 容量瓶中，并用甲醛吸收液稀释至标线、摇匀。此溶液即为二氧化硫标准储备液，在 4～5 ℃下储藏，可稳定存在 6 个月。

③ A_1、A_2、A_3、B_1、B_2、B_3 六个瓶子于暗处放置 5 min 后，用硫代硫酸钠溶液滴定至浅黄色，加 5 mL 淀粉指示剂，继续滴定至蓝色刚刚消失。平行滴定所用硫代硫酸钠溶液的体积之差应不大于 0.05 mL。

二氧化硫标准储备液(15②)的质量浓度由式(8-16)计算：

$$\rho(SO_2)=\frac{(\overline{V}_0-\overline{V})\times c_2\times 32.02\times 10^3}{25.00}\times\frac{2.00}{100} \tag{8-16}$$

式中：$\rho(SO_2)$——二氧化硫标准储备液的质量浓度，μg/mL；

$\overline{V}_0$——空白滴定所用硫代硫酸钠溶液的体积，mL；

$\overline{V}$——样品滴定所用硫代硫酸钠溶液的体积，mL；

c_2——硫代硫酸钠溶液的浓度，mol/L。

(16) 二氧化硫标准溶液($\rho(SO_2)=1.00$ μg/mL)：用甲醛吸收液将二氧化硫标准储备液(15②)稀释成每毫升含 1.0 μg 二氧化硫的标准溶液。此溶液用于绘制校准曲线，在 4～5 ℃下储藏，可稳定存在 1 个月。

(17) 盐酸副玫瑰苯胺(简称 PRA，即副品红或对品红)储备液(ρ(PRA)＝2.0 g/L)。

(18) 盐酸副玫瑰苯胺溶液(ρ(PRA)＝0.50 g/L)：吸取 25.00 mL 副玫瑰苯胺储备液于 100 mL 容量瓶中，加 30 mL 85%的浓磷酸以及 12 mL 浓盐酸，用水稀释至标线，摇匀，放置过夜后使用。避光密封保存。

(19) 盐酸-乙醇清洗液：由三份盐酸(1∶4)和一份 95%乙醇混合配制而成，用于清洗比色管和比色皿。

四、实验步骤

1. 样品采集与保存

(1) 短时间采样：选择符合监测点要求的地方采样，采用内装 10 mL 吸收液的多孔玻板吸收管,以 0.5 L/min 的流量采气 45～60 min。吸收液温度保持在 23～29 ℃的范围内。

(2) 24 h 连续采样:用内装 50 mL 吸收液的多孔玻板吸收瓶,以 0.2 L/min 的流量连续采样 24 h。吸收液温度保持在 23～29 ℃的范围内。

(3) 现场空白:将装有吸收液的采样管带到采样现场,除了不采气之外,其他环境条件与样品相同。

注 1:样品采集、运输和储存过程中应避免阳光照射。

注 2:放置在室(亭)内的 24 h 连续采样器,进气口应连接符合要求的空气质量集中采样管路系统,以减少二氧化硫进入吸收瓶。

2. 校准曲线的绘制

取 14 支 10 mL 具塞比色管,分 A、B 两组,每组 7 支,分别对应编号。A 组按表 8-8 配制校准系列。

表 8-8 二氧化硫校准系列

管 号	0	1	2	3	4	5	6
二氧化硫标准溶液(1.00 μg/mL)/mL	0	0.50	1.00	2.00	5.00	8.00	10.00
甲醛缓冲吸收液/mL	10.00	9.50	9.00	8.00	5.00	2.00	0
二氧化硫含量/μg	0	0.50	1.00	2.00	5.00	8.00	10.00

在 A 组各管中分别加入 0.5 mL 氨磺酸钠溶液和 0.5 mL 氢氧化钠溶液,混匀。

在 B 组各管中分别加入 1.00 mL PRA 溶液。

将 A 组各管的溶液全部迅速倒入对应编号并盛有 PRA 溶液的 B 管中,并立即加塞混匀后放入恒温水浴装置中显色。在波长 577 nm 处,用 10 mm 比色皿,以水为参比物测量吸光度。以空白校正后各管的吸光度为纵坐标,二氧化硫的含量(μg)为横坐标,用最小二乘法建立校准曲线的回归方程。

显色温度与室温之差不应超过 3 ℃。根据季节和环境条件按表 8-9 选择合适的显色温度与显色时间。

表 8-9 显色温度与显色时间

显色温度/℃	10	15	20	25	30
显色时间/min	40	25	20	15	5
稳定时间/min	35	25	20	15	10
试剂空白吸光度/A_0	0.030	0.035	0.040	0.050	0.060

3. 样品测定

(1) 样品溶液中如有混浊,则应离心分离除去。

(2) 样品放置 20 min,以使臭氧分解。

(3) 短时间采集的样品:将吸收管中的样品溶液移入 10 mL 比色管中,用少量甲醛吸收液洗涤吸收管,洗液并入比色管中并稀释至标线。加入 0.5 mL 氨磺酸钠溶液,混匀,放置 10 min 以除去氮氧化物的干扰。以下步骤同校准曲线的绘制。

(4) 连续 24 h 采集的样品：将吸收瓶中样品移入 50 mL 容量瓶（或比色管）中，用少量甲醛吸收液洗涤吸收瓶后再倒入容量瓶（或比色管）中，并用吸收液稀释至标线。吸取适当体积的试样（视浓度高低取 2～10 mL）于 10 mL 比色管中，再用吸收液稀释至标线，加入 0.5 mL 氨磺酸钠溶液，混匀，放置 10 min 以除去氮氧化物的干扰，以下步骤同校准曲线的绘制。

五、数据处理与分析

空气中二氧化硫的质量浓度按式(8-17)计算：

$$\rho(SO_2)=\frac{(A-A_0-a)}{b\times V_s}\times\frac{V_t}{V_a} \tag{8-17}$$

式中：$\rho(SO_2)$——空气中二氧化硫的质量浓度，mg/m³；

A——样品溶液的吸光度；

A_0——试剂空白溶液的吸光度；

b——校准曲线的斜率；

A——校准曲线的截距（一般要求小于 0.005）；

V_t——样品溶液的总体积，mL；

V_a——测定时所取试样的体积，mL；

V_s——换算成标准状态下（101.325 kPa，273 K）的采样体积，L。

计算结果保留到小数点后三位。

六、注意事项和其他说明

1. 干扰及消除

本测定方法的主要干扰物为氮氧化物、臭氧及某些重金属元素。采样后放置一段时间可使臭氧自行分解；加入氨磺酸钠溶液可消除氮氧化物的干扰；吸收液中加入磷酸及环己二胺四乙酸二钠盐可以消除或减少某些金属离子的干扰。10 mL 样品溶液中含有 50 μg 钙、镁、铁、镍、镉、铜等金属离子及 5 μg 二价锰离子时，对本方法测定不产生干扰。当 10 mL 样品溶液中含有 10 μg 二价锰离子时，可使样品的吸光度降低 27%。

2. 注意事项

用过的比色管和比色皿应及时用盐酸-乙醇清洗液浸洗，否则红色难以洗净。

3. 质量保证和质量控制

(1) 多孔玻板吸收管的阻力为(6.0±0.6) kPa，2/3 玻板面积发泡均匀，边缘无气泡逸出。

(2) 采样时，吸收液的温度在 23～29 ℃时，吸收效率为 100%；温度在 10～15 ℃时，吸收效率偏低 5%；温度高于 33 ℃或低于 9 ℃时，吸收效率偏低 10%。

(3) 每批样品至少测定两个现场空白。即将装有吸收液的采样管带到采样现场，除了不采气之外，其他环境条件与样品相同。

(4) 当空气中二氧化硫浓度高于测定上限时，可以适当减小采样体积或者减小试料的体积。

(5) 如果样品溶液的吸光度超过校准曲线的上限，可用试剂空白液稀释，在数分钟内再测定吸光度，但稀释倍数不要大于 6。

(6) 显色温度低，显色慢，稳定时间长；显色温度高，显色快，稳定时间短。操作人员必须了解显色温度、显色时间和稳定时间的关系，严格控制反应条件。

(7) 测定样品时的温度与绘制校准曲线时的温度之差不应超过 2 ℃。

(8) 在给定条件下校准曲线斜率应为 0.042±0.004，测定样品时的试剂空白吸光度 A_0 和绘制校准曲线时的 A_0 波动范围不超过 15%。

(9) 六价铬能使紫红色配合物褪色，产生负干扰，故应避免用硫酸-铬酸洗液洗涤玻璃器皿。若已用硫酸-铬酸洗液洗涤过，则需用盐酸(1:1)浸洗，再用水充分洗涤。

七、思考题

(1) 二氧化硫的测定中如何消除氮氧化物和臭氧的干扰？

(2) 如何根据二氧化硫的测定结果计算空气中二氧化硫的分空气质量指数，并判断空气污染程度？

实验十　空气中氮氧化物(NO 和 NO_2)的测定——盐酸萘乙二胺分光光度法

一、实验目的

(1) 熟悉环境空气中氮氧化物的主要组成。

(2) 掌握用分光光度法对环境空气中的氮氧化物、二氧化氮、一氧化氮的测定原理和过程。

二、实验原理

空气中的二氧化氮被串联的第一支吸收瓶中的吸收液吸收并反应生成粉红色的偶氮染料。空气中的一氧化氮不与吸收液反应，通过氧化管时被酸性高锰酸钾溶液氧化为二氧化氮，被串联的第二支吸收瓶中的吸收液吸收并反应生成粉红色的偶氮染料。生成的偶氮染料在波长 540 nm 处的吸光度与二氧化氮的含量成正比。分别测定第一支和第二支吸收瓶中样品的吸光度，计算两支吸收瓶内二氧化氮和一氧化氮的质量浓度，二者之和即为氮氧化物的质量浓度(以 NO_2 计)。

本方法的检出限为 0.12 μg/10 mL。当吸收液总体积为 10 mL，采样体积为 24 L 时，空气中氮氧化物的检出限为 0.005 mg/m^3；当吸收液总体积为 50 mL，采样体积为 288 L 时，空气中氮氧化物的检出限为 0.003 mg/m^3；当吸收液总体积为 10 mL，采样体积为 12～24 L 时，空气中氮氧化物的测定范围为 0.020～2.5 mg/m^3。

三、实验仪器与试剂

1. 实验仪器

(1) 分光光度计。

(2) 空气采样器：流量范围为 0.1～1.0 L/min。采样流量为 0.4 L/min 时，相对误差小于±5%。

(3) 恒温、半自动连续空气采样器：采样流量为 0.2 L/min 时，相对误差小于±5%，能将吸收液温度保持在(20±4) ℃。采样连接管为硼硅玻璃管、不锈钢管、聚四氟乙烯管或硅胶管，内径约为 6 mm，并尽可能短，任何情况下不得超过 2 m，配有朝下的空气入口。

(4) 吸收瓶：装有 10 mL、25 mL 或 50 mL 吸收液的多孔玻板吸收瓶，液柱高度不低于 80 mm。吸收瓶的玻板阻力、气泡分散的均匀性及采样效率要按标准进行检查。图 8-3 为较合适的两种多孔玻板吸收瓶，使用棕色吸收瓶或采样过程中吸收瓶外罩黑色避光罩。新的多孔玻板吸收瓶或使用后的多孔玻板吸收瓶，应用盐酸(1∶1)浸泡 24 h 以上，用清水洗净。

(5) 氧化瓶：可装 5 mL、10 mL 或 50 mL 酸性高锰酸钾溶液的洗气瓶，液柱高度不能低于 80 mm。使用后，用盐酸羟胺溶液浸泡洗涤。图 8-4 为较合适的两种氧化瓶示意图。

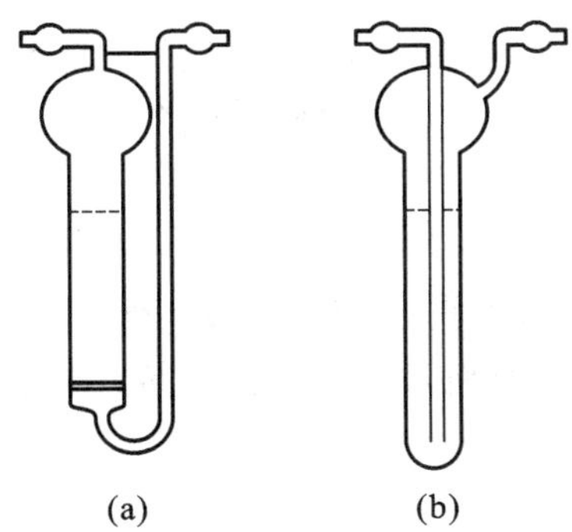

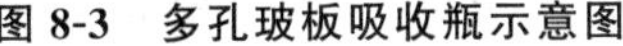
图 8-3　多孔玻板吸收瓶示意图

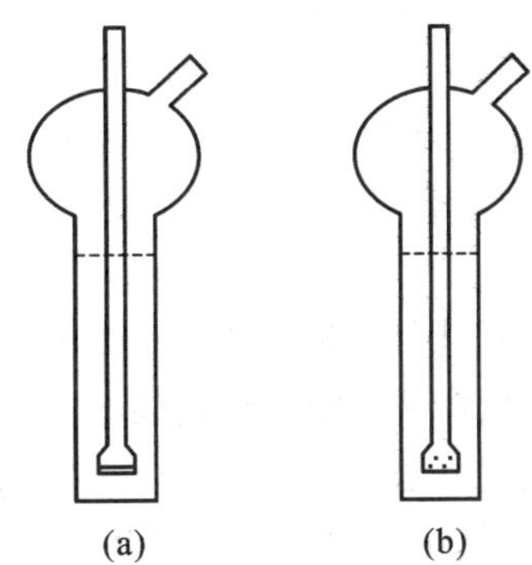

图 8-4　氧化瓶示意图

2. 实验试剂

除非另有说明，分析时均使用符合国家标准或行业标准的分析纯试剂和无亚硝酸根的蒸馏水、去离子水或相当纯度的水。必要时，实验用水可在全玻璃蒸馏器中以每升水加入 0.5 g 高锰酸钾($KMnO_4$)和 0.5 g 氢氧化钡($Ba(OH)_2$)重蒸。

(1) 冰乙酸。

(2) 盐酸羟胺溶液(ρ 为 0.2～0.5 g/L)。

(3) 硫酸溶液($c(1/2\ H_2SO_4)=1$ mol/L)：取 15 mL 浓硫酸($\rho=1.84$ g/mL)，缓缓加到 500 mL 水中，搅拌均匀，冷却备用。

(4) 酸性高锰酸钾溶液($\rho(KMnO_4)=25$ g/L)：称取 25 g 高锰酸钾于 1000 mL 烧杯中，加入 500 mL 水，稍微加热使其全部溶解，然后加入 1 mol/L 硫酸溶液 500 mL，搅拌均匀，储存于棕色试剂瓶中。

(5) *N*-(1-萘基)乙二胺盐酸盐储备液($\rho(C_{10}H_7NH(CH_2)_2NH_2\cdot 2HCl)=1.00$ g/L)：称取 0.50 g *N*-(1-萘基)乙二胺盐酸盐于 500 mL 容量瓶中，用水溶解并稀释至刻度。此溶液储存于密闭的棕色瓶中，在冰箱中冷藏，可稳定保存三个月。

(6) 显色液：称取 5.0 g 对氨基苯磺酸($NH_2C_6H_4SO_3H$)溶解于约 200 mL 40～50 ℃热水中，将溶液冷却至室温，全部移入 1000 mL 容量瓶中，加入 50 mL *N*-(1-萘基)乙二胺盐酸盐储备液和 50 mL 冰乙酸，用水稀释至刻度。此溶液储存于密闭的棕色瓶中，在 25 ℃以下暗处存放可稳定存在三个月。若溶液呈现淡红色，应弃之重配。

(7) 吸收液：使用时将显色液和水按 4∶1(体积比)比例混合，即为吸收液。吸收液的吸光度应不大于 0.005。

(8) 亚硝酸盐标准储备液($\rho(NO_2^-)=250\ \mu g/mL$)：准确称取 0.3750 g 亚硝酸钠($NaNO_2$,优级纯,使用前在(105±5) ℃条件下干燥至恒重)溶于水,移入 1000 mL 容量瓶中,用水稀释至标线。此溶液储存于密闭棕色瓶中于暗处存放,可稳定保存三个月。

(9) 亚硝酸盐标准工作液($\rho(NO_2^-)=2.5\ \mu g/mL$)：准确吸取亚硝酸盐标准储备液 1.00 mL 于 100 mL 容量瓶中,用水稀释至标线。临用时现配。

四、实验步骤

1. 样品的采集

(1) 短时间采样(1 h 以内)。

取两个内装 10.0 mL 吸收液的多孔玻板吸收瓶和一个内装 5～10 mL 酸性高锰酸钾溶液的氧化瓶(液柱高度不低于 80 mm),用尽量短的硅橡胶管将氧化瓶串联在两个吸收瓶之间,以 0.4 L/min 的流量采气 4～24 L。

(2) 长时间采样(24 h)。

取两个大型多孔玻板吸收瓶,装入 25.0 mL 或 50.0 mL 吸收液(液柱高度不低于 80 mm),标记液面位置。取一个内装 50 mL 酸性高锰酸钾溶液的氧化瓶,按图 8-5 所示接入采样系统,将吸收液恒温在(20±4) ℃,以 0.2 L/min 的流量采气 288 L。

注:氧化管中有明显的沉淀物析出时,应及时更换。

一般情况下,内装 50 mL 酸性高锰酸钾溶液的氧化瓶可使用 15～20 d(隔日采样)。

采样过程中注意观察吸收液颜色的变化,避免因氮氧化物质量浓度过高而发生穿透。

(3) 采样要求。

采样前应检查采样系统的气密性,用皂膜流量计进行流量校准。采样流量的相对误差应小于±5%。

采样期间,样品运输和存放过程中应避免阳光照射。气温超过 25 ℃时,长时间(8 h 以上)运输和存放样品应采取降温措施。采样结束时,为防止溶液倒吸,应在采样泵停止抽气的同时,闭合连接在采样系统中的止水夹或电磁阀(图 8-5 或图 8-6)。

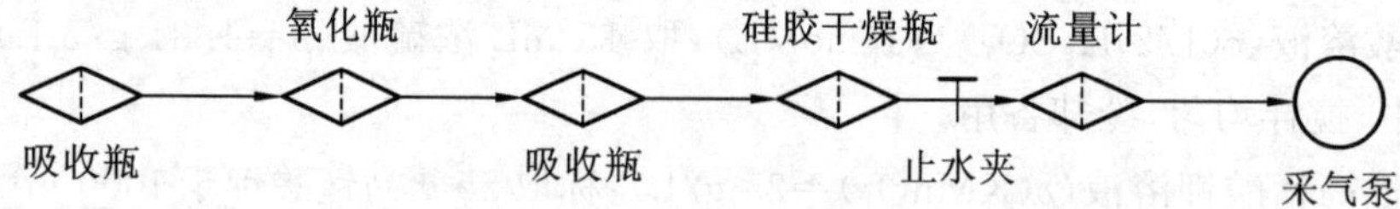

图 8-5　手工采样系列示意图

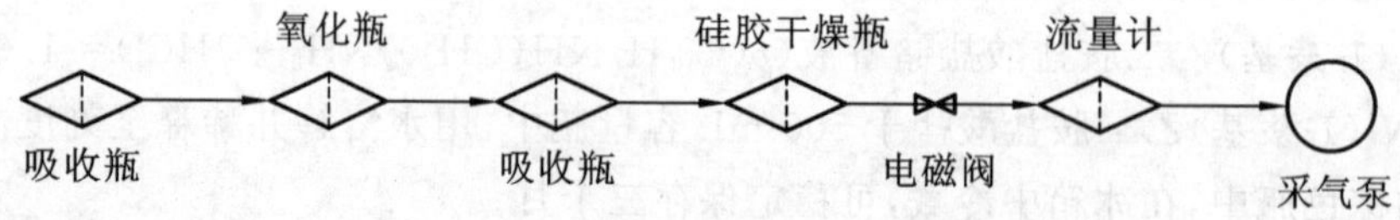

图 8-6　连续自动采样系列示意图

(4) 现场空白。

将装有吸收液的吸收瓶带到采样现场,与样品在相同的条件下保存、运输,直至送交实验室分析,运输过程中应注意防止沾污。

要求每次采样至少做 2 个现场空白测试。

(5) 样品的保存。

样品在采集、运输及存放过程中应避光保存，样品采集后应尽快分析。若不能及时测定，将样品于低温暗处存放，样品在 30 ℃暗处存放时可稳定存在 8 h；在 20 ℃暗处存放时可稳定存在 24 h；于 0～4 ℃冷藏，至少可稳定存在 3 d。

2. 样品测定分析步骤

(1) 校准曲线的绘制。

取 6 支 10 mL 具塞比色管，按表 8-10 制备亚硝酸盐标准溶液系列。根据表 8-10 分别移取相应体积的亚硝酸钠标准工作液，加水至 2.00 mL，加入显色液 8.00 mL。

表 8-10　NO_2^- 标准溶液系列

管　　号	0	1	2	3	4	5
标准工作液体积/mL	0.00	0.40	0.80	1.20	1.60	2.00
水体积/mL	2.00	1.60	1.20	0.80	0.40	0.00
显色液体积/mL	8.00	8.00	8.00	8.00	8.00	8.00
NO_2^- 质量浓度/(μg/mL)	0.00	0.10	0.20	0.30	0.40	0.50

各管混匀，于暗处放置 20 min(室温低于 20 ℃时放置 40 min 以上)，用 10 mm 比色皿，在波长 540 nm 处，以水为参比物测量吸光度，扣除 0 号管的吸光度以后，对应 NO_2^- 的质量浓度(μg/mL)，用最小二乘法计算校准曲线的回归方程。

校准曲线斜率控制在 0.960～0.978 之间，截距控制在 0.000～0.005 之间(以 5 mL 体积绘制校准曲线时，校准曲线斜率控制在 0.180～0.195 之间，截距控制在−0.003～+0.003 之间)。

(2) 空白实验。

① 实验室空白实验：取实验室内未经采样的空白吸收液，用 10 mm 比色皿，在波长 540 nm 处，以水为参比物测定吸光度。实验室空白吸光度 A_0 在显色规定条件下波动范围不超过±15%。

② 现场空白：同步骤①测定吸光度。将现场空白和实验室空白的测量结果相对照，若现场空白与实验室空白相差过大，查找原因，重新采样。

(3) 样品测定。

采样后放置 20 min，室温 20 ℃以下时放置 40 min 以上，用水将采样瓶中吸收液的体积补充至标线，混匀。用 10 mm 比色皿，在波长 540 nm 处，以水为参比物测量吸光度，同时测定空白样品的吸光度。

若样品的吸光度超过校准曲线的上限，应用实验室空白试液稀释，再测定其吸光度。但稀释倍数不得大于 6。

五、数据处理与分析

(1) 空气中二氧化氮的质量浓度 ρ_{NO_2} (mg/m³)按式(8-18)计算：

$$\rho_{NO_2}=\frac{(A_1-A_0-a)\times V\times D}{b\times f\times V_0} \tag{8-18}$$

(2) 空气中一氧化氮的质量浓度。

ρ_{NO}(mg/m³)以二氧化氮(NO_2)计,按式(8-19)计算:

$$\rho_{NO}=\frac{(A_1-A_2-a)\times V\times D}{b\times f\times V_0\times K} \tag{8-19}$$

ρ'_{NO}(mg/m³)以一氧化氮(NO)计,按式(8-20)计算:

$$\rho'_{NO}=\frac{\rho_{NO}\times 30}{46} \tag{8-20}$$

空气中氮氧化物的质量浓度 ρ_{NO_x}(mg/m³)以二氧化氮(NO_2)计,按式(8-21)计算:

$$\rho_{NO_x}=\rho_{NO_2}+\rho_{NO} \tag{8-21}$$

式中:A_1、A_2——串联的第一支和第二支吸收瓶中样品的吸光度;

A_0——实验室空白的吸光度;

b——校准曲线的斜率;

a——校准曲线的截距;

V——采样用吸收液体积,mL;

V_0——换算为标准状态(101.325 kPa,273 K)下的采样体积,L;

K——$NO \rightarrow NO_2$ 的氧化系数,0.68;

D——样品的稀释倍数;

f——Saltzman 实验系数,0.88(当空气中二氧化氮质量浓度高于 0.72 mg/m³ 时,f 取值 0.77)。

六、注意事项和其他说明

(1) 空气中二氧化硫质量浓度为氮氧化物质量浓度的 30 倍时,对二氧化氮的测定产生负干扰。

(2) 空气中过氧乙酰硝酸酯(PAN)对二氧化氮的测定产生正干扰。

(3) 空气中臭氧质量浓度超过 0.25 mg/m³ 时,对二氧化氮的测定产生负干扰。采样时在采样瓶入口端串接一段长为 15~20 cm 的硅橡胶管,可排除干扰。

七、思考题

(1) 如何确定采样时间和吸收液体积?

(2) 在样品采集和保存中需要注意什么?

(3) 什么是氮氧化物?氮氧化物包含哪些物质?

实验十一　固体废物中多环芳烃的测定——高效液相色谱法

一、实验目的

(1) 掌握高效液相色谱仪的工作原理和结构。

(2) 掌握高效液相色谱法对固体废物及其浸出液中多环芳烃的测定。

(3) 掌握固体废物多环芳烃的提取、浓缩和净化方法。

二、实验原理

固体废物或固体废物浸出液中的多环芳烃用有机溶剂提取，提取液经浓缩、净化后用高效液相色谱分离，紫外或荧光检测器测定，以保留时间进行定性分析，外标法进行定量分析。

本方法准适用于固体废物及其浸出液中萘、苊烯、苊、芴、菲、蒽、荧蒽、芘、苯并[a]蒽、䓛、苯并[b]荧蒽、苯并[k]荧蒽、苯并[a]芘、二苯并[a,h]蒽、苯并[g,h,i]苝和茚并[1,2,3-c,d]芘等多环芳烃的测定。

当固体废物(灰渣)取样量为10.0 g，定容体积为1.0 mL时，用紫外检测器测定多环芳烃的方法检出限为3～5 μg/kg，测定下限为12～20 μg/kg；用荧光检测器测定多环芳烃(不包含苊烯)的方法检出限为0.3～0.5 μg/kg，测定下限为1.2～2.0 μg/kg。

当固体废物(污泥)取样量为2.00 g，定容体积为1.0 mL时，用紫外检测器测定多环芳烃的方法检出限为0.02 mg/kg，测定下限为0.08 mg/kg；用荧光检测器测定多环芳烃(不包含苊烯)的方法检出限为0.002～0.004 mg/kg，测定下限为0.008～0.016 mg/kg。

当固体废物浸出液取样量为100 mL，定容体积为1.0 mL时，用紫外检测器测定多环芳烃的方法检出限为0.1～2 μg/L，测定下限为0.4～8 μg/L；用荧光检测器测定多环芳烃(不包含苊烯)的方法检出限为0.01～0.1 μg/L，测定下限为0.04～0.4 μg/L。

三、实验仪器与试剂

1. 实验仪器

(1) 高效液相色谱仪：配备紫外检测器或荧光检测器，具有梯度洗脱功能。

(2) 色谱柱：填料为ODS(十八烷基硅烷键合硅胶)的反相色谱柱或其他性能相近的色谱柱；规格为5 μm×25 mm×4.6 mm。

(3) 提取装置：索氏提取器或其他同等性能的设备。

(4) 浓缩装置：氮吹浓缩仪或其他同等性能的设备。

(5) 固相萃取装置。

(6) 实验室常用仪器和设备。

2. 实验试剂

除非另有说明，分析时均使用符合国家标准的分析纯试剂，实验用水为新制备的不含有机物的水。

(1) 乙腈(CH_3CN，色谱级)。

(2) 正己烷(C_6H_{14}，色谱级)。

(3) 二氯甲烷(CH_2Cl_2，色谱级)。

(4) 丙酮(CH_3COCH_3，色谱级)。

(5) 丙酮-正己烷混合溶液(1∶1)：用丙酮和正己烷按1∶1的体积比混合。

(6) 二氯甲烷-正己烷混合溶液(2∶3)：用二氯甲烷和正己烷按2∶3的体积比混合。

(7) 二氯甲烷-正己烷混合溶液(1∶1)：用二氯甲烷和正己烷按1∶1的体积比混合。

(8) 多环芳烃标准储备液(ρ为100～2000 mg/L)。

购买市售有证标准溶液，于4 ℃下冷藏、避光密封保存，或参照标准溶液证书要求进行保存。使用时应恢复至室温并摇匀。

(9) 多环芳烃标准使用液(ρ为10.0～200 mg/L)：移取1.0 mL多环芳烃标准储备液于

10 mL 棕色容量瓶，用乙腈稀释并定容至刻度，摇匀，转移至密闭瓶中于 4 ℃下冷藏、避光保存。

(10) 十氟联苯($C_{12}F_{10}$)：纯度为 99%。

替代物，亦可采用其他类似物。

(11) 十氟联苯储备液(ρ=1000 mg/L)：称取十氟联苯 0.025 g(精确到 0.001 g)，用乙腈溶解并在棕色容量瓶中定容至 25 mL，摇匀，转移至密实瓶中于 4 ℃下冷藏、避光保存，或购买市售有证标准溶液。

(12) 十氟联苯使用液(ρ=40 μg/mL)：移取 1.0 mL 十氟联苯储备液于 25 mL 棕色容量瓶，用乙腈稀释并定容至刻度，摇匀，转移至密闭瓶中于 4 ℃下冷藏、避光保存。

(13) 氯化钠(NaCl)：在 400 ℃下烘烤 4 h，冷却后于磨口玻璃瓶中密封保存。

(14) 干燥剂：无水硫酸钠(Na_2SO_4)或粒状硅藻土。

在 400 ℃下烘烤 4 h，冷却后于磨口玻璃瓶中密封保存。

(15) 硅胶：层析级，粒径为 75～150 μm(100～200 目)。

使用前，置于平底托盘中并覆上锡纸，130 ℃活化至少 16 h。

(16) 玻璃层析柱：内径约为 20 mm，长为 10～20 cm，具聚四氟乙烯活塞。

(17) 固相萃取柱：硅胶固相萃取柱或硅酸镁固相萃取柱，1000 mg/6 mL。

(18) 石英砂：粒径为 150～830 μm(20～100 目)。

在 400 ℃下烘烤 4 h，冷却后于磨口玻璃瓶中密封保存。

(19) 玻璃棉或玻璃纤维滤膜：使用前用二氯甲烷浸洗，挥发掉溶剂，密封保存。

(20) 氮气：纯度≥99.999%。

四、实验步骤

1. 样品的采集和保存

按照 HJ/T 20—1998 和 HJ/T 298—2007 的相关规定采集和保存固体废物样品。样品应于洁净的棕色磨口玻璃瓶中保存，运输过程中应避光、密封、冷藏。如不能及时分析，应于 4 ℃以下冷藏、避光、密封保存，保存时间为 7 d。

2. 试样的制备

(1) 固体废物浸出液试样的制备。

① 浸出。

按照 HJ/T 299—2007 或 HJ/T 300—2016 的相关规定制备固体废物浸出液。

② 萃取。

取 100 mL 浸出液于 500 mL 分液漏斗中，依次加入 50.0 μL 十氟联苯使用液、适量氯化钠和 20 mL 二氯甲烷，充分振摇、静置分层后，有机相经装有适量无水硫酸钠的漏斗除水，收集有机相于浓缩瓶中，按上述步骤重复萃取两次，合并有机相，用少量二氯甲烷反复洗涤漏斗和硫酸钠层 2～3 次，合并有机相，待浓缩。

③ 浓缩。

将盛有提取液的浓缩瓶放入氮吹浓缩仪中，室温下调节氮气流量至溶剂表面有气流波动(避免形成气涡)，将提取液浓缩至 1.5～2 mL，用 3～5 mL 正己烷洗涤氮吹过程中已经露出的浓缩器壁，将提取液浓缩至约 1 mL，重复此浓缩过程 2～3 次，将溶剂完全转化为正己烷，再浓缩至约 1 mL，待净化。如不需净化，加入约 3 mL 乙腈，再浓缩至 1 mL 以下，将溶剂完全转换为乙腈，并准确定容至 1.0 mL，待测。

注：也可采用旋转蒸发或其他方式浓缩。

④ 净化。

a. 硅胶层析柱净化。

硅胶柱制备：在玻璃层析柱的底部加入玻璃棉，加入厚度为 10 mm 的无水硫酸钠，用少量二氯甲烷进行冲洗。用二氯甲烷制备 10 g 活性硅胶悬浮液，放入层析柱中，以玻璃棒轻敲层析柱，除去气泡，使硅胶填实，放出二氯甲烷，在层析柱上部加入厚度为 10 mm 的无水硫酸钠。层析柱如图 8-7 所示。

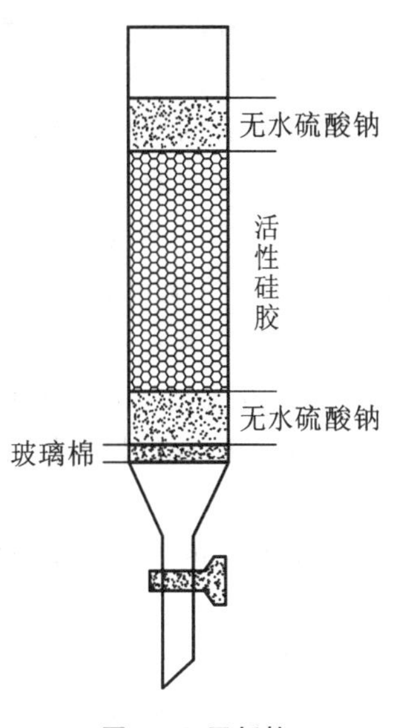

图 8-7　层析柱

净化：用 40 mL 正己烷淋洗层析柱，淋洗速度控制在 2 mL/min，在顶端无水硫酸钠暴露于空气之前，关闭层析柱底端聚四氟乙烯活塞，弃去流出液。将浓缩后约 1 mL 提取液移入层析柱，用 2 mL 正己烷分 3 次洗涤浓缩瓶，洗液全部移入层析柱，在顶端无水硫酸钠暴露于空气之前，加入 25 mL 正己烷继续淋洗，弃去流出液。用 25 mL 二氯甲烷-正己烷混合溶液洗脱，洗脱液收集于浓缩瓶中，用氮吹浓缩法（或其他浓缩方式）将洗脱液浓缩至约 1 mL，加入约 3 mL 乙腈，再浓缩至 1 mL 以下，将溶剂完全转换为乙腈，并准确定容至 1.0 mL，待测。

b. 固相萃取柱（填料为硅胶或硅酸镁）净化。

用固相萃取柱作为净化柱，将其固定在固相萃取装置上，用 4 mL 二氯甲烷冲洗净化柱，再用 10 mL 正己烷平衡净化柱，待柱充满后关闭流速控制阀浸润 5 min，打开控制阀，弃去流出液。在柱床暴露于空气之前，将浓缩后约 1 mL 提取液移入柱内，用 3 mL 正己烷分 3 次洗涤浓缩瓶，洗液全部移入柱内，弃去流出液。用 10 mL 二氯甲烷-正己烷混合溶液洗脱，接收洗脱液，待洗脱液浸满净化柱后关闭流速控制阀，浸润 5 min，再打开控制阀，至洗脱液完全流出。用氮吹浓缩法（或其他浓缩方式）将洗脱液浓缩至约 1 mL，加入约 3 mL 乙腈，再浓缩至 1 mL 以下，将溶剂完全转换为乙腈，并准确定容至 1.0 mL，待测。

注 1：样品浓度较大（洗脱液颜色较深）时，浓缩体积可适当增加，也可将洗脱液用甲醇或乙腈适当稀释后待测。

注 2：净化后的试样如不能及时分析，应于 4 ℃下冷藏、避光、密封保存，30 d 内完成分析。

注 3：本方法推荐净化方式为硅胶层析柱净化或固相萃取柱净化，也可采用其他等效净化方式。

(2) 固体废物试样的制备。

① 水性液态固体废物。

称取 10 g（精确到 0.01 g）样品，加入 90 mL 水，混匀后全部转入分液漏斗，其余步骤按照固体废物浸出液试样的制备、萃取及净化步骤进行。

② 油状液态固体废物。

称取 10 g（精确到 0.01 g）样品，加入 30 mL 二氯甲烷，混匀后全部转入分液漏斗，加入 100 mL 水，其余步骤按照固体废物浸出液试样的制备、萃取及净化步骤进行。

③ 固态和半固态固体废物。

a. 脱水。

称取 102 g（精确到 0.01 g）样品，加入适量无水硫酸钠，研磨均化成流沙状，备用。如果使用加压流体提取，脱水按照 HJ 782—2016 规定执行。

注：固体废物样品成分复杂，当样品中有机物含量较高时应适当减少取样量。

b. 提取。

将脱水后的样品全部转移至玻璃套管或纸质套管内，加入 50.0 μL 十氟联苯使用液，将套管放入索氏提取器中。加入 100 mL 丙酮-正己烷混合溶液，以每小时不小于 4 次的回流速度提取 16～18 h。提取完毕后，冷却至室温，取出底瓶，冲洗提取杯接口，将清洗液一并转移至底瓶，加入少许无水硫酸钠至硫酸钠颗粒可自由流动，放置 30 min 脱水干燥。

注 1：也可将提取液通过装有适量无水硫酸钠的漏斗脱水。

注 2：若通过验证并达到本方法质量控制要求，亦可采用其他提取方式。

注 3：套管规格根据样品量而定。

c. 浓缩。

将脱水后的提取液全部转移至浓缩瓶中，按照固体废物浸出液试样制备的浓缩步骤进行浓缩。

d. 净化。

按照固体废物浸出液试样制备的净化步骤进行。

(3) 空白试样的制备。

① 固体废物浸出液空白试样的制备。

以石英砂代替样品，按照试样的制备步骤制备固体废物浸出液空白试样。

② 固体废物空白试样的制备。

以石英砂代替样品，按照试样的制备步骤制备固体废物空白试样。

3. 分析步骤

(1) 仪器参考条件。

进样量：10 μL。

柱温：35 ℃。

流速：1.0 mL/min。

流动相 A：乙腈。流动相 B：水。梯度洗脱程序见表 8-11。

表 8-11　梯度洗脱程序

时间/min	流动相 A：乙腈/(%)	流动相 B：水/(%)
0	60	40
8	60	40
18	100	0
28	100	0
29	60	40
35	60	40

检测波长：根据目标物的出峰时间、最大吸收波长或最佳激发/发射波长编制波长变换程序，具体见表 8-12。

表 8-12　目标物对应的紫外检测波长和荧光检测波长

序号	组分名称	紫外检测器		荧光检测器	
		最大吸收波长/nm	推荐吸收波长/nm	最佳激发波长 λ_{ex}/发射波长 λ_{em}	推荐激发波长 λ_{ex}/发射波长 λ_{em}
1	萘	220	220	280/334	280/324
2	苊烯	229	230	—	—
3	苊	261	254	268/308	280/324
4	芴	229	230	280/324	280/324
5	菲	251	254	292/366	254/350
6	蒽	252	254	253/402	254/400
7	荧蒽	236	230	360/460	290/460
8	芘	240	230	336/376	336/376
9	苯并[a]蒽	287	290	288/390	275/385
10	䓛	267	254	268/383	275/385
11	苯并[b]荧蒽	256	254	300/436	305/430
12	苯并[k]荧蒽	307，240	290	308/414	305/430
13	苯并[a]芘	296	290	296/408	305/430
14	二苯并[a,h]蒽	297	290	297/398	305/430
15	苯并[g,h,i]苝	210	220	300/410	305/430
16	茚并[1,2,3-c,d]芘	250	254	302/506	305/500
17	十氟联苯	228	230	—	—

注：荧光检测器不适用于苊烯和十氟联苯的测定。

（2）校准曲线的建立和色谱图。

① 校准曲线的建立。

分别量取适量的多环芳烃标准使用液和 50.0 μL 十氟联苯使用液，用乙腈稀释，至少配制 5 个浓度标准液，多环芳烃的质量浓度分别为 0.05 μg/mL、0.10 μg/mL、0.50 μg/mL、2.00 μg/mL 和 5.00 μg/mL（此为参考浓度），十氟联苯的质量浓度为 2.00 μg/mL，保存于棕色进样瓶中，待测。

由低浓度到高浓度依次将标准系列溶液注入液相色谱仪，按照仪器参考条件分离检测，记录色谱峰的出峰时间和峰高或峰面积。以标准系列溶液中目标组分浓度为横坐标，以其对应的峰高或峰面积为纵坐标，建立校准曲线。

② 标准样品的色谱图。

图 8-8 和图 8-9 分别为在本方法推荐的仪器条件下，16 种多环芳烃的紫外色谱图和荧光色谱图。

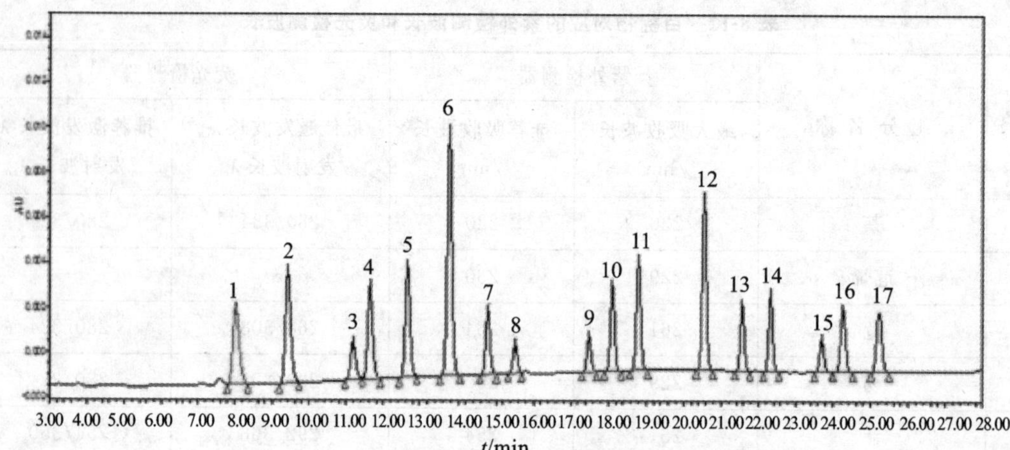

图 8-8　16 种多环芳烃紫外色谱图

1—萘；2—苊烯；3—苊；4—芴；5—菲；6—蒽；7—荧蒽；8—芘；9—十氟联苯(替代物)；10—苯并[a]蒽；11—䓛；12—苯并[b]荧蒽；13—苯并[k]荧蒽；14—苯并[a]芘；15—二苯并[a,h]蒽；16—苯并[g,h,i]苝；17—茚并[1,2,3-c,d]芘

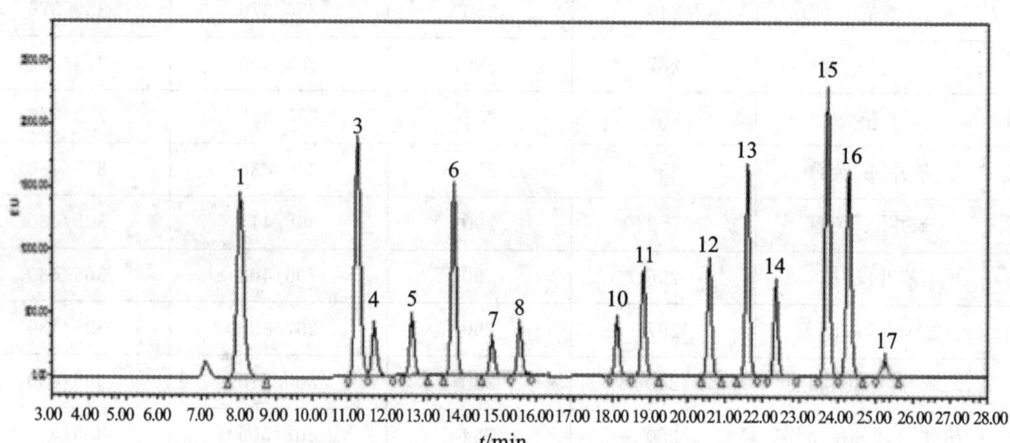

图 8-9　16 种多环芳烃荧光色谱图

1—萘；2—苊烯(不出峰)；3—苊；4—芴；5—菲；6—蒽；7—荧蒽；8—芘；9—十氟联苯(替代物，不出峰)；10—苯并[a]蒽；11—䓛；12—苯并[b]荧蒽；13—苯并[k]荧蒽；14—苯并[a]芘；15—二苯并[a,h]蒽；16—苯并[g,h,i]苝；17—茚并[1,2,3-c,d]芘

(3) 试样测定。

按照与建立校准曲线相同的仪器分析条件进行试样的测定。

(4) 空白试验。

按照与试样测定相同的仪器分析条件进行空白试样的测定。

五、数据处理与分析

1. 目标化合物的定性分析

以目标化合物的保留时间定性，必要时可采用标准样品添加法、不同波长下的吸收比、紫外光谱图扫描等方法辅助定性。

2. 结果计算

(1) 固体废物浸出液。

固体废物浸出液中多环芳烃的含量(μg/L)按照式(8-22)进行计算。

$$\rho=\frac{\rho_i \times V_1}{V_2} \tag{8-22}$$

式中：ρ ——固体废物浸出液中目标物的质量浓度，μg/L；

ρ_i——由校准曲线计算所得目标物的质量浓度，μg/mL；

V_1——试样定容体积，mL；

V_2——浸出液的取样体积，L。

(2) 固体废物。

固体废物中多环芳烃的含量(mg/kg)按照式(8-23)进行计算。

$$w_i=\frac{\rho_i \times V}{m} \tag{8-23}$$

式中：w_i——固体废物样品中组分 i 的含量，mg/kg；

ρ_i——由校准曲线计算所得试样中组分 i 的质量浓度，μg/mL；

V ——试样定容体积，mL；

m ——称取固体废物样品的质量(湿重)，g。

3. 结果表示

测定结果最多保留三位有效数字，小数点后最多保留位数与方法检出限一致。

六、注意事项和其他说明

(1) 空白实验。

每 20 个样品或每批次(少于 20 个样品/批)至少做一个空白实验，空白实验结果应小于方法检出限。

(2) 校准。

① 每批样品应建立校准曲线，校准曲线相关系数应不小于 0.995。否则应查找原因，重新建立校准曲线。

② 每 20 个样品或每批次(少于 20 个样品/批)应测定一次校准曲线的中间浓度标准溶液。

③ 测定结果与标准值间的相对误差的绝对值应不大于 10%，否则应查找原因，或重新绘制校准曲线。

(3) 平行样测定。

每 20 个样品或每批次(少于 20 个样品/批)须分析一个平行样。平行双样测定结果的相对偏差应不大于 30%。

(4) 基体加标。

每 20 个样品或每批次(少于 20 个样品/批)须做 1 个基体加标样，各组分的回收率在 50%～120%之间。十氟联苯的回收率在 60%～120%之间。

七、思考题

固体废物浸出液制备过程中应注意什么？

实验十二　土壤和沉积物中砷的测定——微波消解/原子荧光法

一、实验目的

(1) 掌握土壤和沉积物中砷的采样和预处理方法。

(2) 掌握微波消解/原子荧光法对土壤和土壤沉积物中砷的测定。

(3) 掌握原子荧光光度计的工作原理。

二、实验原理

样品经微波消解后试液进入原子荧光光度计，在硼氢化钾溶液还原作用下，生成砷化氢气体。在氩氢火焰中形成基态原子，在元素灯(砷)发射光的激发下产生原子荧光，原子荧光强度与试液中元素含量成正比。

当样品量为 0.5 g 时，本方法测定砷的检出限为 0.01 mg/kg，测定下限为 0.04 mg/kg。

三、实验仪器与试剂

1. 实验仪器

(1) 具有温度控制和程序升温功能的微波消解仪，温度精度可达±2.5 ℃。

(2) 原子荧光光度计，含砷的元素灯。

(3) 恒温水浴装置。

(4) 分析天平：精度为 0.0001 g。

(5) 实验室常用设备。

2. 实验试剂

除非另有说明，分析时均使用符合国家标准的优级纯试剂，实验用水为新制备的蒸馏水。

(1) 浓盐酸(HCl，ρ=1.19 g/mL)。

(2) 浓硝酸(HNO_3，ρ=1.42 g/mL)。

(3) 氢氧化钾(KOH)。

(4) 硼氢化钾(KBH_4)。

(5) 盐酸(5∶95)：移取 25 mL 盐酸，用实验用水稀释至 500 mL。

(6) 盐酸(1∶1)：移取 500 mL 盐酸，用实验用水稀释至 1000 mL。

(7) 硫脲(CH_4N_2S)：分析纯。

(8) 抗坏血酸($C_6H_8O_6$)：分析纯。

(9) 还原剂(硼氢化钾溶液 B：ρ=20 g/L)：称取 0.5 g 氢氧化钾，放入盛有 100 mL 实验用水的烧杯中并用玻璃棒搅拌，待完全溶解后再加入称好的 2.0 g 硼氢化钾，搅拌溶解。此溶液现用现配，用于测定砷。

注：也可以用氢氧化钠、硼氢化钠配制硼氢化钠溶液。

(10) 硫脲和抗坏血酸混合溶液：称取硫脲、抗坏血酸各 10 g，用 100 mL 实验用水溶解，混匀，现用现配。

(11) 砷(As)标准溶液。

① 砷标准储备液(ρ=100.0 mg/L)：购买市售有证标准物质或有证标准样品，或称取

0.1320 g 经过 105 ℃干燥 2 h 的优级纯三氧化二砷(As_2O_3)溶解于 5 mL 1 mol/L 氢氧化钠溶液中,用 1 mol/L 的盐酸滴定至酚酞红色褪去,并用实验用水定容至 1000 mL,混匀。

② 砷标准中间液(ρ=1.00 mg/L):移取砷标准储备液 5.00 mL,置于 500 mL 的容量瓶中,加入 100 mL 盐酸,用实验用水定容至标线,混匀。

③ 砷标准使用液(ρ=100.0 μg/L):移取砷标准中间液 10.00 mL,置于 100 mL 容量瓶中,加入 20 mL 盐酸,用实验用水定容至标线,混匀。现用现配。

(12) 载气和屏蔽气:氩气(纯度≥99.99%)。

(13) 慢速定量滤纸。

四、实验步骤

1. 样品的采集和试样的制备

(1) 样品的采集。

按照 HJ/T 166—2004 的相关规定进行土壤样品的采集;按照 GB 17378.3—2007 的相关规定进行沉积物样品的采集。

(2) 样品的制备。

将采集后的样品在实验室中风干、破碎、过筛、保存。样品采集、运输、制备和保存过程应避免沾污和待测元素的损失。

(3) 试样的制备。

称取 0.1～0.5 g(精确至 0.0001 g,样品中元素含量低时,可将样品称取量提高至 1.0 g)经风干、过筛的样品置于溶样杯中,用少量实验用水润湿。在通风橱中,先加入 6 mL 盐酸,再慢慢加入 2 mL 硝酸,混匀使样品与消解液充分接触。若有剧烈化学反应,待反应结束后再将溶样杯置于消解罐中密封。将消解罐装入消解罐支架后放入微波消解仪的炉腔中,确认主控消解罐上的温度传感器及压力传感器均已与系统连接好。按照表 8-13 推荐的升温程序进行微波消解,程序结束后冷却。待罐内温度降至室温后从通风橱中取出,缓慢泄压放气,打开消解罐盖。

表 8-13　微波消解升温程序

步　骤	升温时间/min	目标温度/℃	保持时间/min
1	5	100	2
2	5	150	3
3	5	180	25

把玻璃小漏斗插于 50 mL 容量瓶的瓶口,用慢速定量滤纸将消解后溶液过滤、转移入容量瓶中,用实验用水洗涤溶样杯及沉淀,将所有洗涤液并入容量瓶中,最后用实验用水定容至标线,混匀。

(4) 试料的制备。

取 10.0 mL 试液置于 50 mL 容量瓶中,加入 5.0 mL 盐酸、10.0 mL 硫脲和抗坏血酸混合溶液,混匀,室温放置 30 min,用实验用水定容至标线,混匀。

注:室温低于 15 ℃时,置于 30 ℃水浴中保温 20 min。

2. 原子荧光光度计的调试

原子荧光光度计开机预热，按照仪器使用说明书设定灯电流、负高压、载气流量、屏蔽气流量等工作参数，参考条件见表 8-14。

表 8-14　原子荧光光度计的工作参数

元素名称	灯电流 /mA	负高压 /V	原子化器温度 /℃	载气流量 /(mL/min)	屏蔽气流量 /(mL/min)	灵敏线波长 /nm
砷	40～80	230～300	200	300～400	800	193.7

3. 校准

分别移取 0.50 mL、1.00 mL、2.00 mL、3.00 mL、4.00 mL、5.00 mL 砷标准使用液于 50 mL 容量瓶中，分别加入 5.0 mL 盐酸、10.0 mL 硫脲和抗坏血酸混合溶液，室温放置 30 min(室温低于 15 ℃时，置于 30 ℃水浴中保温 20 min)，用实验用水定容至标线，混匀。

砷的校准系列溶液浓度对应值见表 8-15。

表 8-15　砷元素校准系列溶液浓度

元素	标准系列溶液浓度/(μg/L)						
砷	0.00	1.00	2.00	4.00	6.00	8.00	10.00

4. 绘制校准曲线

以硼氢化钾溶液为还原剂、盐酸(5∶95)为载流，由低浓度到高浓度依次测定校准系列溶液的原子荧光强度。用扣除零浓度空白的校准系列原子荧光强度为纵坐标，溶液中相对应的元素浓度(μg/L)为横坐标，绘制校准曲线。

5. 空白实验

按照与试样的制备，试料的制备、测定相同的试剂和步骤进行空白实验。

6. 试料测定

将制备好的试样导入原子荧光光度计中，按照与绘制校准曲线相同仪器工作条件进行测定。如果被测元素浓度超过校准曲线浓度范围，应稀释后重新进行测定。

同时将制备好的空白试样导入原子荧光光度计中，按照与绘制校准曲线相同仪器工作条件进行测定。

五、数据处理与分析

1. 结果计算

(1) 土壤样品的结果计算。

土壤中元素砷含量 ω_1(mg/kg)按照公式(8-24)进行计算：

$$\omega_1=\frac{(\rho-\rho_0)\times V_0\times V_2}{m\times w_{dm}\times V_1}\times 10^{-3} \tag{8-24}$$

式中：ω_1——土壤中元素砷的含量，mg/kg；

ρ——由校准曲线查得测定试液中元素砷的浓度，μg/L；

ρ_0——空白溶液中元素砷的测定浓度，μg/L；

V_0——微波消解后试液的定容体积，mL；

V_1——分取试液的体积，mL；

V_2——分取后测定试液的定容体积，mL；

m ——称取样品的质量，g；

w_{dm}——样品的干物质含量，%。

(2) 沉积物样品的结果计算。

沉积物中元素砷含量 ω_2(mg/kg)按照公式(8-25)进行计算：

$$\omega_2=\frac{(\rho-\rho_0)\times V_0\times V_2}{m\times(1-f)\times V_1}\times 10^{-3} \tag{8-25}$$

式中：ω_2——沉积物中元素砷的含量，mg/kg；

ρ ——由校准曲线查得测定试液中元素砷的浓度，μg/L；

ρ_0——空白溶液中元素砷的测定浓度，μg/L；

V_0——微波消解后试液的定容体积，mL；

V_1——分取试液的体积，mL；

V_2——分取后测定试液的定容体积，mL；

m ——称取样品的质量，g；

f ——样品的含水率，%。

2. 结果表示

当测定结果小于 1 mg/kg 时，小数点后数字最多保留至第三位；当测定结果大于 1 mg/kg 时，保留三位有效数字。

六、注意事项和其他说明

1. 注意事项

(1) 硝酸和盐酸具有强腐蚀性，样品消解过程应在通风橱内进行，实验人员应注意佩戴防护器具。

(2) 实验所用的玻璃器皿均需用硝酸(1∶1)浸泡 24 h 后，依次用自来水、实验用水洗净。

(3) 消解罐的日常清洗和维护步骤：先进行一次空白消解(加入 6 mL 盐酸，再慢慢加入 2 mL 硝酸，混匀)，以去除内衬管和密封盖上的残留；用水和软刷仔细清洗内衬管和压力套管；将内衬管和陶瓷外套管放入烘箱，在 200～250 ℃温度下至少加热 4 h，然后在室温下自然冷却。

2. 质量保证和质量控制

(1) 每批样品至少测定 2 个全程空白，空白样品需使用和样品完全一致的消解程序，测定结果应低于方法测定下限。

(2) 根据批量大小，每批样品需测定 1～2 个含目标元素的标准物质，测定结果必须在可以控制的范围内。

(3) 在每批次(小于 10 个)或每 10 个样品中，应至少对 10%的样品做重复消解。

(4) 若样品消解过程中因压力过大造成泄压而破坏其密闭系统，则此样品数据不应采用。

(5) 本方法规定校准曲线的相关系数应不小于 0.999。

七、思考题

(1) 如何根据监测目的和土壤污染情况进行监测布点和取样？

（2）监测后的废液如何处理？

（3）原子荧光光度计的工作原理与冷原子吸收分光光度计的原理有什么不同？它们各自的特点是什么？

△实验十三　某污水处理厂运营管理监测

一、实验目的

（1）掌握污水和废水处理实施的运营管理要求。

（2）掌握如何根据污水处理厂（处理站）污水排放、治理情况和管理要求进行环境管理。

（3）掌握环境监测方案的制订，根据监测结果分析判断是否达标，分析超标原因，提出可行的措施。

二、实验内容

（1）监测目的的确定。

（2）现场资料的收集和调查。

（3）监测方案的制订。

（4）监测方案的实施。

三、*污水处理厂（站）基本资料的收集

水污染源包括生活污水、工业废水、医院废水等。水污染源的监测包括项目验收监测、运营管理监测。运营管理监测是在污染治理设施运营管理过程中的常规例行监测，是排污许可管理中自证达标排放的依据。在制订监测方案时，首先进行调查研究，收集有关资料。基础资料的收集主要包括以下内容。

（1）查明用水情况，污、废水的类型，主要废水来源及产生量，废水产生过程中使用的原材料和工艺。

（2）主要污染物及其排污去向，是否直接排放，是否排入江河湖海，是否重复利用。

（3）主要污染物的处理工艺和设施情况，车间或工厂的排污口数量和位置，规范化排污口的设置位置，是否有在线监测设施，在线监测设施是否和当地环保职能部门联网。

（4）环评批复和当地环境管理部门对污染物排放管理的要求。

四、*污水处理厂（站）环境监测方案的制订

监测方案包含以下内容：明确监测目的，进行调查研究，确定监测对象（因子），设计监测网点，合理安排采样时间和频率，选定采样和保存方法，确定分析测定技术，提出监测报告的基本要求，制订质量保证程序、措施和方案的实施计划，结合监测目的给出环境监测综合评价报告。

五、环境监测方案的实施

为了让监测方案更具有可操作性，将理论和实践紧密结合，提高学生的工程应用能力，本实验方案以某电镀废水为例进行监测方案的制订和实施。

1. 明确监测目的

监测目的一般分为例行监测和特定目的监测。针对电镀废水处理厂(镀镍)来说,在平时的运营管理中进行的是例行常规监测,本实验方案以例行监测为例,兼顾事故监测(假定处理站未达标排放,废水排放到某Ⅲ类地表水体)。

2. 调查研究

调查研究内容根据监测目的确定。

3. 确定监测对象(因子)

监测因子的确定主要根据排放标准,有行业排放标准的执行行业排放标准,没有行业排放标准的执行综合排放标准。

(1) 例行监测:根据污水处理厂所处位置和当地环境管理要求,以及 GB 21900—2008 确定监测因子和达标排放要求。监测因子见表 8-16。

表 8-16 常规监测因子及监测点位的确定

序 号	污染物项目	排放限值	污染物排放监控位置
1	总铬/(mg/L)	1.0	车间或生产设施废水排放口
2	六价铬/(mg/L)	0.2	车间或生产设施废水排放口
3	总镍/(mg/L)	0.5	车间或生产设施废水排放口
4	总镉/(mg/L)	0.05	车间或生产设施废水排放口
5	总银/(mg/L)	0.3	车间或生产设施废水排放口
6	总铅/(mg/L)	0.2	车间或生产设施废水排放口
7	总汞/(mg/L)	0.01	车间或生产设施废水排放口
8	总铜/(mg/L)	0.5	企业废水总排放口
9	总锌/(mg/L)	1.5	企业废水总排放口
10	总铁/(mg/L)	3.0	企业废水总排放口
11	总铝/(mg/L)	3.0	企业废水总排放口
12	pH 值	6～9	企业废水总排放口
13	悬浮物/(mg/L)	50	企业废水总排放口
14	化学需氧量(COD_{Cr})/(mg/L)	80	企业废水总排放口
15	氨氮/(mg/L)	15	企业废水总排放口
16	总氮/(mg/L)	20	企业废水总排放口
17	总磷/(mg/L)	1.0	企业废水总排放口
18	石油类/(mg/L)	3.0	企业废水总排放口
19	氟化物/(mg/L)	10	企业废水总排放口
20	总氰化物(以 CN—计,mg/L)	0.3	企业废水总排放口
单位产品基准排水量/(L/m^2(镀件镀层))	多层镀	250	排水量计量位置与污染物排放监控位置一致
	单层镀	100	

由于本监测方案的污水处理厂是镀镍废水，所以监测因子主要为表 8-16 中序号 3 和序号 12～20 的监测因子，同时监测废水排放量。单位产品基准排放量同样作为是否达标排放的要求。如果是其他电镀废水，根据废水水质情况，根据表 8-16 在序号 1～11 中选择监测因子。

(2) 特定目的监测：除了根据电镀污染物排放标准 GB 21900—2008 外，还要结合污染事故情况确定监测因子，同时结合是否外排，以及外排水体的污染情况进行监测。

4. 设计监测布点

监测点的布设应根据电镀污染物排放标准 GB 21900—2008 和地表水和污水监测技术规范 HJ/T 91 执行。对于本电镀废水的例行监测，监测点位的布设按照表 8-16 的要求选定，总镍在车间或生产设施废水排放口，其他监测因子在企业废水总排放口。

对于事故状态外排到水体的监测点位的布设：需要在排放口的上游 500 m 位置设对照截面，排污口下游一定距离设控制截面(一般在排污口附近和排污口下游 500 m)和削减截面(约排污口下游 1500 m)。

5. 合理安排采样时间和频率

对于常规例行采样，依据地表水和污水监测技术规范 HJ/T 91—2002 确定时间和频率，同时满足排污许可和环境管理要求。

对于事故监测采样，采样时间和频率要加密，直至排放地表水体恢复正常。

6. 监测分析方法的确定

监测分析方法的确定主要依据废水排放标准。本监测方案依据电镀污染物排放标准 GB 21900—2008。采用的相应分析方法见表 8-17。

表 8-17　各监测因子分析方法

序号	污染物项目	方法标准名称	方法标准编号
1	总铬	水质总铬的测定高锰酸钾氧化-二苯碳酰二肼分光光度法	GB/T 7466
2	六价铬	水质六价铬的测定二苯碳酰二肼分光光度法	GB/T 7467
3	总镍	水质镍的测定丁二酮肟分光光度法	GB/T 11910
3	总镍	水质镍的测定火焰原子吸收分光光度法	GB/T 11912
4	总镉	水质镉的测定二硫腙分光光度法	GB/T 7471
4	总镉	水质铜、锌、铅、镉的测定原子吸收分光光度法	GB/T 7475
5	总银	水质银的测定火焰原子吸收分光光度法	GB/T 11907
5	总银	水质银的测定镉试剂 2B 分光光度法	GB/T 11908
6	总铅	水质铅的测定二硫腙分光光度法	GB/T 7470
6	总铅	水质铜、锌、铅、镉的测定原子吸收分光光度法	GB/T 7475
7	总汞	水质汞的测定冷原子吸收分光光度法	GB/T 7468
7	总汞	水质汞的测定二硫腙分光光度法	GB/T 7469
8	总铜	水质铜的测定 2,9-二甲基-1,10-菲罗啉分光光度法	GB/T 7473
8	总铜	水质铜的测定——二乙基二硫氨基甲酸钠分光光度法	GB/T 7474

续表

序号	污染物项目	方法标准名称	方法标准编号
8	总铜	水质铜、锌、铅、镉的测定——原子吸收分光光度法	GB/T 7475
9	总锌	水质锌的测定——二硫腙分光光度法	GB/T 7472
9	总锌	水质铜、锌、铅、镉的测定——原子吸收分光光度法	GB/T 7475
10	总铁	水质铁的测定——火焰原子吸收分光光度法	GB/T 1191
10	总铁	水质总铁的测定——邻菲啰啉分光光度法(试行)	HJ/T 345
11	总铝	水质铝的测定——间接火焰原子吸收法	见附录 A
11	总铝	水质铝的测定——电感耦合等离子体发射光谱法	见附录 B
12	pH 值	水质 pH 值的测定——玻璃电极法	GB/T 6920
13	悬浮物	水质悬浮物的测定——重量法	GB/T 11901
14	化学需氧量	水质化学需氧量的测定——重铬酸钾法	GB/T 11914
15	氨氮	水质氨氮的测定——蒸馏和滴定法	GB/T 7478
15	氨氮	水质氨氮的测定——纳氏试剂比色法	GB/T 7479
15	氨氮	水质氨氮的测定——气相分子吸收光谱法	HJ/T 195
16	总氮	水质总氮的测定——碱性过硫酸钾消解分光光度法	GB/T 11894
16	总氮	水质总氮的测定——气相分子吸收光谱法	HJ/T 199
17	总磷	水质总磷的测定——钼酸铵分光光度法	GB/T 11894
18	石油类	水质石油类的测定——红外光度法	GB/T 16488
19	氟化物	水质氟化物的测定——氟试剂分光光度法	GB/T 7483
19	氟化物	水质氟化物的测定——离子选择电极法	GB/T 7484
19	氟化物	水质氟化物的测定——离子色谱法	HJ/T 84
20	总氰化物	水质氰化物的测定——硝酸银滴定法	GB/T 7486
20	总氰化物	水质氰化物的测定——异烟酸-吡唑啉酮比色法	GB/T 7487

说明:①测定暂无适用方法标准的污染物项目,使用附录所列方法,待国家发布相应的方法标准并实施后,停止使用;②方法标准要使用现行最新标准。

7. 确定采样和保存方法

监测样品的采集和保存根据 HJ 493—2016 水质样品的保存和管理技术规定执行。样品采集后应尽快测定,不能尽快测定的要采取一定的方式进行保存。

8. 实验室分析测定

按照表 8-17 中规定的分析方法进行分析测定。

测定过程主要包含以下内容。

(1) 化学药剂的配制和测定前的准备。

(2) 仪器设备的预热和校准。

(3) 仪器测定的内容包含药品的配制、校准曲线的绘制和样品的测定。

(4) 平行样和质控样品的测定。

注意:平行样和质控样品的监测,按照 HJ 630—2011 环境监测质量管理技术导则的要求执行,一般不少于 10%的平行样。

9. 数据处理

按照电镀污染物排放标准 GB 21900—2008 的监测浓度要求,对监测数据进行处理,主要包含各污染因子的排放浓度、单位产品基准排放量的计算,质控监测数据与质控要求的比较。

10. 制订质量保证程序、措施和方案的实施计划

按照 HJ 630—2011 环境监测质量管理技术导则制订从监测布点、取样监测到分析整个过程的质量保证程序和措施,保证监测数据的代表性、准确性、精密性和可比性。

11. 提出污染源监测综合评价报告

根据监测结果,对比电镀污染物排放标准 GB 21900—2008 进行分析。

(1) 分析各监测点位的污染因子是否满足达标排放的要求。

(2) 如果有不满足的情况,结合污染情况分析超标原因。

(3) 根据废水来源和污染治理情况提出改进措施。

六、实验注意事项

(1) 监测方案要完善。

(2) 监测点位的布设要满足监测目的和污染特性的要求。

(3) 采样容器要根据污染因子合理确定,采样前要清洗干净,对于需要采用药剂保存的水样一般在现场加保存剂。

(4) 采集平行样不少于样品数的 10%。

(5) 保证整个测定过程符合质量保证的要求。

七、思考题

(1) 对于特定目的的监测,监测因子和监测频率如何确定?

(2) 对于电镀废水的项目环评监测如何制订监测方案?

(3) 对于电镀废水的项目验收监测如何制订监测方案?

△实验十四 校园空气质量监测

一、实验目的

(1) 掌握空气环境质量标准的内容和相关的监测要求,以及如何根据监测结果评价环境质量。

(2) 掌握如何根据环境质量标准进行环境监测因子的确定,通过实验掌握大气环境质量常规环境监测因子的监测。

(3) 学习如何根据监测目的进行大气监测方案的制订。

二、实验内容

(1) 监测目的的确定。

(2) 现场资料的收集和调查。

(3) 监测方案的制订。

(4) 监测方案的实施。

三、* 大学校园现场资料的收集

本实验方案的制订以某大学校园大气环境质量监测为例，需要收集的资料如下。

(1) 校园地理位置、气候相关资料：收集所处区域地理位置（校园所处区域的地理位置及周边环境），地形地貌，气候气象，所属大气环境功能分区，校园周边及内部规划情况。

(2) 污染源调查：校园内部实验楼、食堂、锅炉等主要污染源的分布情况，以及主要污染源的种类和污染情况。校园周边一定区域内的工业污染源的情况，包括企业名称，主要产品，燃料类型，主要污染物治理设施，污染物排放情况与校园中心位置的距离和方位，特别注意当地主导风向上风向的污染源情况。校园周边主要交通干道分布及车流量情况。

(3) 环境质量的情况：校园所属区域国控监测点位大气污染情况，近几年的大气环境质量变化趋势和影响。

四、* 大学校园环境监测方案的制订

一个完整的监测方案包含以下内容：明确监测目的，进行调查研究，确定监测对象（因子），设计监测网点，合理安排采样时间和频率，选定采样和保存方法，选定分析测定技术，提出监测报告的基本要求，制订质量保证程序、措施和方案的实施计划，结合监测目的给出环境监测综合评价报告。

五、环境监测方案的实施

1. 明确监测目的

监测目的一般分为例行监测和特定目的监测。针对校园大气环境质量监测，在没有大气污染事故的情况下为例行监测，在有校园大气污染事件的时候为特定目的监测。

2. 调查研究

调查研究内容根据监测目的确定。

3. 确定监测对象（因子）

(1) 例行监测：根据环境空气质量标准 GB 3095—2012 中的监测因子确定，一般以基本项目为监测因子。基本项目监测因子主要包括：二氧化硫（SO_2）、二氧化氮（NO_2）、颗粒物（粒径不大于 10 μm）、颗粒物（粒径不大于 2.5 μm）、一氧化碳（CO）和臭氧（O_3）。

(2) 特定目的监测：除了根据环境空气质量标准 GB 3095—2012 中的监测因子确定外，还要结合污染具体情况，增加其他项目的监测因子。

4. 设计监测布点

监测点的布设应按照《环境空气质量监测规范（试行）》中的要求执行，主要根据环境功能区的情况，污染源的分布情况来确定。对于校园环境监测布点，一般主要考虑在教学区、宿舍区、食堂和实验区域布点。各监测点位的布设一般标注在平面图上。

5. 合理安排采样时间和频率

采样时间和频率的确定依据环境空气质量标准 GB 3095—2012，同时监测满足数据有效

性的规定。具体见表 8-18。

表 8-18　污染物监测时间和数据有效性的最低要求

污染物项目	平均时间	数据有效性规定
二氧化硫(SO_2)、二氧化氮(NO_2)、颗粒物(粒径不大于 10 μm)、颗粒物(粒径不大于2.5 μm)、氮氧化物(NO_x)	年平均	每年至少有 324 个日平均浓度值,每月至少有 27 个日平均浓度值(二月至少有 25 个日平均浓度值)
二氧化硫(SO_2)、二氧化氮(NO_2)、一氧化碳(CO)、颗粒物(粒径不大于 10 μm)、颗粒物(粒径不大于 2.5 μm)、氮氧化物(NO_x)	24 h 平均	每日至少有 20 h 平均浓度或采样时间
臭氧(O_3)	8 h 平均	每 8 h 至少有 6 h 平均浓度
二氧化硫(SO_2)、二氧化氮(NO_2)、一氧化碳(CO)、臭氧(O_3)、氮氧化物(NO_x)	1 h 平均	每小时至少有 45 min 的采样时间
总悬浮颗粒物(TSP)、苯并[a]芘(BaP)、铅(Pb)	年平均	每年至少有分布均匀的 60 个日平均浓度值,每月至少有分布均匀的 5 个日平均浓度值
铅(Pb)	季平均	每季至少有分布均匀的 15 个日平均浓度值,每月至少有分布均匀的 5 个日平均浓度值
总悬浮颗粒物(TSP)、苯并[a]芘(BaP)、铅(Pb)	24 h 平均	每日应有 24 h 的采样时间

6. 监测分析方法的确定

监测分析方法的确定主要依据环境空气质量标准 GB 3095—2012。如果是常规环境质量监测,采用的相应分析方法见表 8-19。

表 8-19　各监测因子分析方法

序号	污染物项目	分析方法	标准编号	自动分析方法
1	二氧化硫(SO_2)	环境空气二氧化硫的测定——甲醛吸收-副玫瑰苯胺分光光度法	HJ 482	紫外荧光法、差分吸收光谱分析法
1	二氧化硫(SO_2)	环境空气二氧化硫的测定——四氯汞盐吸收-副玫瑰苯胺分光光度法	HJ 483	紫外荧光法、差分吸收光谱分析法
2	二氧化氮(NO_2)	环境空气氮氧化物(一氧化氮和二氧化氮)的测定——盐酸萘乙二胺分光光度法	HJ 479	化学发光法、差分吸收光谱分析法
3	一氧化碳(CO)	空气质量一氧化碳的测定——非分散红外法	GB 9801	气体滤波相关红外吸收法、非分散红外吸收法

续表

序号	污染物项目	分析方法	标准编号	自动分析方法
4	臭氧(O_3)	环境空气臭氧的测定——靛蓝二磺酸钠分光光度法	HJ 504	紫外荧光法、差分吸收光谱分析法
4	臭氧(O_3)	环境空气臭氧的测定——紫外光度法	HJ 590	紫外荧光法、差分吸收光谱分析法
5	颗粒物(粒径不大于 10 μm)	环境空气 PM_{10} 和 $PM_{2.5}$ 的测定——重量法	HJ 618	微量振荡天平法、β射线法
6	颗粒物(粒径不大于 2.5 μm)	环境空气 PM_{10} 和 $PM_{2.5}$ 的测定——重量法	HJ 618	微量振荡天平法、β射线法
7	总悬浮颗粒物(TSP)	环境空气总悬浮颗粒物的测定——重量法	GB/T 15432	
8	氮氧化物(NO_x)	环境空气氮氧化物(一氧化氮和二氧化氮)的测定——盐酸萘乙二胺分光光度法	HJ 479	化学发光法、差分吸收光谱分析法
9	铅(Pb)	环境空气铅的测定——石墨炉原子吸收分光光度法(暂行)	HJ 539	
9	铅(Pb)	环境空气铅的测定——火焰原子吸收分光光度法	GB/T 15264	
10	苯并[a]芘(BaP)	空气质量飘尘中苯并[a]芘的测定——乙酰化滤纸层析荧光分光光度法	GB 8971	
10	苯并[a]芘(BaP)	环境空气苯并[a]芘的测定——高效液相色谱法	GB/T 15439	

7. 确定采样和保存方法

监测样品的采集根据表 8-19 中的样品采集和保存方法进行保存。

样品采集前要对采样仪器进行校准。采用滤膜等相关材料进行预处理。

在样品采集过程中必须同时记录气温、气压、风向、风速等相关气候条件,同时记录采样位置、采气流量和起始时间。采样记录表可参考表 8-20。

表 8-20　空气环境质量监测采样记录

采样点编号:________　采样点名称:________　污染物:________

采样日期	时间		采样号	采样温度/K	采样气压/kPa	采样流量/(L/min)	采气体积/L		天气状况
	开始	结束					现场	标态	

8. 实验室分析测定

按照表 8-19 中规定的分析方法进行分析测定。

测定过程主要包含以下内容。

(1) 仪器设备的预热和校准。

(2) 重量法测定时注意样品的平衡恒重。

(3) 仪器测定的内容包含药品的配制、校准曲线的绘制和样品的测定。

(4) 平行样和质控样品的测定。

注意:平行样和质控样品的监测,按照 HJ 630—2011 环境监测质量管理技术导则的要求执行,一般不少于10%的平行样。

9. 数据处理

按照环境空气质量标准 GB 3095—2012 的监测浓度要求进行处理,各污染因子的数据处理主要包含表 8-21 的内容。

表 8-21　环境空气基本项目浓度限值及统计时间要求

序号	污染物项目	平均时间	浓度限值		单位
			一级	二级	
1	二氧化硫(SO_2)	年平均	20	60	μg/m³
		24 h 平均	50	150	
		1 h 平均	150	500	
2	二氧化氮(NO_2)	年平均	40	40	
		24 h 平均	80	80	
		1 h 平均	200	200	
3	一氧化碳(CO)	24 h 平均	4	4	mg/m³
		1 h 平均	10	10	
4	臭氧(O_3)	日最大 8 h 平均	100	160	μg/m³
	臭氧(O_3)	1 h 平均	160	200	
5	颗粒物(粒径不大于 10 μm)	年平均	40	70	
	颗粒物(粒径不大于 10 μm)	24 h 平均	50	150	
6	颗粒物(粒径不大于 2.5 μm)	年平均	15	35	
	颗粒物(粒径不大于 2.5 μm)	24 h 平均	35	75	

10. 制订质量保证程序、措施和方案的实施计划

按照 HJ 630—2011 环境监测质量管理技术导则制订从监测布点、取样监测到分析整个过程的质量保证程序和措施,保证监测数据的代表性、准确性、精密性和可比性。

11. 提出大气环境监测综合评价报告

根据监测结果,对比环境空气质量标准 GB 3095—2012 进行分析。

(1) 分析各监测点位是否符合校园所属环境功能区的质量要求。

(2) 如果有不满足的情况,结合污染情况分析超标原因。

(3) 根据环境空气质量指数,分析校园大气环境质量的分质量指数,确定首要污染物。

六、注意事项及其他说明

1. 滤膜称重时的质量控制

取清洁滤膜若干张，在平衡室内平衡 24 h，称重。每张滤膜称 10 次以上，则每张滤膜的平均值为该张滤膜的原始质量，此为“标准滤膜”。每次称清洁或样品滤膜的同时，称量两张“标准滤膜”，若质量在原始质量±5 mg 范围内，则认为该批样品滤膜称量合格，否则应检查称量环境是否符合要求，并重新称量该批样品滤膜。

2. 注意事项

(1) 测量时要经常检查采样头是否漏气。当滤膜上颗粒物与四周白边之间的界线逐渐模糊，则表明应更换面板密封垫。

(2) 称量不带衬纸的聚氯乙烯滤膜时，在取放滤膜时，用金属镊子触一下天平盘，以消除静电的影响。

(3) 采集平行样不少于样品数的 10%。

(4) 保证整个测定过程符合质量保证的要求。

七、思考题

(1) 对于特定目的监测，监测因子和监测频率如何确定？

(2) 如何检查滤膜是否破损？

(3) 对于基本监测项目的日均浓度的监测，各监测因子的监测时间不少于多长时间？

△实验十五　城市道路交通噪声测量

城市声环境常规监测也称例行监测，是指为掌握城市声环境质量状况，环境保护部门所开展的区域声环境监测、道路交通声环境监测和功能区声环境监测(分别简称：区域监测、道路交通监测和功能区监测)。本实验监测方案的制订以武汉科技大学旁边主干道和平大道为例，学习对主干道进行道路交通噪声监测。

一、实验目的

道路交通噪声反映道路交通噪声源的噪声强度，对交通噪声进行监测的主要目的如下。

(1) 分析道路交通噪声声级与车流量、路况等的关系及变化规律，分析城市道路交通噪声的变化规律和变化趋势。

(2) 加深对道路交通噪声特征的理解。

(3) 掌握等效连续声级和累计百分数声级的概念。

(4) 掌握城市环境噪声——道路交通噪声监测的方法。

(5) 学会根据监测结果对道路交通噪声进行统计分析和评价。

二、实验原理

道路交通噪声是城市环境噪声的主要声源之一，城市交通干线两旁噪声来源复杂，主要有发动机噪声、汽车排气噪声、轮胎路面摩擦噪声等，其声场复杂，本实验中采用等效连续 A 声级及累计百分数声级对测量的噪声进行度量。

每个监测点位的等效连续 A 声级 L_{eq} 的计算公式如下：

$$L_{eq} = 10\lg\left(\frac{1}{N}\sum_{i=1}^{N} 10^{0.1L_{A_i}}\right) \tag{8-26}$$

式中：L_{eq}——等效连续声级；

N——测试数据个数；

L_{A_i}——第 i 个 A 计权声级。

累计百分数声级 L_n 表示在测量时间内高于 L_n 声级所占的时间百分比。对于统计特性符合正态分布的噪声，其累计百分数声级与等效连续 A 声级之间存在下述关系：

$$L_{eq} \approx L_{50} + \frac{(L_{10}-L_{90})^2}{60} \tag{8-27}$$

式中：峰值声级（L_{10}）——在测量时段内，有 10％的时间超过的噪声级，即峰值噪声级，是对人干扰较大的声级，也是交通噪声常用的评价值。

平均声级（L_{50}）——在测量时段内，有 50％的时间超过的噪声级，即中值噪声级。

本底声级（L_{90}）——在测量时段内，有 90％的时间超过的噪声级，即本底噪声级。

等效声级（L_{eq}）——用测量时段内间歇暴露的几个 A 声级表示该时段内的噪声大小，是声级能量的平均值。

三、实验仪器

HS5920 噪声监测仪、声校准器、声级记录仪、三脚架、经纬度定位仪。

四、基础资料的收集

(1) 收集道路的规划情况，周围环境敏感点的分布情况（道路规划和城市规划图），以及与交通道路的距离。

(2) 收集道路的车流量、车类型等相关资料，道路等级、道路宽度和路面结构，以及周边的噪声防护情况。

基础资料收集按照表 8-22 填写。

表 8-22　道路交通噪声环境监测点位信息基础表

监测点位：

测点代码	测点名称	测定经度	测点纬度	测点参照物	街道名称	路段起始点	路段长度/m	路段宽度/m	道路等级	备注

五、实验步骤

1. 监测布点选择

(1) 监测布点原则。

① 能反映城市建成区内各类道路（城市快速路、城市主干路、城市次干路、含轨道交通走廊的道路及穿过城市的高速公路等）交通噪声排放特征。

② 能反映不同道路特点(考虑车辆类型、车流量、车辆速度、路面结构、道路宽度、敏感建筑物分布等)交通噪声排放特征。

③ 道路交通噪声监测点位数量:巨大、特大城市≥100 个;大城市≥80 个;中等城市≥50 个;小城市≥20 个。(按市区常住人口,巨大城市为大于 1000 万人,特大城市为 300 万～1000 万人,大城市为 100 万～300 万人,中等城市为 50 万～100 万人,小城市为不大于 50 万人。)一个测点可代表一条或多条相近的道路。根据各类道路的长度比例分配点位数量。

(2) 具体监测布点。

测点选在路段两路口之间,距任一路口的距离大于 50 m,测点位于人行道上距路面(含慢车道)20 cm 处,路段不足 100 m 的选路段中点,监测点位高度距地面为 1.2 m。测点应避开非道路交通源的干扰,传声器指向被测声源。

结合武汉科技大学青山校区旁边的和平大道的情况,设置了三个测量地点:和平大道武汉科技大学大门口、建设一路十字口、红钢城路口和八大家路口附近,位置满足上述要求。

2. 交通噪声的测定

每个测点按等时间间隔(取 5 s),读取各时间间隔内 A 声级。在测量开始时同时进行车辆计数,连续测量 100 个数据。每个测点测量 20 min 等效声级 L_{eq},记录累积百分声级 L_{10}、L_{50}、L_{90}、L_{max}、L_{min}和标准偏差,分类(大型车、中小型车)记录车流量。

监测数据记录和统计按照表 8-23 填写。

表 8-23 道路交通噪声环境监测记录表

测点位置	月	日	时	分	L_{eq}	L_{10}	L_{50}	L_{90}	L_{min}	L_{max}	标准差	车流量(辆/min)		备注
												大型车	中小型车	

六、数据记录与处理

1. 数据记录

根据表 8-23 监测记录结果进行统计,统计按照表 8-24 填写。

表 8-24 道路交通噪声环境监测结果统计表

测点位置	月	日	时	分	L_{eq}	L_{10}	L_{50}	L_{90}	L_{min}	L_{max}	标准差	车流量(辆/min)		备注
												大型车	中小型车	

注:时间是指测定开始时间。

2. 数据处理

将道路交通噪声监测的等效声级采用路段长度加权算术平均法,按式(8-28)计算城市道路交通噪声平均值。

$$\overline{L} = \frac{1}{l}\sum_{i=1}^{n}(l_i \cdot L_i) \tag{8-28}$$

式中：$\overline{L}$——道路交通昼间平均等效声级(L_d)或夜间平均等效声级(L_n)，dB(A)；

l——监测的路段总长，m；

l_i——第 i 测点代表的路段长度，m；

L_i——第 i 测点测得的等效声级，dB(A)。

3. 道路交通噪声平均值的强度级别按表 8-25 进行评价

表 8-25　道路交通噪声强度等级划分　　单位：dB(A)

等　　级	一级	二级	三级	四级	五级
昼间平均等效声级(L_d)	≤68.0	68.1～70.0	70.1～72.0	72.1～74.0	>74.0
夜间平均等效声级(L_n)	≤58.0	58.1～60.0	60.1～62.0	62.1～64.0	>64.0

道路交通噪声强度等级“一级”至“五级”可分别对应评价为“好”、“较好”、“一般”、“较差”和“差”。

七、注意事项

(1) 测量仪器精度为 2 型及 2 型以上的积分平均声级计或环境噪声自动监测仪器，其性能需符合 GB 3785 和 GB/T 17181 的规定，并定期校验。测量前后使用声校准器校准测量仪器的示值偏差不得大于 0.5 dB，否则测量无效。声校准器应满足 GB/T 15173 对 1 级或 2 级声校准器的要求。测量时传声器应加防风罩。

(2) 噪声测量仪器在每次测量前后应在现场用声校准器进行声校准，其前、后校准示值偏差不应大于 0.5 dB，否则测量无效。测量需使用延伸电缆时，应将测量仪器与延伸电缆一起进行校准。

(3) 测量应在无雨雪、无雷电天气，风速 5 m/s 以下时进行。

八、思考题

(1) 测量道路交通噪声时应注意哪些问题？

(2) 你监测的路段是否超过了交通噪声标准？如测量结果超标，应采取什么措施进行降噪处理？

(3) 可否以所测路段的噪声代表该城市部分街道的噪声水平？

(4) 道路两旁的噪声分布符合什么规律？

第九章　环境仿真实验

计算机仿真技术是利用计算机图形技术来模拟实际生产过程，通过在屏幕上创建一个仿真的生产过程，并人为地设置一些生产中常见的非正常情况和生产故障，使学生在模拟的工业控制键盘上对生产的全过程或部分过程进行控制，达到操作训练的目的。仿真技术已成为现场实习教学的有效扩展和延伸，学生不仅可以通过现场参观来熟悉实际生产装置的布置和设备构造，还可以在仿真操作中反复练习工艺操作过程，特别是可以在人为设置的工艺条件下进行系统开停车、工艺条件的调整、工艺和设备故障的处理等操作。在实际装置上，这是不可能由实习学生进行操作的。而且，系统设有评分系统，教师可以通过教师工作站对每位学生的操作情况进行随时监测。在每次操作结束后，系统可以自动对每位学生的操作进行评定。

实验一　城市污水 A^2/O 工艺仿真实验

一、实验目的

通过在仿真操作中反复练习工艺操作过程，调试水处理单元各项参数，了解并掌握污水处理厂的工艺流程、设计方法和基本运行参数，实现水处理系统的正常运行。

(1) 了解常规城市污水处理厂的处理工艺及处理规模。

(2) 掌握如何根据排放水体环境和环境管理要求，如何确定排放要求和确定处理工艺。

(3) 掌握 A^2/O 的脱氮除磷原理，以及如何控制运行参数。

二、实验原理

1. 城市污水简介

城市污水即城市地区范围排入市政管网内的生活污水、工业废水或雨水，一般由城市管渠汇集并经过城市污水处理厂进行处理后排入水体。城市污水中含有大量有机物及病菌、病毒，而且由于工业的高度发展，工业废水的水质日趋复杂，导致城市污水含有各种类型的有毒、有害污染物。因此，在排放前必须对城市生活污水进行物理、化学和生物处理，使出水水质达到国家规定的排放标准。污水的物理处理法的去除对象是漂浮物和悬浮物质，处理方法包括筛滤截留法（设备有筛网、格栅、微滤机等）、重力分离法（设备有沉砂池、沉淀池、A^2/O 池等）、离心分离法（设备有离心机、旋流分离器等）等。城市生活污水一般经过二级生物处理后达标排放，或经过深度处理后用作杂用水再利用。二级生物处理的主体工艺一般为活性污泥法、氧化沟或 A^2/O 等。

2. A^2/O 原理简介

A^2/O 工艺是 anaerobic-anoxic-oxic 的英文缩写，它是厌氧-缺氧-好氧生物脱氮除磷工艺的简称。如图 9-1 所示，该工艺在厌氧-好氧除磷工艺（AO）的基础上加入缺氧池，将好氧池流出的一部分混合液回流至缺氧池前端，以

A^2/O工艺

达到脱氮的目的。在厌氧池中，原污水和从二沉池的混合液回流的含磷污泥同步进入，本段主要功能为释放磷，使污水中磷的浓度升高，溶解性有机物被微生物细胞吸收，从而使污水中 BOD_5 浓度下降；另外，NH_3-N 因细胞的合成而被去除一部分，使污水中 NH_3-N 浓度下降，但 NO_3^--N 含量没有变化。在缺氧池中，反硝化菌利用污水中的有机物作碳源，将回流混合液中带入的大量 NO_3^--N 和 NO_2^--N 还原为 N_2 释放至空气，因此 BOD_5 浓度下降，NO_3^--N 浓度也大幅度下降，而磷的变化很小。在好氧池中，有机物因为被微生物生化降解而继续下降，有机氮被硝化，使 NH_3-N 浓度显著下降，但随着硝化过程进行，NO_3^--N 浓度增加，磷随着聚磷菌的过量摄取也较快地下降。整个工艺的关键在于混合液回流，由于回流液中的大量硝酸盐回流到缺氧池后，可以从原污水得到充足的有机物，使反硝化脱氮得以充分进行，有利于降低出水的硝酸氮，同时也可以解决利用微生物的内源代谢物质作为碳源的碳源不足问题，改善出水水质。总的来说，A^2/O 工艺通过利用微生物在不同环境条件下具有不同功能的特性，在厌氧、缺氧条件下，提高了对 COD 的去除率，同时具有去除有机物、硝化脱氮脱磷等功能。

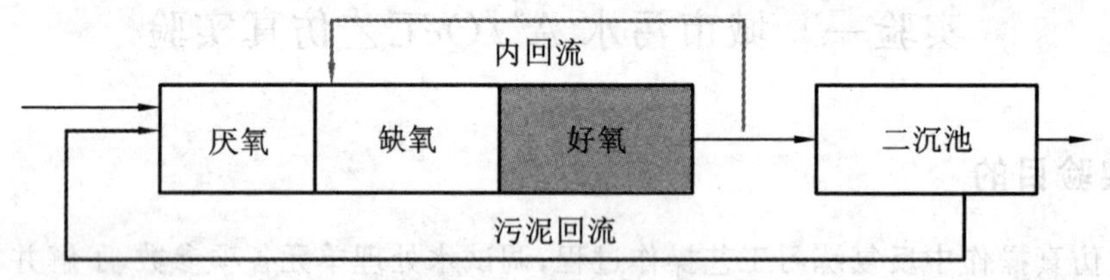

图 9-1 A^2/O 工艺简图

三、实验仪器

计算机、东方仿真水处理 A^2/O 工艺仿真软件。

四、装置流程说明

城市污水主要采用 A^2/O 工艺进行处理。在本仿真实验中 A^2/O 工艺污水处理量为 25000 m^3/d，原污水水质见表 9-1，处理厂出水水质达到《城镇污水处理厂污染物排放二级标准(GB 18918—2002)》，标准见表 9-2。

表 9-1 原污水水质

水质指标	COD_{cr}	BOD_5	悬浮物(SS)	氨氮(以 N 计)	总磷	总氮	pH 值
浓度/(mg/L)	400	160	125	28	5	45	6～9

表 9-2 处理厂出水水质标准(括号外数值为水温＞12 ℃；括号内数值为水温≤12 ℃)

水质指标	COD_{cr}	BOD_5	悬浮物(SS)	氨氮(以 N 计)	总磷	总氮	pH 值
浓度/(mg/L)	60	20	20	8(15)	1	20	6～9

城市污水 A^2/O 工艺可分为一级处理和二级处理。一级处理包括格栅及提升泵房、沉砂

池、调节池、初沉池；二级处理采用 A^2/O 工艺。图 9-2 为污水处理厂 A^2/O 工艺总流程界面。

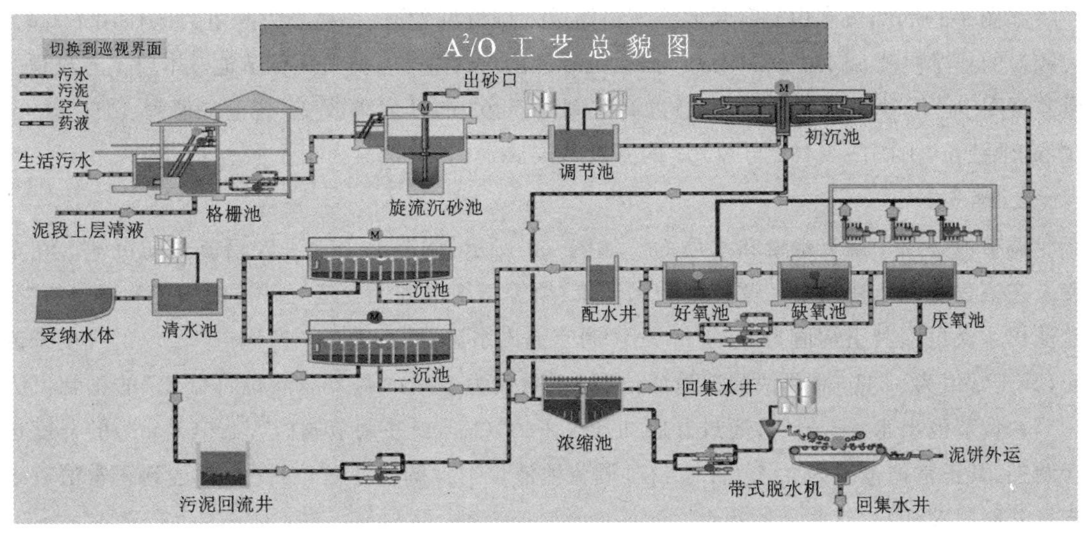

图 9-2　污水处理厂 A^2/O 工艺总流程界面

1. 粗格栅及提升泵房

如图 9-3 所示，待处理的污水首先进入粗格栅，粗格栅将污水中的大块污物拦截下来，防止堵塞后续单元的机泵和工艺管道。经粗格栅处理的污水进入提升泵房，提升泵将进水提升至后续处理单元所要求的高度，使其实现重力自流。提升泵房出来的流水进入细格栅。本段工艺流程变量监视图中，“粗格栅进水流量”可通过调节阀门 V401 的开度来改变，其正常值为 1041 m^3/h；“提升泵房液位”可通过调节阀门 V402 的开度来改变，其正常值为 0.9 m；调节“格栅池栅后液位百分比”需要在格栅泵房控制面板内启动格栅，数值随时间变化而逐渐上升，其正常值为 70%；调节“提升泵房液位”需要在格栅泵房控制面板内启动提升泵，数值随时间变化而逐渐上升，其正常值为 0.9 m。

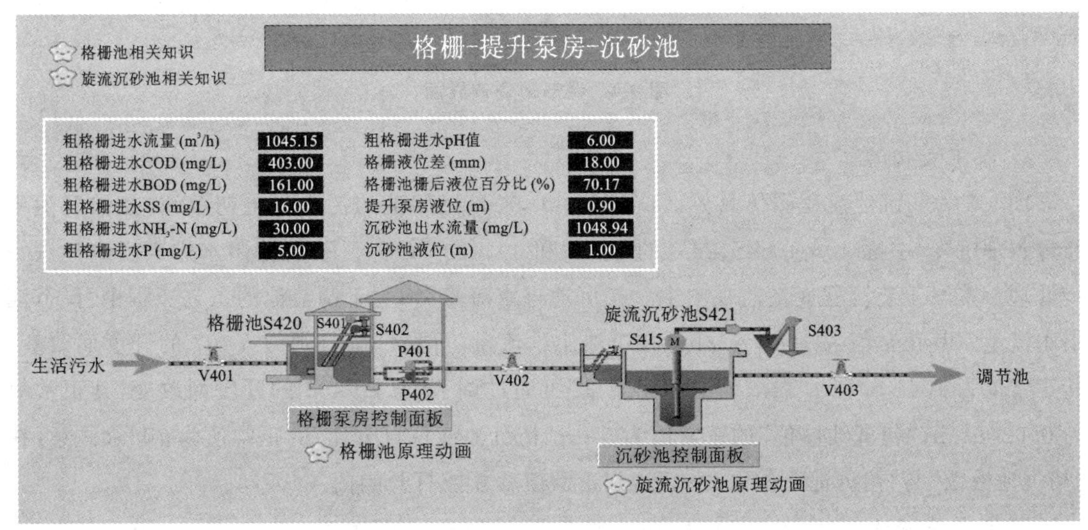

图 9-3　粗格栅、提升泵房、细格栅及旋流沉砂池界面

2. 细格栅及旋流沉砂池

如图 9-3 所示，流水由提升泵流经细格栅进入旋流沉砂池，在离心力和重力的作用下，部分大颗粒的悬浮颗粒 SS 从污水中沉淀分离，沉砂池出水由重力自流进入调节池。本段工艺流程变量监视图中，“沉砂池出水流量”可通过调节阀门 V403 的开度来改变，其正常值为 1041 m^3/h；“沉砂池液位”由阀门 V402 与 V403 的开度共同决定，其正常值为 1 m。

3. 调节池

调节池是用于调节水量和水质的。如图 9-4 所示，调节池出水进入辐流式初沉池。在本段工艺流程变量监视图中，“调节池进水流量”须等于细格栅及旋流沉砂池的工艺流程中的“沉砂池出水流量”，其正常值为 1041 m^3/h；“调节池出水流量”可通过调节阀门 V404 的开度来改变，其正常值为 1041 m^3/h；“调节池液位”的正常值为 5 m；“调节池液位百分比”的正常值为 70%；“调节池出水 pH 值”可通过开启加药泵 P403(P404)并调节阀门 V405(V406)的开度进行调控，其正常值范围为 6～9(注意：在“调节池液位”与“调节池液位百分比”达到正常值后才能打开阀门 V404)。

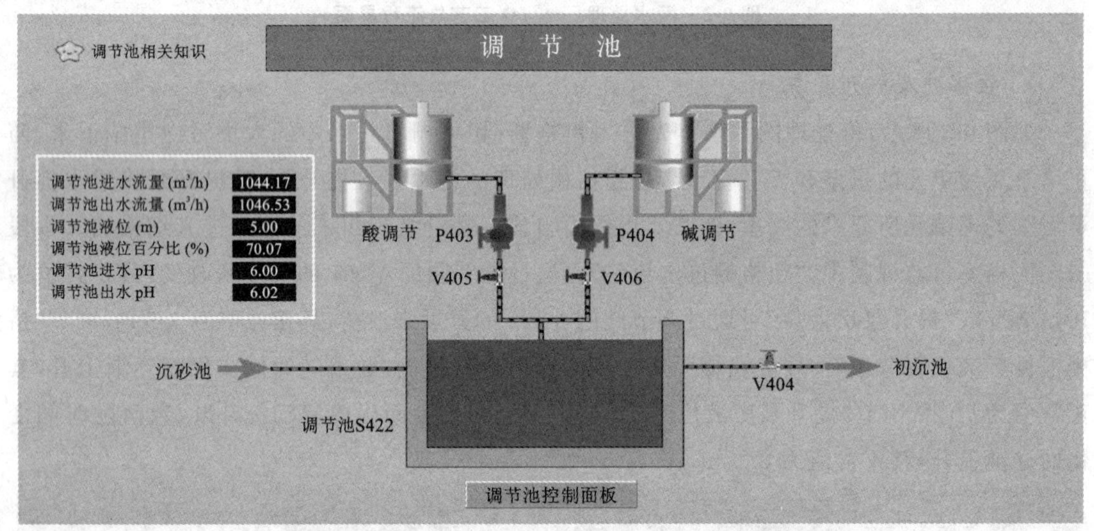

图 9-4　调节池调节界面

4. 辐流式初沉池

图 9-5 为初沉池流程图仿真界面，可以看到，来自沉砂池的污水进入初沉池，在初沉池中通过物理沉降，去除 40%的 SS、25%的 BOD_5 和 30%的 COD_{cr}。初沉池出水进入反应池进一步处理。本段工艺流程变量监视图中，“初沉池进水流量”须等于调节池的工艺流程中“调节池出水流量”，其正常值为 1041 m^3/h；“初沉池出水流量”可通过调节阀门 V407 的开度而改变，其正常值为 1041 m^3/h；“去浓缩池污泥流量”可通过调节阀门 V408 的开度而改变，其正常值为 0.02 m^3/h；“初沉池液位”的正常值为 5 m；“初沉池液位百分比”的正常值为 70%(注意：在“初沉池液位”与“初沉池液位百分比”达到正常值后才能打开阀门 V407)。

5. 厌氧反应池

如图 9-6 所示，在厌氧池中，污水与从二沉池的混合液回流的含磷污泥同步注入，本段主

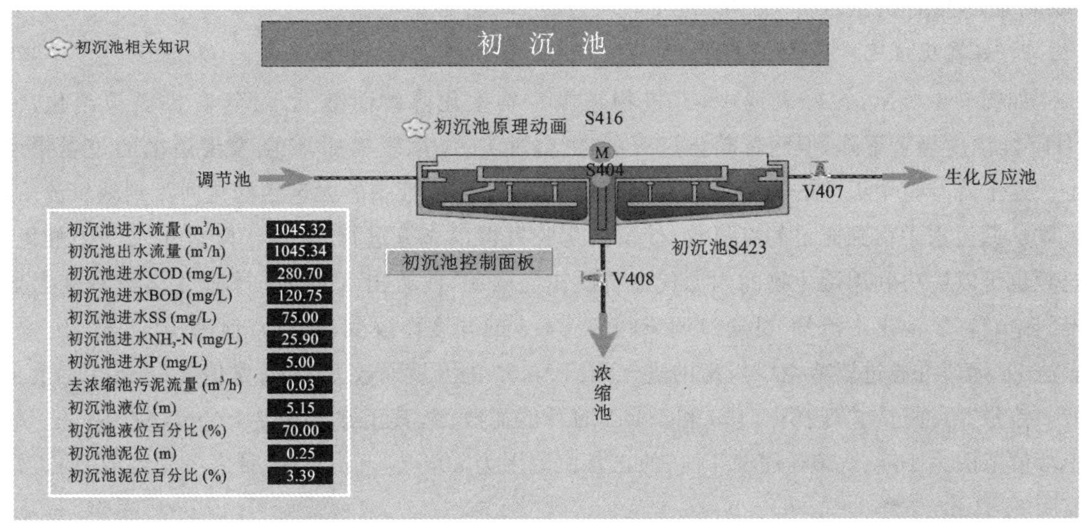

图 9-5　辐流式初沉池界面

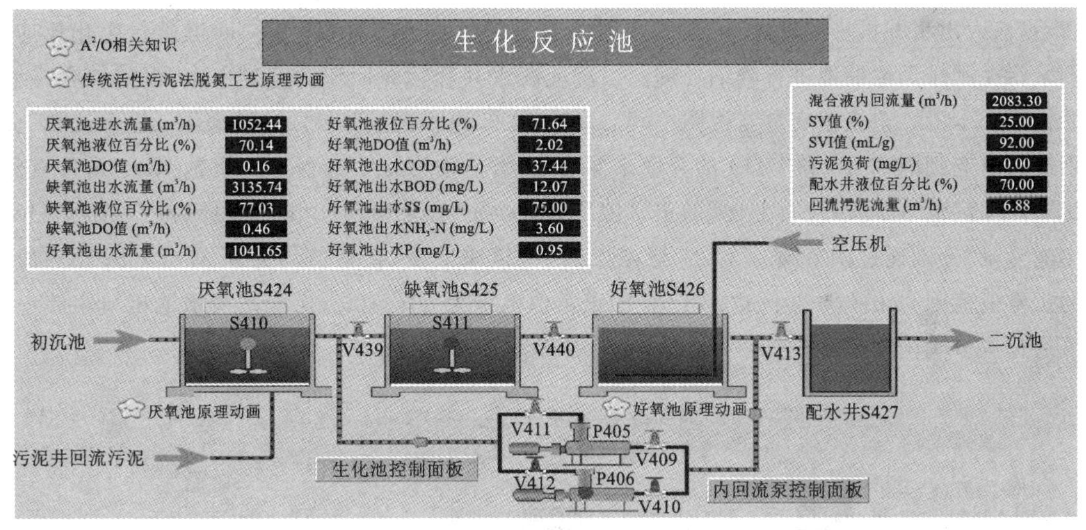

图 9-6　生化反应池界面

要功能为释放磷，使污水中磷的浓度升高，溶解性有机物被微生物细胞吸收而使污水中 BOD_5 浓度下降；另外，NH_3-N 因细胞的合成而被去除一部分，使污水中 NH_3-N 浓度下降，但 NO_3^--N 含量没有变化。本段工艺流程变量监视图中，“厌氧池出水流量”可通过调节阀门 V439 的开度而改变，其正常值为 1041 m^3/h；“厌氧池液位百分比”的正常值为 70%；“厌氧池 DO 值”的正常值<0.2 mg/L。

6. 缺氧反应池

如图 9-6 所示，在缺氧反应池中，反硝化菌利用污水中的有机物作碳源，将回流混合液中带入的大量 NO_3^--N 和 NO_2^--N 还原为 N_2 释放到空气中，因此 BOD_5 浓度继续下降，NO_3^--N 浓度大幅度下降，但磷的变化很小。本段工艺流程变量监视图中，“缺氧池出水流量”可通过调节阀门 V440 的开度而改变，其正常值为 3123 m^3/h；“缺氧池液位百分比”的正常值为 70%；

“缺氧池 DO 值”的正常值<0.5 mg/L。

7. 好氧反应池

如图 9-6 所示，在好氧池中，有机物被微生物生化降解而继续下降，有机氮被硝化，使 NH_3-N 浓度显著下降，但随着硝化过程的进行，NO_3^--N 浓度增加，P 随着聚磷菌的过量摄取也快速下降。整个工艺的关键在于混合液回流，由于回流液中的大量硝酸盐回流到缺氧池后，可以从原污水中得到充足的有机物，使反硝化脱氮得以充分进行，有利于降低出水的硝酸氮，同时也可以解决利用微生物的内源代谢物质作为碳源，改善出水水质。本段工艺流程变量监视图中，“好氧池出水流量”可通过调节阀门 V413 的开度而改变，其正常值为 1041 m^3/h；“好氧池 DO 值”可通过调节空压机房的进气阀门 V464 的开度而改变，其正常值>2 mg/L；“混合液回流量”可通过调节阀门 V409 和 V411 的开度而改变，其正常值为 2082 m^3/h；“SV 值”的正常值范围为 15%～30%；“SVI 值”的正常值范围为 80～100 mL/g；“回流污泥流量”的正常值为 6.87 m^3/h。

8. 辐流式二沉池

如图 9-7 所示，从曝气池流出的混合液在二沉池进行泥水分离，上清液进入清水池消毒处理后，流入出水井再排放；沉淀下来的污泥一部分经污泥回流井（图 9-8）回流进行生化反应，剩余污泥则排到浓缩池进行浓缩处理。二沉池配水井和污泥回流井起到了水、泥的储存和缓冲作用。本段工艺流程变量监视图中，“二沉池 S428 进水流量”和“二沉池 S429 进水流量”分别通过改变阀门 V418 和 V419 的开度来调节，正常值均为 520 m^3/h；“二沉池 S428 水位百分比”和“二沉池 S429 水位百分比”的正常值均为 70%；“二沉池 S428 出泥流量”和“二沉池 S429 出泥流量”分别通过调节阀门 V421 与 V422 的开度来改变，正常值均为 6.87 m^3/h；“SV 值”的正常值范围为 15%～30%；“SVI 值”的正常值范围为 80～100 mL/g；“清水池出口水流量”可通过调节阀门 V436 的开度来改变，其正常值为 1041 m^3/h。

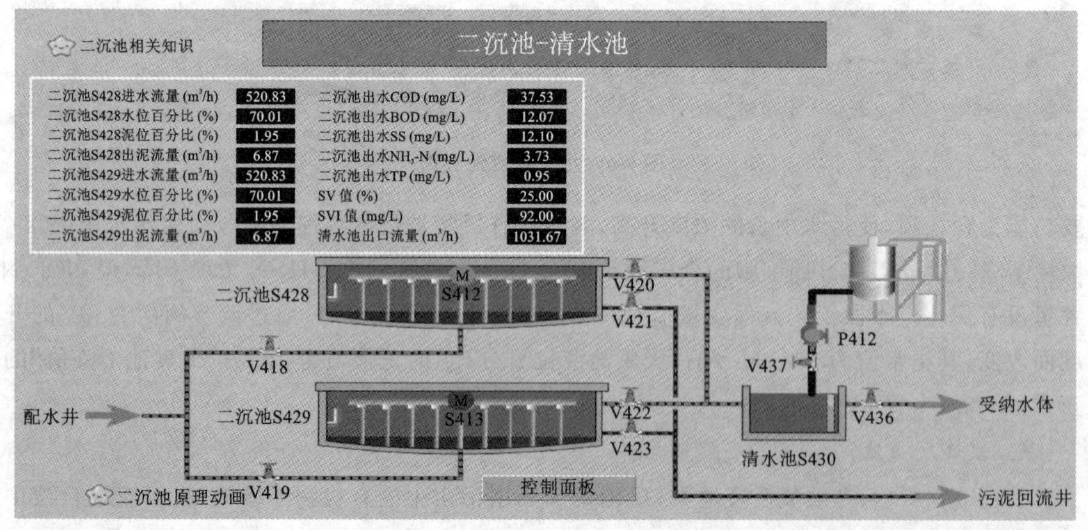

图 9-7 二沉池-清水池界面

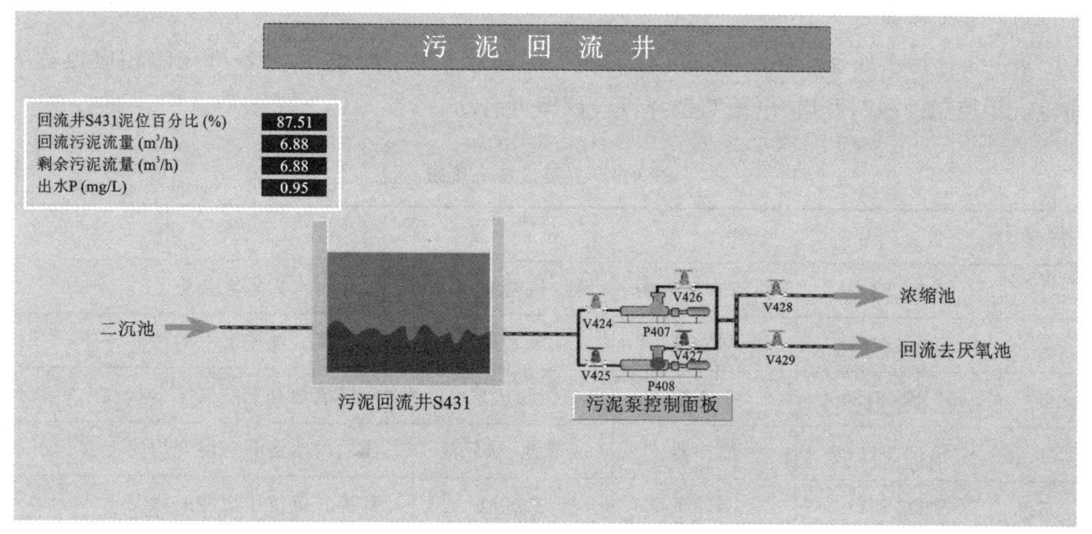

图 9-8　污泥回流井界面

9. 浓缩池

污泥浓缩池

如图 9-9 所示，来自 A^2/O 池的污泥在浓缩池中进行浓缩，浓缩池上清液经溢流管溢流后通过重力自流回到粗格栅，污泥则由提升泵送至脱水机房。

10. 脱水机房

脱水机

如图 9-9 所示，来自浓缩池的污泥在脱水机房中进行脱水、稳定处理和最终处置，滤饼外运，污泥脱水经重力自流至厂区污水管(或污水处理厂最前方格栅井)。本段工艺流程变量监视图中，“脱水机房泥饼含水率”的正常范围为 80%～85%。

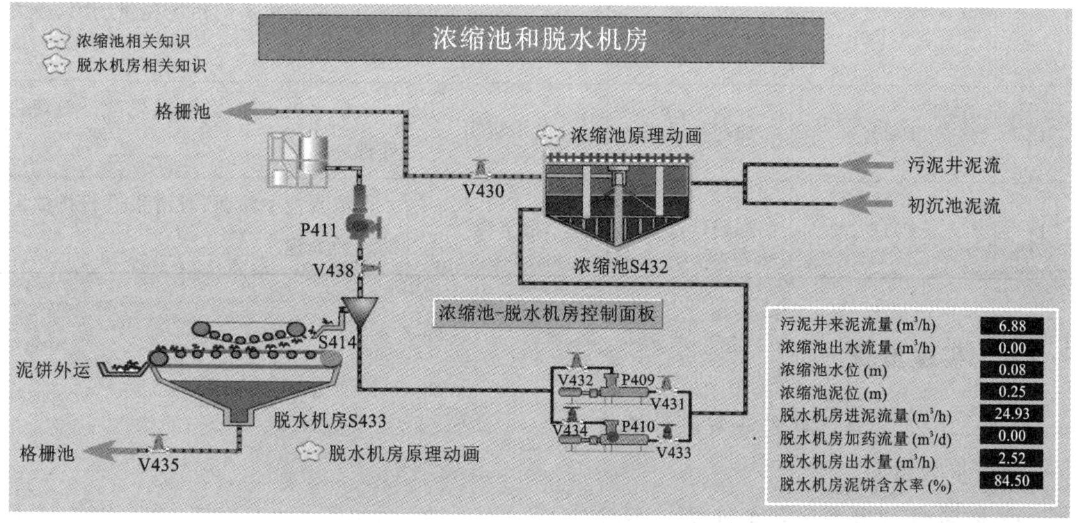

图 9-9　浓缩池及脱水机房

11. 主要设备

表 9-3 是污水处理厂 A^2/O 工艺中的主要设备相关说明。进入设备所在的相应流程界面,点击“控制面板”,开启“电源”,选择“运行”即可启动。

表 9-3　主要设备一览表

序号	位　　号	名　　称	位　　置	说　　明
1	S401、S402	回转式粗格栅	格栅池	去除污水大颗粒杂质
2	S403、S404	刮砂机	沉砂池	刮掉沉砂池中沉淀的污泥
3	S407、S408、S409	空压机	空压机房	向好氧池补充空气
4	S410、S411	搅拌器	厌氧池、缺氧池	使池内溶液和药混合均匀
5	S412、S413	刮砂机	二沉池	刮掉二沉池中沉淀的污泥
6	S414	压滤机	脱水机房	污泥脱水
7	S415	吸砂机	沉砂池	吸出沉砂池中沉淀的污泥
8	P401、P402	提升泵	提升泵房	为经粗格栅过滤的污水提供压力,使之进入沉砂池
9	P403、P404	加药计量泵	调节池	向调节池中加入酸(碱)液,以调节污水的 pH 值
10	P405、P406	内回流泵	生化反应池	使好氧池出水回流至厌氧池,形成内循环
11	P407、P408	污泥回流泵	污泥回流井	为回流井出泥提供动力,使二沉池出泥部分回流至厌氧池,部分去浓缩池
12	P409、P410	污泥泵	污泥浓缩池	为去脱水机房的污泥提供动力,使之到脱水机房
13	P411	加药计量泵	脱水机房	向脱水机房加药,对污泥进行稳定化处理
14	P412	加药计量泵	清水池	向清水池中加药,对清水进行排放前的最后处理

五、实验步骤

1. A^2/O 工艺仿真软件正常运行操作

操作步骤如下。

1) 格栅池-提升泵房开车过程

(1) 半开格栅池入口阀门 V401,向格栅池进水。

(2) 控制格栅池进水流量为 1041 m^3/h。

(3) 进水稳定后，启动格栅 S401(或启动格栅 S402)。

(4) 当格栅池栅后液位百分比达到 70%左右时，启动提升泵 P401，向提升泵房进水(或启动提升泵 P402，向提升泵房进水)。

2) 沉砂池开车过程

(1) 待提升泵房液位接近 0.9 m 时，半开提升泵房出水阀门 V402，向旋流沉砂池进水。

(2) 当旋流沉砂池中有 50%以上的液位(大于 0.9 m)时，启动旋流沉砂池吸砂机 S415。

(3) 启动旋流沉砂池刮砂机。

(4) 当旋流沉砂池液位接近 1 m 时，半开旋流沉砂池出口阀门 V403。

(5) 控制旋流沉砂池出水流量等于粗格栅进水流量(1041 m^3/h)。

3) 调节池开车过程

(1) 当调节池液位接近 50%时，半开调节池出水阀门 V404，向初沉池进水。

(2) 控制调节池出水流量等于 1041 m^3/h。

4) 初沉池开车过程

(1) 当初沉池液位接近 50%时，启动初沉池撇渣机，启动初沉池刮泥机。

(2) 设置刮泥机行车速度 5 m/min。

(3) 半开初沉池出口阀门 V407，向生化池进水。

(4) 控制初沉池出水流量等于 1041 m^3/h。

5) 厌氧池开车过程

(1) 当厌氧池液位接近 50%时，启动厌氧池搅拌器。

(2) 当厌氧池液位接近 50%时，半开厌氧池出水阀门 V439，向缺氧池进水。

(3) 控制厌氧池出水流量等于 1041 m^3/h。

6) 缺氧池开车过程

(1) 当缺氧池液位接近 50%时，启动缺氧池搅拌器。

(2) 当缺氧池液位接近 50%时，半开缺氧池出口阀门 V440，向好氧池进水。

(3) 控制缺氧池出水流量等于 3126 m^3/h。

7) 好氧池开车过程

(1) 当好氧池液位接近 30%时，半开空压机 S407 的进口阀门 V444。

(2) 半开空压机 S407 出口阀门 V415。

(3) 启动空压机 S407，调空压机 S407 转速中速。

(4) 半开空压机 S408 入口进口阀门 V445。

(5) 半开空压机出口阀门 V416。

(6) 启动空压机 S408，调空压机 S408 转速为中速。

(7) 待好氧池液位接近 50%时，打开好氧池出口去配水井的阀门 V413，向配水井进水。

(8) 控制好氧池出水流量等于 1041 m^3/h。

(9) 全开生化池回流泵 P405 前阀 V409。

(10) 启动生化池回流泵 P405。

(11) 半开生化池回流泵 P405 后阀 V411。

(12) 控制混合液内回流流量等于 2082 m^3/h。

(13) 待配水井液位接近 50%时,半开二沉池 S428 进口阀门 V418,向二沉池进水。

(14) 控制二沉池 S428 进水流量等于 521 m^3/h。

(15) 待配水井液位接近 50%时,半开二沉池 S429 进口阀门 V419,向二沉池进水。

(16) 控制二沉池 S429 进水流量等于 521 m^3/h。

8) 二沉池开车过程

(1) 待二沉池 S428 液位接近 50%时,启动二沉池刮泥机 S412。

(2) 待二沉池 S429 液位接近 50%时,启动二沉池刮泥机 S413。

(3) 待二沉池 S428 液位接近 50%时,半开二沉池 S428 的出水阀门 V420,向清水池进水。

(4) 控制二沉池 S428 水位百分比等于 70%。

(5) 待二沉池 S429 液位接近 50%时,半开二沉池 S429 的出水阀门 V422,向清水池进水。

(6) 控制二沉池 S429 水位百分比等于 70%。

(7) 待二沉池 S428 有一定泥位时,半开二沉池出泥阀门 V421,向污泥回流井进泥。

(8) 待二沉池 S429 有一定泥位时,半开二沉池出泥阀门 V423,向污泥回流井进泥。

9) 污泥回流井开车过程

(1) 半开污泥回流井去浓缩池阀门 V428。

(2) 半开污泥回流井去厌氧池阀门 V429。

(3) 待污泥回流井有一定泥位时,全开污泥回流泵 P407 前阀 V424(或开污泥回流泵 P408 前阀 V425)。

(4) 启动污泥回流泵 P407(启动污泥回流泵 P408)。

(5) 半开污泥回流泵 P407 后阀 V426(半开污泥回流泵 P408 后阀 V427)。

10) 浓缩池开车过程

(1) 待污泥浓缩池有一定水位后,打开浓缩池至格栅池出口阀门 V430,向格栅池进水。

(2) 全开污泥泵 P409 前阀 V431(或全开污泥泵 P410 前阀 V433)。

(3) 启动污泥泵 P409,向脱水机房进泥(启动污泥泵 P410,向脱水机房进泥)。

(4) 半开污泥泵 P409 后阀 V432(半开污泥泵 P410 后阀 V434)。

11) 脱水机房开车过程

(1) 半开脱水机房加药泵出药阀门 V438。

(2) 启动脱水机房加药泵 P411,向脱水机加药。

(3) 启动脱水机房污泥脱水机 S414。

(4) 半开污泥脱水机房出水阀门 V435,向格栅池通处理后回水。

2. A^2/O 工艺流程巡视记录

各项指标均符合标准,过程稳定,重在监控,基本不需要进行操作,巡视整个工艺后将结果填入巡视记录表中(图 9-10)。

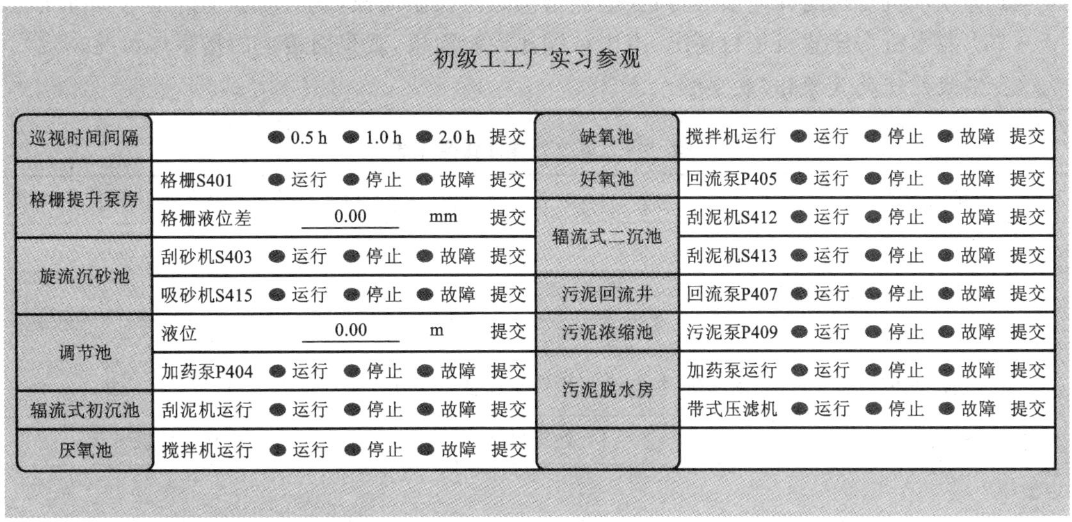

初级工工厂实习参观

巡视时间间隔	● 0.5 h　● 1.0 h　● 2.0 h　提交	缺氧池	搅拌机运行　● 运行　● 停止　● 故障　提交
格栅提升泵房	格栅S401　● 运行　● 停止　● 故障　提交	好氧池	回流泵P405　● 运行　● 停止　● 故障　提交
	格栅液位差　0.00　mm　提交	辐流式二沉池	刮泥机S412　● 运行　● 停止　● 故障　提交
旋流沉砂池	刮砂机S403　● 运行　● 停止　● 故障　提交		刮泥机S413　● 运行　● 停止　● 故障　提交
	吸砂机S415　● 运行　● 停止　● 故障　提交	污泥回流井	回流泵P407　● 运行　● 停止　● 故障　提交
调节池	液位　0.00　m　提交	污泥浓缩池	污泥泵P409　● 运行　● 停止　● 故障　提交
	加药泵P404　● 运行　● 停止　● 故障　提交	污泥脱水房	加药泵运行　● 运行　● 停止　● 故障　提交
辐流式初沉池	刮泥机运行　● 运行　● 停止　● 故障　提交		带式压滤机　● 运行　● 停止　● 故障　提交
厌氧池	搅拌机运行　● 运行　● 停止　● 故障　提交		

图 9-10　巡视记录表

巡视记录具体操作步骤

(1) 选择正常巡视时间间隔。

(2) 粗格栅运行情况:点击控制面板,观察面板上的指示灯情况。

(3) 格栅前后液位差:进入格栅仿真界面,观察界面上的格栅液位差数据,例如:0～18 mm 之间的任意数据。

(4) 旋流沉砂池刮砂机运行状况:在格栅仿真界面,点击沉砂池控制面板,观察刮砂机面板上的指示灯情况。

(5) 旋流沉砂池吸砂机运行状况:在格栅仿真界面,点击沉砂池控制面板,观察吸砂机面板上的指示灯情况。

(6) 调节池液位:进入调节池仿真界面,观察界面上的调节池液位,例如:0～5 m 之间的任意数值。

(7) 调节池加药计量泵运行状况:进入调节池仿真界面,点击调节池控制面板,观察面板上的指示灯情况。

(8) 辐流式初沉池刮泥机运行状况:进入初沉池仿真界面,点击初沉池控制面板,观察面板上的指示灯情况。

(9) 厌氧池搅拌器:进入生化池仿真界面,点击生化池控制面板,观察面板上的指示灯情况。

(10) 缺氧池搅拌器:进入生化池仿真界面,点击生化池控制面板,观察面板上的指示灯情况。

(11) 好氧池混合液回流泵:进入生化池仿真界面,点击内回流控制面板,观察面板上的指示灯情况。

(12) 二沉池刮泥机运行状况:进入二沉池仿真界面,点击控制面板,观察面板上的指示灯情况。

(13) 污泥回流井的污泥泵运行状况:进入污泥回流井仿真界面,点击污泥泵控制面板,观察面板上的指示灯情况。

(14) 污泥浓缩池污泥泵运行状况:进入浓缩池仿真界面,点击浓缩池控制面板,观察面板上的指示灯情况。

(15) 脱水机房加药计量泵运行情况:点击浓缩池控制面板,观察面板上的指示灯情况。

(16) 脱水机房压滤机运行情况:点击浓缩池控制面板,观察面板上的指示灯情况。

3. 事故处理处置操作(表 9-4)

表 9-4 事故处理处置操作表

1. 初沉池排泥撇渣	处置目标	对初沉池进行排泥撇渣操作
现象: 初沉池进行排泥撇渣操作		
操作: 进入初沉池控制面板,启动刮泥机,控制刮泥机行车速度。打开初沉池排泥阀门,启动撇渣机		
2. 内回流的调节	处置目标	使回流量达到设计要求
现象: 生化反应池变量监视图中,混合液内回流量为 400 m^3/h,字体为红色表示参数不正常		
操作: 进入生化反应池的内回流控制面板,启动回流泵。调节阀门开度,使回流量达到 2082 m^3/h		
3. 调节进水 pH 值	处置目标	调整出水 pH 值在 6～9 之间
现象: 调节池变量监视图中,进水 pH 值与出水 pH 值在 4.5～5 之间波动,字体为红色表示参数不正常		
操作: 启动碱调节泵(酸调节泵)向调节池中添加碱液(酸液),调节加药阀门开度,使调节池内 pH 值稳定		
4. 进水 SS 值增高	处置目标	控制 SS 值保持在 100 mg/L 以下
现象: 初沉池变量监视图中,初沉池进水 SS 值偏大,导致初沉池出水不达标		
操作: 减小初沉池进水阀门延长初沉池停留时间,加大初沉池排泥阀门增加排泥量。观察初沉池出水 SS 值,达到正常值 100 mg/L 以下		
5. 反应池曝气量调节	处置目标	使溶解氧与曝气量符合设计要求
现象: 生化反应池变量监视图中,厌氧池 DO 值、缺氧池 DO 值、好氧池 DO 值的字体为红色表示参数不正常		
操作: 打开鼓风机的旁通阀门或降低鼓风机的转速,减小曝气量,使溶解氧降低。观察缺氧池溶解氧下降至 0.5 mg/L 左右,好氧池溶解氧下降至 2 mg/L 左右		
6. 出水总氮超标	处置目标	使出水 NH_3-N 达标
现象: 出水指标中发现 NH_3-N 含量超标		

续表

<table>
<tr><td colspan="3">操作：
启动生化反应池备用污泥泵，调节阀门开度，观察内回流量增加后出水 NH_3-N 的变化，直至使出水 NH_3-N 在 3.75 mg/L 以下</td></tr>
<tr><td>7. 出水磷超标</td><td>处置目标</td><td>使出水 TP 达标</td></tr>
<tr><td colspan="3">现象：
出水指标中发现 TP 含量超标</td></tr>
<tr><td colspan="3">操作：
利用外回流系统对运行进行调节，启动污泥回流井备用污泥泵，调节阀门开度。观察污泥回流量增加后出水磷的变化，直至达标</td></tr>
<tr><td>8. 污泥丝状菌膨胀</td><td>处置目标</td><td>调整控制污泥膨胀问题</td></tr>
<tr><td colspan="3">现象：
进入曝气池在线 DO 仪显示值下降，SVI 值和 SV 值偏高，认为污泥膨胀。此情况属于丝状菌膨胀</td></tr>
<tr><td colspan="3">操作：
关闭风机旁通阀门，调节空气管阀门开度至最大，打开备用风机进气阀门。启动备用风机，调节风速，使好氧池 DO 值在 2.0 mg/L 以上。开大二沉池排泥阀门，开度大于 70，增大剩余污泥排放量，使曝气池 SV 值在 30%以下，SVI 值在 150 以下</td></tr>
</table>

六、实验结果

实验结束后截取二沉池的变量监视图，如图 9-11 所示，并进行数据分析。

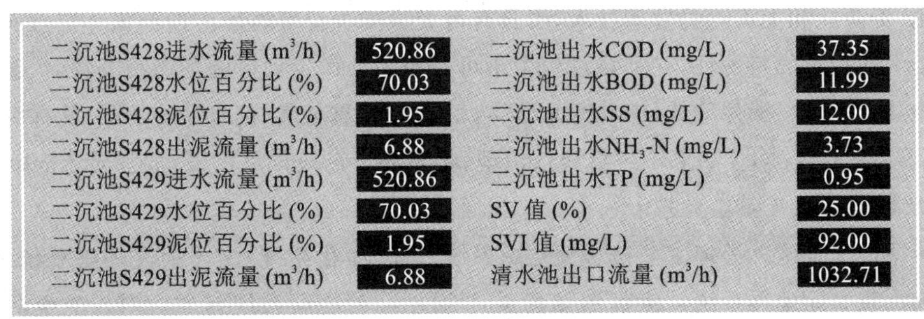

二沉池S428进水流量 (m^3/h)	520.86	二沉池出水COD (mg/L)	37.35
二沉池S428水位百分比 (%)	70.03	二沉池出水BOD (mg/L)	11.99
二沉池S428泥位百分比 (%)	1.95	二沉池出水SS (mg/L)	12.00
二沉池S428出泥流量 (m^3/h)	6.88	二沉池出水NH_3-N (mg/L)	3.73
二沉池S429进水流量 (m^3/h)	520.86	二沉池出水TP (mg/L)	0.95
二沉池S429水位百分比 (%)	70.03	SV 值 (%)	25.00
二沉池S429泥位百分比 (%)	1.95	SVI 值 (mg/L)	92.00
二沉池S429出泥流量 (m^3/h)	6.88	清水池出口流量 (m^3/h)	1032.71

图 9-11　二沉池变量监视图

七、注意事项

（1）调节阀门开度时，软件模拟需要一定的时间，请耐心等待至参数符合标准再继续进行操作。

（2）在工艺流程模拟中，有些参数需要持续关注，不断调节，以达到最佳运行状态。

（3）当变量监视图中的数据变为红色时，说明操作有误，参数不符合设计规范，应尽快进行调整。

八、思考题

(1) 污水处理厂设计中,采用 A^2/O 工艺但不设初沉池改用曝气沉砂池对 A^2/O 中的厌氧池影响大吗? 旋流沉砂池与曝气沉砂池相比哪个更好?

(2) A^2/O 工艺中在未进水的情况下好氧阶段长时间曝气(比如 12 h)会有什么后果?

(3) A^2/O 工艺中的曝气池曝气正常而溶解氧含量却不上升可能是什么原因引起的?

实验二　生活垃圾焚烧尾气处理工艺仿真实验

一、实验目的

(1) 通过生活垃圾焚烧尾气处理工艺实验仿真,使学生了解并掌握生活垃圾焚烧尾气处理工艺的原理及效果,培养学生解决生活垃圾焚烧尾气处理实际问题的能力,加强学生对生活垃圾焚烧尾气处理工艺系统性的认识。

(2) 通过在仿真操作中反复练习工艺操作过程,调试生活垃圾焚烧尾气处理工艺中各设备单元参数,实现生活垃圾焚烧尾气处理工艺系统的正常运行。

二、实验原理

1. 传统生活垃圾焚烧

垃圾焚烧是一种高温热处理技术,即以一定量的过剩空气与被处理的有机废物在焚烧炉内进行燃烧,废物中的有害物质在 800～1200 ℃的高温下氧化、热解而破坏,是一种可同时实现减量化、资源化和无害化的处理技术,因具有可大量减少垃圾填埋占地面积等特点而受到关注。由于生活垃圾的特殊性,在焚烧过程中不可避免地会产生大量的气态污染物,主要包括四大类:颗粒物(烟尘)、酸性气体(CO、NO_x、SO_2、HCl 等)、重金属(Hg、Cr、Pb 等)及有机污染物(主要因子为二噁英类)。如果不进行有效治理,将对环境造成严重污染,危害人体健康。

2. 垃圾焚烧尾气处理工艺

生活垃圾焚烧尾气处理工艺包含焚烧炉系统、烟气净化系统(半干式洗烟塔系统、活性炭喷射系统)、袋式除尘器系统。流程图如图 9-12 所示。焚烧炉系统首先对引入的生活垃圾进行焚烧处理,并向焚烧炉内喷入尿素对烟气进行脱氮。脱氮后的烟气引入烟气净化系统,采取进一步的处理措施。半干洗烟塔吸收并沉降酸性气体,方法是喷入活性炭到导流管(半干洗烟塔与布袋除尘器连接管)中使其吸附烟气中的重金属以及有机气态污染物。随后,烟气(包含活性炭及其吸附的物质和未除去的烟尘)进入袋式除尘器系统进行最后处理:袋式除尘器通过重力沉降和滤袋的过滤使烟气被分离为清洁气体和灰尘,清洁气体进入烟囱被排放到大气中,灰尘则落入飞灰储仓。

三、实验仪器

计算机,东方仿真生活垃圾焚烧尾气处理工艺实验仿真软件。

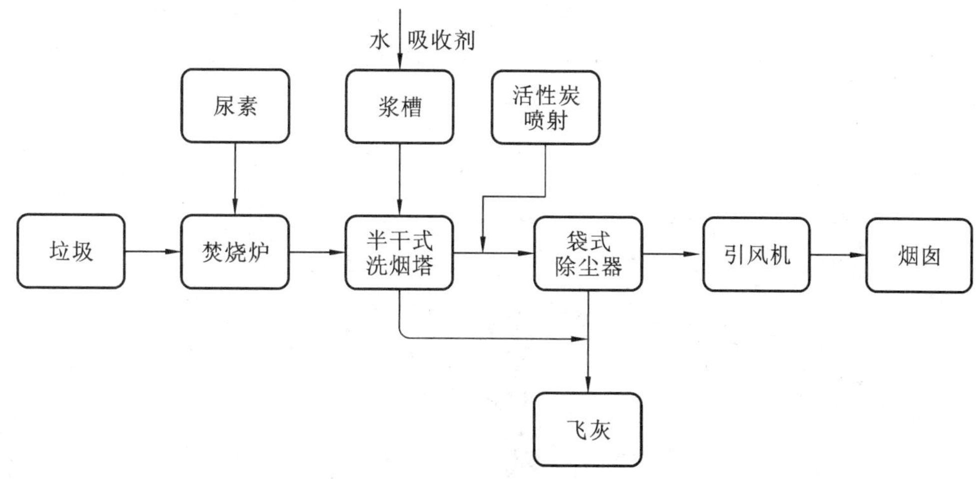

图 9-12　生活垃圾焚烧尾气处理工艺图

四、装置流程说明

图 9-13 是生活垃圾焚烧尾气处理工艺总流程图。

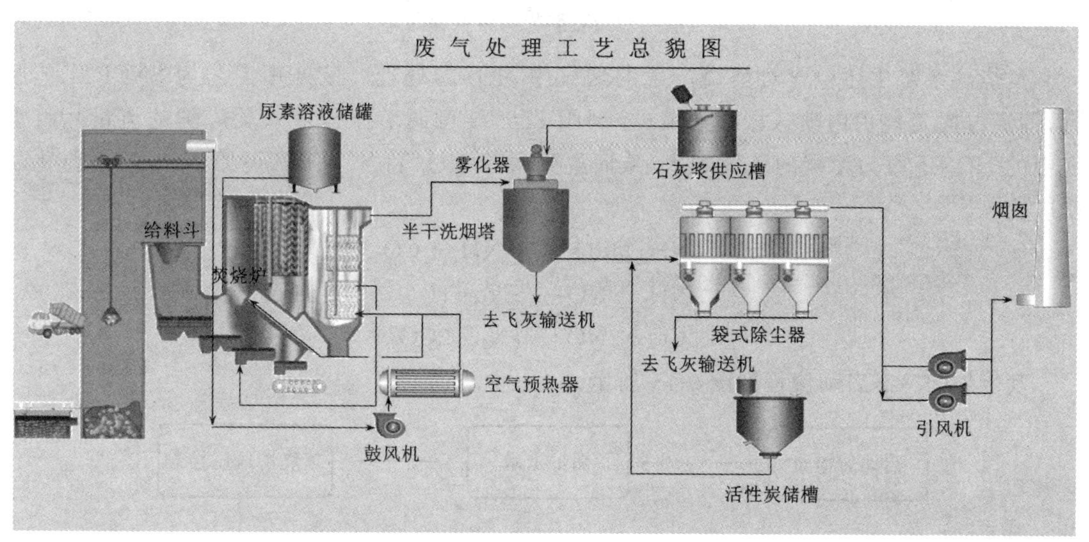

图 9-13　生活垃圾焚烧尾气处理工艺总流程图

1. 焚烧炉系统

图 9-14 为焚烧炉系统流程图。如图所示，生活垃圾进厂经地磅称重后卸入垃圾仓，通过抓斗充分混合搅拌至均质化，然后送入垃圾料斗(V101)。垃圾沿料槽下落到给料装置平台，给料装置将垃圾推送至炉排上。多级炉排主要包括干燥区、气化区、燃烧区、燃烬区，每个区炉排可以单独调节炉排系统的水平运动和垂直运动。垃圾在炉排上滑动、翻动时，受到炉排下部的高温一次风干燥及炉内辐射热，然后着火燃烧。垃圾仓上方设有抽气系统，抽出的空气作为焚烧炉的一次风，一次风在蒸汽加热器(E101)加热后经炉排穿过垃圾进入炉膛，干燥垃圾，并提供垃圾焚烧所需的氧量。二次风从焚烧炉燃烧室上方送进炉膛，对燃烧烟气进行扰动，并补

充氧量。焚烧炉燃烧中产生的热量通过余热锅炉(R102)进行回收,进入余热锅炉的冷却水吸收焚烧提供的热量后,以蒸汽的形式流入(E101),在蒸汽加热器中冷凝形成循环水回流入余热锅炉。

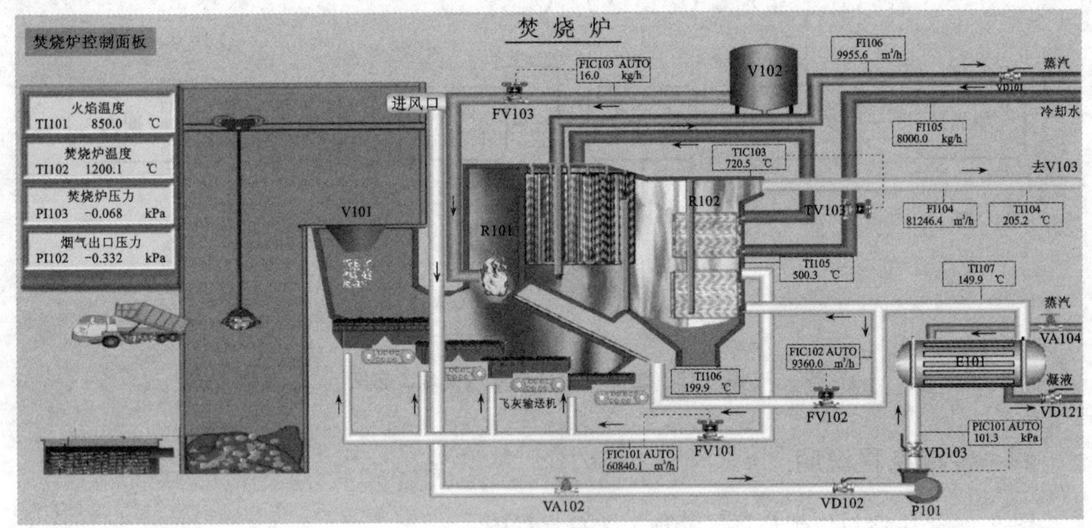

图 9-14　焚烧炉系统流程图

焚烧炉系统中还包含对焚烧产生的烟气中 NO_x 的处理。该处理工艺为 SNCR 工艺脱氮,即通过向焚烧炉内喷入尿素溶液(控制阀 FV103 可调节尿素进入焚烧炉的流量),将烟气中的 NO_x 还原为无害的氮气和水,从而达到脱除 NO_x 目的。尿素还原 NO_x 的主要化学反应为

$$(NH_2)_2CO \longrightarrow 2NH_2 + CO$$

$$NH_2 + NO \longrightarrow N_2 + H_2O$$

$$2CO + 2NO \longrightarrow N_2 + 2CO_2$$

焚烧炉的冷态启动流程如图 9-15 所示。

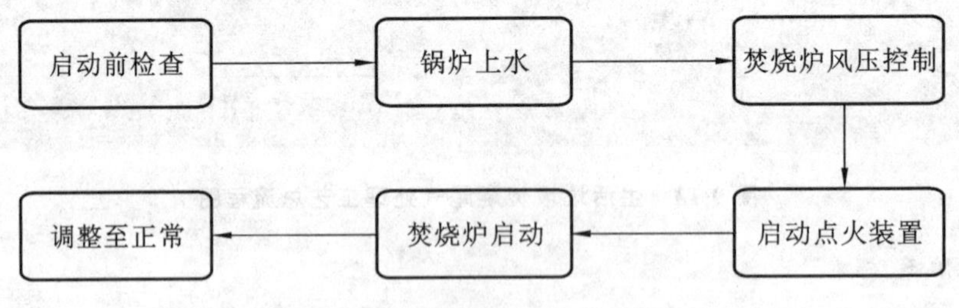

图 9-15　焚烧炉冷态启动流程

2. 烟气净化系统

烟气净化系统由半干式洗烟塔系统和活性炭喷射系统两部分组成。图 9-16 为烟气净化系统流程图。

(1) 半干式洗烟塔系统。

半干式洗烟塔系统由熟石灰供应系统和半干洗烟塔两部分组成。熟石灰供应系统将制成的石灰与再生水结合,形成石灰浆液滴,液滴由旋转喷雾器(A101)喷入半干洗烟塔(V103)

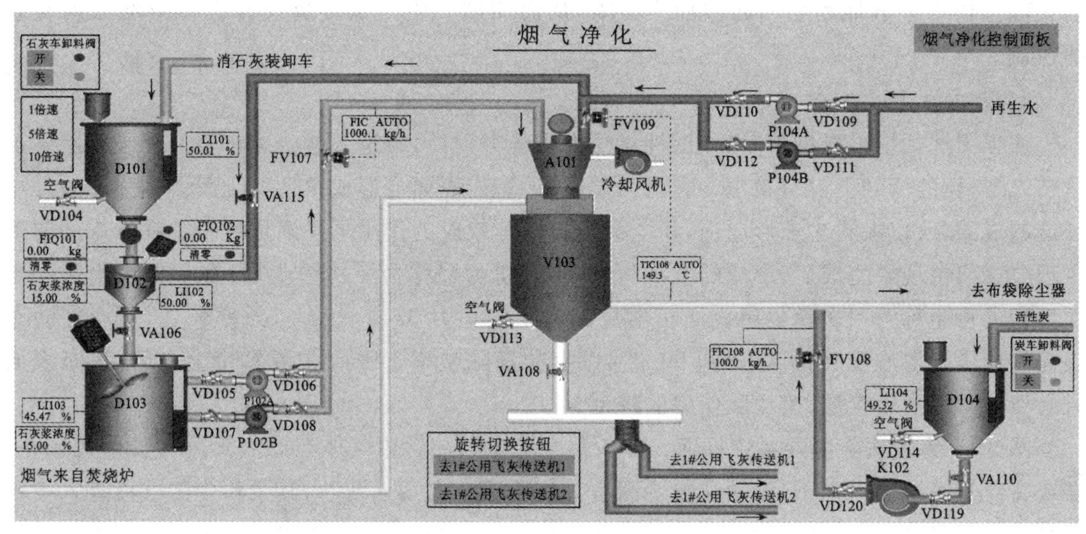

图 9-16 烟气净化系统流程图

中，利用冷却风机使液滴的温度低于来自焚烧炉的废气温度。液滴与导入半干洗烟塔的废气中的酸性气体（SO_2、HCl 等）进行反应，形成粒径极细的碱性泥浆。泥浆由于结合了再生水而含有大量水分，当烟气通入时，烟气所附带的热量逐渐传递给泥浆，泥浆温度逐渐上升，最终达到湿球温度，即此时盐类和水分均为液滴能达到的最高温度，如果超过这个温度水分就会蒸发，此阶段水分和泥浆的温度同时升高；随着废气的继续通入，泥浆温度达到水的蒸发温度，水分逐渐蒸发，泥浆中残留的盐类掉落至底部，经传送机送至飞灰储仓，而挥发的水分进入旋转喷雾器（A101），制备相应的石灰浆液滴。与此同时，由于水分的蒸发吸收大量热量，通入袋式除尘器废气温度也被降低。图 9-17 为半干洗烟塔的冷态启动流程。

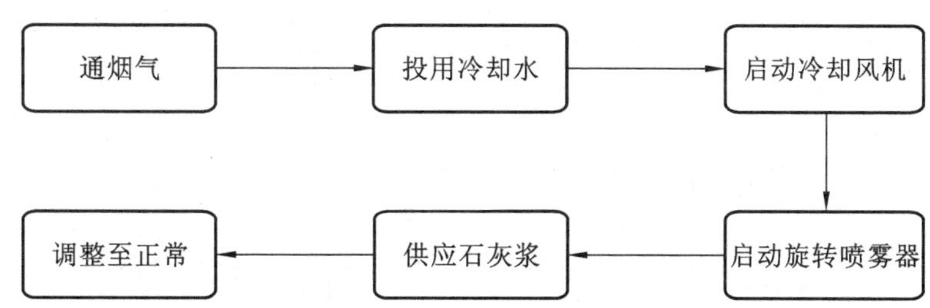

图 9-17 半干式洗烟塔冷态启动流程

其主要反应的化学方程式为：

$$CaO + H_2O \longrightarrow Ca(OH)_2$$

$$Ca(OH)_2 + SO_2 \longrightarrow CaSO_3 + H_2O$$

$$Ca(OH)_2 + 2HCl \longrightarrow CaCl_2 + 2H_2O$$

或

$$SO_2 + CaO + 1/2H_2O \longrightarrow CaSO_3 + 1/2H_2O$$

（2）活性炭喷射系统。

为满足重金属及有机物污染的排放要求，烟气在进入袋式除尘器前，需在导流管内喷入活性炭。活性炭作为吸附剂吸附汞等重金属和二噁英、呋喃等污染物，吸附后的活性炭在袋式除尘器中和其他粉尘一起被捕集下来，从而使烟气中的重金属及有机物浓度得到有效的控制。

3. 袋式除尘器系统

从半干洗烟塔出来的烟气，经活性炭喷射系统喷射后，再进入袋式除尘器。在袋式除尘器运转之初，新的滤袋上没有粉尘，而运行数分钟后滤袋表面会形成很薄的尘膜。因为滤袋是用纤维制成的，所以在粉尘未形成前，粉尘会在扩散等效应的作用下逐渐形成粉尘在纤维间的架桥现象。架桥现象完成后，形成的 0.3～0.5 mm 粉尘层称为一次粉尘层，在一次粉尘层上再次堆积的粉尘称为二次粉尘层。滤布本身的除尘效率为 85%～90%，效率较低，然而在滤布表面有粉尘附着堆积时，可以得到 99.5%以上的高除尘率。因此在清除粉尘之后，滤布表面有必要残留一次粉尘层，避免除尘率的降低。

图 9-18 为袋式除尘器系统界面。导入袋式除尘器的含尘气体经导流管进入各单元灰斗，在灰斗导流系统的引导下，大颗粒粉尘因重力作用而分离落入灰斗，其余粉尘随气流进入中箱体过滤区，烟气的烟尘、消石灰反应剂及其生成物、凝结的金属、活性炭等各种颗粒在滤袋外表面被吸附，形成一次粉尘层。随着烟气的不断进入，再形成一层滤饼(二次粉尘层)。被过滤的洁净气体经上箱体、提升阀、排风管排出。滤袋表面的滤饼达到一定量(袋式除尘器压差监测器(PDI104)显示的压差大于 1.2 kPa)时，开启自动除灰程序开关，自动清灰程序会按设定程序关闭气体提升阀，控制当前单元离线，并打开位于每排滤袋上方电磁脉冲阀喷吹。脉冲阀开启后，气包中的压缩空气经喷吹管下各小孔高速喷出，并诱导比自身体积大 5～7 倍的诱导空气一起喷吹入滤袋，使滤袋急剧膨胀，引起冲击振动，导致积附在滤袋外的二次粉尘层脱落掉入灰斗，通过飞灰输送系统被送出。清灰结束后，自动清灰装置关闭电磁脉冲阀喷吹，气体提升阀开启，当前单元尾气处理继续运行。

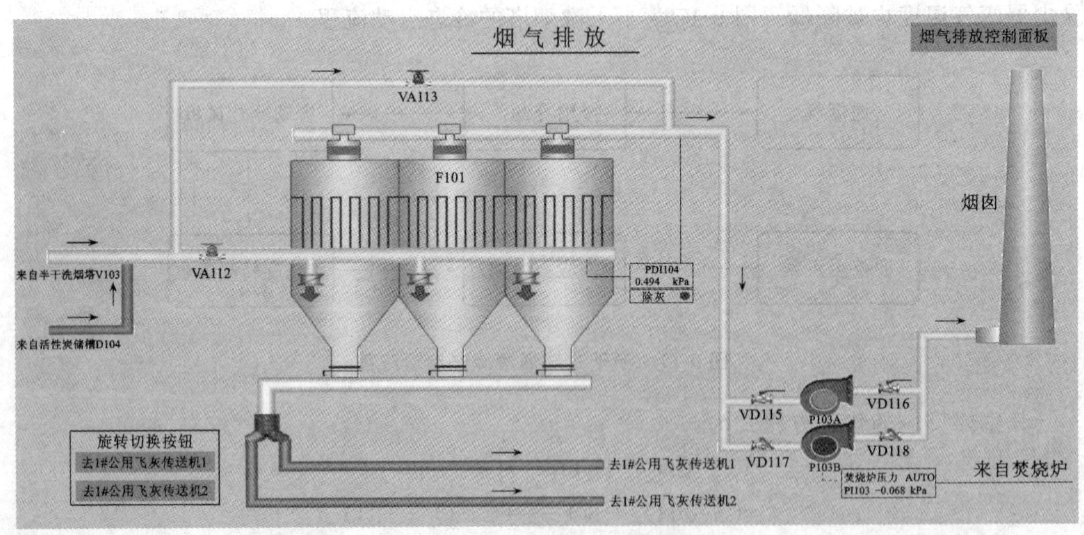

图 9-18 袋式除尘器系统

4. 设备列表及说明

表 9-5 列出了生活垃圾焚烧尾气处理工艺的主要设备。进入设备所在的相应流程界面，点击"控制面板"，开启"电源"，选择"运行"即可启动。

表 9-5　主要设备

序号	编号	名　　称	位　　置	说　　明
1	V101	给料斗	焚烧炉	垃圾给料
2	V102	尿素储槽	焚烧炉	储存尿素溶液
3	R101	焚烧炉	焚烧炉	垃圾燃烧室
4	R102	余热锅炉	焚烧炉	烟气热量回收利用
5	E101	空气预热器	焚烧炉	预热空气
6	V103	半干洗烟塔	烟气净化	脱除烟气中的酸性气体 HCl、HF、SO_2
7	D101	熟石灰储槽	烟气净化	储存石灰粉末(体积 1.57 m^3)
8	D102	熟石灰加湿槽	烟气净化	制备熟石灰溶液(体积 6.28 m^3)
9	D103	熟石灰供应槽	烟气净化	供应熟石灰溶液(体积 9.42 m^3)
10	D104	活性炭储槽	烟气净化	储存活性炭(体积 1.57 m^3)
11	F101	袋式除尘器	烟气排放	烟气除尘
12	A101	旋转喷雾器	烟气净化	雾化熟石灰及冷却水

五、实验步骤

1. 工艺运行操作

在操作前需要把所有的已启动部分关闭，以便进行运行操作。

1) 熟石灰、活性炭准备

(1) 打开压缩空气阀 VD104。

(2) 打开石灰车卸料阀。

(3) 当石灰储仓 D101 料位达到 80%后，停止补料，关闭卸料阀。

(4) 打开再生水泵 P104A 前阀 VD109。

(5) 打开再生水泵 P104A 后阀 VD110。

(6) 缓慢打开供水阀 VA115 至全开。

(7) 当累积供水流量达 2530 kg 左右时，关闭供水阀 VA115。

(8) 关闭烟气净化工段的再生水泵 P104A 后阀 VD110。

(9) 关闭再生水泵 P104A(烟气净化控制面板)。

(10) 打开熟石灰加湿槽 D102 的搅拌桨。

(11) 打开旋转给料器开关。

(12) 设置旋转给料器频率为 100 Hz。

(13) 当消石灰累积流量为 480 kg 左右时，关闭旋转给料器开关。

(14) 依据配制前预计的水、石灰量进行控制，在配制后期常检测 D102 中熟石灰浓度。达到熟石灰目标浓度在15%时停止。

(15) 打开熟石灰供应槽D103的搅拌桨。

(16) 将D102中配好的熟石灰导入D103,全开VA106阀。

(17) 当D102中熟石灰排放完毕时,关闭VA106阀,在D102中继续配液,确保D103中液位不低于60%。

(18) 打开活性炭空气阀VD114。

(19) 打开活性炭卸料阀。

(20) 当活性炭储仓D104料位达到80%后,停止补料,关闭卸料阀。

2) 焚烧炉置换

(1) 打开烟气排放工段中袋式除尘器F101旁路阀VA113至50%。

(2) 打开引风机P103A前阀VD115(或P103B前阀VD117)。

(3) 打开引风机P103A后阀VD116(或P103B后阀VD118)。

(4) 启动引风机P103A(启动引风机P103B)。

(5) 将引风机变频器设为50。

(6) 控制焚烧炉的压力在−0.068 kPa左右。

(7) 当焚烧炉压力稳定在−0.068 kPa左右时把引风机P103A调为自动挡。

(8) 打开鼓风机P101前阀VD102。

(9) 打开鼓风机P101后阀VD103。

(10) 缓慢打开VA102至50%。

(11) 缓慢打开一次风控制阀FV101至50%。

(12) 启动鼓风机P101。

(13) 将鼓风机变频器设为50%。

(14) 待鼓风机出口压力达101.3 kPa左右时将鼓风机调为自动挡。

3) 投用循环水

(1) 打开余热锅炉冷却器回水阀VD101。

(2) 缓慢打开TV103至50%。

(3) 打开空气预热器出口阀门VD121。

(4) 缓慢打开空气预热器进口阀门至50%。

4) 焚烧炉启动

(1) 缓慢打开阀门FV103至50%,加入尿素溶液。

(2) 打开进料按钮(焚烧炉控制面板),启动炉排。

(3) 调整炉排频率为50 Hz(焚烧炉控制面板)。

(4) 打开油枪(焚烧炉控制面板)。

(5) 启动燃烧点火装置,控制升温速度小于200 ℃/min(焚烧炉控制面板)。

(6) 一次风投入后,待焚烧炉温度稳定后(1000 ℃左右),启动二次风。

(7) 焚烧炉温度稳定在1200 ℃左右时把二次风控制开关调为自动挡(流量值9360 m^3/h)。

(8) 关闭油枪。

5）飞灰输送

(1) 全开飞灰储仓入口阀 VA118(飞灰输送界面)。

(2) 打开锅炉飞灰传送机(焚烧炉控制面板)。

6）烟气净化

(1) 启动冷却风机。

(2) 当半干洗烟塔出口烟气温高于 120 ℃时，开启雾化器 A101(烟气净化控制面板)。

(3) 调节雾化器频率为 50 Hz(烟气净化控制面板)。

(4) 启动再生水泵 P104A。

(5) 打开烟气净化工段的再生水泵 P104A 后阀 VD110。

(6) 打开半干洗烟塔冷却水控制阀 FV109，控制半干洗烟塔出口烟气温度不高于 150 ℃。

(7) 待烟气出口温度稳定在 150 ℃左右时将冷却水控制阀 FV109 调为自动挡。

(8) 开启压缩空气阀 VD113。

(9) 全开半干洗烟塔飞灰输送阀 VA108。

(10) 打开半干洗烟塔中的公用飞灰传送机 1。

(11) 打开活性炭出料阀 VA110 至 50%。

(12) 打开活性炭喷射器 K102 的入口阀 VD119。

(13) 打开活性炭喷射器 K102 的出口阀 VD120。

(14) 启动活性炭喷射泵 K102(烟气处理控制面板)。

(15) 缓慢打开袋式除尘器进口阀 VA112 至开度 50%。

(16) 打开袋式除尘器中的公用飞灰传送机 1。

(17) 缓慢关闭袋式除尘器的旁路阀 VA113。

(18) 观察袋式除尘器的压差(PDI104)，若压差大于 1.2 kPa 时，开启除灰程序开关。

(19) 打开熟石灰泵 P102A 的入口阀 VD105。

(20) 开启熟石灰泵 P102A(烟气净化控制面板)。

(21) 打开熟石灰泵 P102A 的出口阀 VD106。

(22) 缓慢打开熟石灰流量控制阀 FV107 至 50%。

(23) 控制 SO_2 气体的含量不高于 50 mg/Nm^3。

(24) 控制 HCl 气体的含量不高于 10 mg/Nm^3。

(25) 控制重金属的含量不高于 0.1 mg/Nm^3。

(26) 控制二噁英的含量不高于 0.1 ng(TEQ)/Nm^3。

(27) 控制烟尘含量不高于 10 mg/Nm^3。

(28) 控制 NO_x 含量不高于 200 mg/Nm^3。

7）系统调为自动挡

(1) 当焚烧炉温度稳定在 1200 ℃左右时，把一次风控制开关调为自动挡(流量值 60840 m^3/h)。

(2) 将尿素控制阀 FV103 调为自动挡(控制烟气出口 NO_x 浓度为 98 mg/Nm^3)。

(3) 将熟石灰控制阀 FV107 调为自动挡(流量 1000 kg/h)。

(4) 将活性炭控制阀 FV108 调为自动挡(流量 100 kg/h)。

2. 事故处理处置操作

常见事故描述及处理方法如表 9-6 所示。

表 9-6　常见事故描述及处理方法

序号	事故描述	处理方法
1	焚烧炉负荷降低	调节炉排频率，增加焚烧炉负荷；调整焚烧炉的负荷，保证焚烧炉温度在 1200 ℃左右
2	余热锅炉出口温度高	增加余热锅炉冷却水的用量（改变阀门 TV103 的开度）；控制余热锅炉的出口温度不高于 720 ℃
3	二噁英含量超标	增加活性炭的含量（改变阀门 FV108 的开度），降低烟气中二噁英的含量；控制排放烟气中二噁英的含量不大于 0.1 ng(TEQ)/Nm^3；当二噁英的含量稳定在 0.09 ng(TEQ)/Nm^3 左右时，将活性炭控制阀 FV108 调为自动挡（流量 100 kg/h）
4	炉膛温度异常 1（二次风的送风量过大，导致炉膛温度异常）	减少二次风的送风量（FV102），控制炉膛温度在 1200 ℃左右；当炉膛温度稳定在 1200 ℃左右时，将二次风控制开关 FIC102 调为自动挡（流量 9360 m^3/h）
5	炉膛温度异常 2（助燃空气系统送风温度过低，导致炉膛温度异常）	调节蒸汽用量（焚烧炉工段中，阀门 VA104），提高助燃空气的温度到 150 ℃；调节送风温度，控制炉膛温度在 1200 ℃左右
6	料层温度上升	增加一次空气的量（FV101），控制炉膛温度在 1200 ℃左右；焚烧炉的温度稳定在 1200 ℃左右时，将一次风控制开关调为自动挡（流量值 60840 m^3/h）；控制烟气排放中二噁英的含量不超过 0.1 ng(TEQ)/Nm^3
7	尾气 NO_x 含量超标	增加投料中尿素的含量，降低排放烟气中 NO_x 的含量；控制排放烟气中 NO_x 的含量不大于 200 mg/Nm^3；当 NO_x 含量小于 200 mg/Nm^3 时，将尿素控制阀 FV103 调为自动挡（流量为 16 kg/h）
8	尾气 SO_x 含量超标	调节熟石灰的用量，降低烟气中 SO_x、HCl 的含量；控制烟气中 SO_x 的含量不大于 50 mg/Nm^3，HCl 的含量不大于 10 mg/Nm^3

六、实验结果

在进行仿真实验时，烟气浓度检测中会实时同步给出烟气中主要污染物浓度（图 9-19）。倘若烟囱出口烟气浓度低于欧盟标准 2000，则实验合格，若烟的出口烟气高于欧盟标准 2000，则需要进一步进行调控。

七、注意事项

本仿真实验采用的标准参照欧盟 2000 标准，感兴趣的同学也可参照生活垃圾焚烧污染控制标准（GB 18485—2014）。

烟气中主要污染物的浓度

浓度 污染物	焚烧炉出口烟气	烟囱出口烟气	欧盟废气排放标准
烟尘(mg/Nm^3)	935.10	5.32	10
CO(mg/Nm^3)	6.92	7.87	50
NO_x(mg/Nm^3)	98.26	111.78	200
SO_2(mg/Nm^3)	2183.03	24.84	50
HCl($ng(TEQ)/Nm^3$)	400.97	4.56	10
二噁英(mg/Nm^3)	8208.31	0.09	0.1
重金属(mg/Nm^3)	42.10	0.05	0.1

图 9-19　生活垃圾焚烧尾气处理工艺尾气主要污染物浓度

八、思考题

(1) 除了袋式除尘器，还有哪些常见的除尘设备，它们的工作原理是什么？

(2) 在焚烧炉系统中，有哪些措施可以控制燃烧产生的 SO_2 的含量？

实验三　环境污染事故应急处理与监测仿真实验

环境污染问题已经成为我国可持续发展进程中亟待解决的一个重要问题，尤其是频发的突发环境事件更直接威胁着人民群众的健康和财产安全。突发环境污染事故一般是由生产事故、储运事故、自然灾害、人类战争引起的，对环境造成污染。

针对突发性环境污染事故，应急措施是一种特定目的检测，要求检测人员在第一时间到达事故现场，按预案顺序开展工作，通过现场了解并用小型便携、快速检测仪器或装置，在尽可能短时间内判断和测定污染物的种类、污染物的浓度、污染范围、扩散速度及危害程度，为解决方案提供科学依据。

一、实验目的

(1) 学习和掌握文献资料的检索和应用，培养收集和掌握资料的能力。

(2) 通过编制应急预案，了解突发性环境污染事故的处理处置流程。

(3) 通过仿真软件模拟，掌握突发性环境污染事故的应急监测，进一步巩固环境水、气、土监测知识。

(4) 通过整个实验过程，培养和锻炼学生发现问题、分析问题和解决问题的综合能力，提高主观能动性和创新思维能力。

二、预习任务

本实验是针对一起以甲苯为原料生产苯甲酸的化工厂生产车间发生的爆炸而展开的环境应急处理与处置而设计的。该化工厂地处工业区，场内有生产车间、办公楼、配置车间、应急池等厂房。化工厂平面图如图 9-20 所示。主要厂房包括生产车间、办公楼、应急池、配置车间。生产车间：利用甲苯生产苯甲酸的生产车间。办公楼：场内工作人员的办公用地。应急池：用于储存事故水，避免事故水对污水处理系统带来的影响。配置车间：护具、道具的存放车间。

图 9-20　甲苯生产苯甲酸化工厂厂区平面图

学生以四人为一组的形式，通过检索和查阅有关法律法规、环境应急处理处置和大气、土壤、水质应急监测等文献资料完成以下预习任务。

1. 突发性化工厂爆炸事件应急预案编制

甲苯生产苯甲酸化工厂生产车间内，值班人员发现生产车间反应釜温度异常，及时进行汇报并处理事故；由于没有得到及时的处理，事故升级：反应釜开始裂开，有机溶液不断泄漏；最终事故没有得到及时处置，事故再次升级：发生剧烈的爆炸，并造成人员受伤。以小组为单位，以安排下述人物出场顺序为内容初步设计应急预案。

主要出场人员如下。

(1) 值班人员：负责监视场内装置生产情况，若发生事故，及时向上级汇报，并进行现场处理。

(2) 值班队长：值班组负责人，和值班人员一同监视装置的生产情况，发生三级事故时，可自行指挥处理。

(3) 总经理：当前工厂管理人员，当发生二级事故时，负责启动应急预案，指挥场内各应急小组进行应急处置。

(4) 应急总指挥：厂内发生一级事故后，负责启动应急预案，统筹指挥处理事故。

(5) 安全保卫小组：负责工厂内部的治安防卫，维持现场秩序的工作，同时引导外部车辆，到达指定位置。

(6) 医护救援小组:负责厂内人员日常健康检查及发生事故受伤后的救援。

(7) 后勤保障小组:工厂的后勤保障,护具、道具的保管人员。

(8) 医院:发生事故时,及时提供支援,紧急救援厂内受伤人员。

(9) 消防局:发生火灾事故后,负责对工厂事故发生处的灭火工作。

(10) 政府人员:负责在事故之后,疏散并且维护附近周围地区秩序,避免引起恐慌。

2. 突发性化工厂爆炸环境污染应急监测

通过工厂的地形图、基本信息以及突发性事故的情况,初步设计应急监测方案。

(1) 突发性化工厂爆炸水质污染监测。

需要对污水排放点上游 0～150 m,下游 0～200 m、200～400 m、400～600 m 进行采点取样,河流宽度为 200 m,河流深度为 20 m,并对其水质进行相应的监测,注意布点深度。

(2) 突发性化工厂爆炸土壤污染监测。

污染物已经在土壤中均匀扩散,采样对角布点方案,要注意布点的深度。

(3) 突发性化工厂爆炸大气污染监测。

初步调查为苯甲酸和甲苯爆炸,采用扇形布点方案,最大落地高度为 80 m 左右,注意布点采样设置的高度和居民区附近的布点。

三、实验仪器

计算机,东方仿真环境污染事故应急处理与监测仿真软件。

四、仿真实验上机

指导教师审查学生提交的初步设计方案后,根据实际相应情况,与学生讨论并修正初步设计方案,修正完之后进行仿真上机。

1. 突发性化工厂爆炸事件应急响应仿真(人员出场设计)

(1) 值班人员发现生产车间反应釜温度异常,启动三级预警,如图 9-21 所示。值班人员迅速将突发事故向班长汇报,在现场进行应急处置,如图 9-22 所示。

图 9-21　三级预警启动

图 9-22　值班人员进行三级响应

(2) 由于突发事故没有得到及时的处理，事故升级，反应釜开始裂开，有机溶液不断泄漏，启动二级预警。值班人员将突发事故向总经理汇报，并在场内进行应急处置，同时呼叫场内应急小组进行相应的应急措施，如图 9-23、图 9-24 所示。

图 9-23　二级预警启动

(3) 由于没有得到及时的处置，事故再次升级：发生剧烈的爆炸，造成人员受伤，同时也造成严重的经济损失，对周边环境也产生了巨大的影响。当发生事故后，迅速启动一级预警，启动一级响应：要求场内先期进行紧急处置，当事故超过场内可控范围，需要联系外部当地应急部门联合进行事故处置、人员救护以及事故影响评价等工作。如图 9-25 至图 9-27 所示。

图 9-24　治安保卫人员进行二级响应

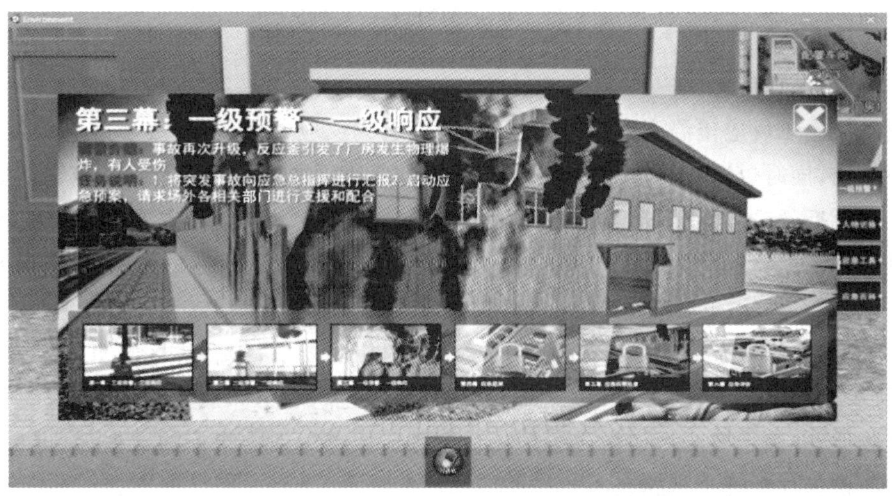

图 9-25　一级预警启动

图 9-26　医院进行一级响应

图 9-27 消防部门进行一级响应

2. 应急监测的开展

该化工厂由于反应釜温度升高时操作不及时，造成反应釜破裂，最终事故升级发生爆炸，造成人员受伤，同时也造成严重的经济损失，对周边环境更产生了巨大影响。当爆炸事件得到控制成功灭火后，需要对周围环境进行受污染情况的监测。本次实验主要进行大气环境应急监测，如图 9-28 所示。大气风向自西向东，风速为 2 m/s，环境温度为 25 ℃。爆炸点上游区域 0～300 m 为第一区域，下游 0～300 m 为第二区域，300～600 m 为第三区域，600～900 m 为第四区域，900～1200 m 为第五区域。根据大气监测的相关要求，结合厂区与事故发生情况，在图 9-29 的基础上设计大气布点采样方案(布点方法，布点数量，布点位置，布点深度等)，监测相关污染物质，并确定监测污染物质的方法。在得到相应污染物指标的数据后，进行分析，做出正确的评价报告和处理措施。

图 9-28 应急监测开展

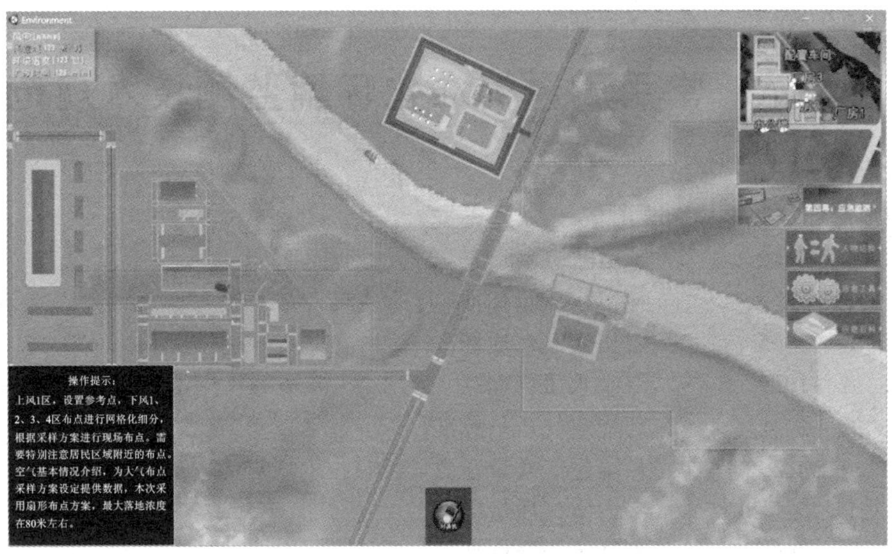

图 9-29　厂区大气污染应急监测布点方案确定

五、实验结果的讨论

（1）根据模拟事故现场，实施突发环境应急预案。

（2）注意应急处理人员自身防护用具的使用。

（3）针对事故如何监测周边环境？

（4）根据应急监测的结果，分析突发事故应急处置结果，撰写事故报告。

六、思考题

（1）为什么监测时需要重点监测环境敏感点，环境敏感点包括哪些？

（2）水质监测、大气监测、土壤监测中相应的采样点应当如何布置？

附录 A 常用质量标准化环境监测技术规范

常用质量标准和排放标准：

GB 3838—2002 地表水环境质量标准
GB/T 14848—93 地下水质量标准
GB 5084—2005 农田灌溉水质标准
GB 3097—1997 海水水质标准
GB 3095—2012 环境空气质量标准
HJ 633—2012 环境空气质量指数(AQI)技术规定(试行)
GB/T 18883—2002 室内空气质量标准
GB 3096—2008 声环境质量标准
GB 12348—2008 工业企业厂界环境噪声排放标准
GB 15618—2018 土壤环境质量农用地土壤污染风险管控标准(试行)
GB 36600—2018 土壤环境质量建设用地土壤污染风险管控标准(试行)
GB 8978—1996 污水综合排放标准
GB 18918—2002 城镇污水处理厂污染物排放标准
GB 16297—1996 大气污染物综合排放标准
GB 14554—93 恶臭污染物排放标准
GB 12523—2011 建筑施工场界环境噪声排放标准
GB 18485—2014 生活垃圾焚烧污染控制标准
GB 16889—2008 生活垃圾填埋场污染控制标准

评价导则(含监测技术内容)：

HJ 2.1—2016 环境影响评价技术导则总纲
HJ 2.2—2018 环境影响评价技术导则大气环境
HJ 2.3—2018 环境影响评价技术导则地表水环境
HJ 2.4—2009 环境影响评价技术导则声环境
HJ 610—2016 环境影响评价技术导则地下水环境
HJ 964—2018 环境影响评价技术导则土壤环境(试行)

环境监测布点和采样技术规范：

HJ/T 91—2002 地表水和污水监测技术规范
HJ/T 92—2002 水污染物排放总量监测技术规范
HJ/T 164—2015 地下水环境监测技术规范
HJ 493—2016 水质样品的保存和管理技术规定
HJ 494—2015 水质采样技术指导
HJ 495—2009 水质采样方案设计技术规定
GB/T 6682—2008 分析实验室用水规格和试验方法
HJ/T 397—2007 固定源废气监测技术规范

HJ 194—2017　环境空气质量手工监测技术规范
HJ 691—2014　环境空气半挥发性有机物采样技术导则
HJ 664—2013　环境空气质量监测点位布设技术规范(试行)
HJ/T 166—2004　土壤环境监测技术规范
HJ/T 20—1998　工业固体废物采样制样技术规范
HJ 25.1—2014　场地环境调查技术导则
HJ 25.2—2014　场地环境监测技术导则
HJ 630—2011　环境监测质量管理技术导则
HJ/T 193—2005　环境空气质量自动监测技术规范
HJ 194—2017　环境空气质量手工监测技术规范
《环境空气质量监测规范(试行)》(国家环境保护总局公告 2007 年第 4 号)

环境监测方法规范:

GB 11901—89　水质悬浮物的测定——重量法
HJ 828—2017　水质化学需氧量的测定——重铬酸盐法
HJ 505—2009　水质五日生化需氧量(BOD_5)的测定——稀释与接种法
HT/J 399—2007　水质化学需氧量的测定——快速消解分光光度法
GB/T 7489—1987　水质溶解氧的测定——碘量法
HJ 506—2009　水质溶解氧的测定——电化学探头法
HJ 535—2009　水质氨的测定——纳氏试剂分光光度法
HJ 537—2009　水质氨的测定——蒸馏-中和滴定法
HJ 636—2012　水质总氮的测定——碱性过硫酸钾消解紫外分光光度法
GB 11893—89　水质总磷的测定——钼酸铵分光光度法
HJ 671—2013　水质总磷的测定——流动注射-钼酸铵分光光度法
HJ 669—2013　水质磷酸盐的测定——离子色谱法
HJ 597—2011　水质总汞的测定——冷原子吸收分光光度法
HJ 501—2009　水质总有机碳的测定燃烧氧化——非分散红外吸收法
HJ 678—2013　水质金属总量的消解微波消解法
HJ 1001—2018　水质总大肠菌群、粪大肠菌群和大肠埃希菌的测定——酶底物法
HJ 1000—2018　水质细菌总数的测定——平皿计数法
HJ 347.2—2018　水质粪大肠菌群的测定——多管发酵法
HJ 347.1—2018　水质粪大肠菌群的测定——滤膜法
HJ 1005—2018　环境空气降水中阳离子(Na^+、NH^{4+}、K^+、Mg^{2+}、Ca^{2+})的测定——离子色谱法
HJ/T 353—2007　水污染源在线监测系统安装技术规范(试行)
HJ/T 354—2007　水污染源在线监测系统验收技术规范(试行)
HJ/T 355—2007　水污染源在线监测系统运行与考核技术规范(试行)
HJ/T 356—2007　水污染源在线监测系统数据有效性判别技术规范(试行)
HJ/T 55—2017　大气污染物无组织排放监测技术导则
HJ 75—2017　固定污染源烟气 SO_2、NO_x、颗粒物排放连续监测技术规范(试行)
HJ 76—2017　固定污染源烟气 SO_2、NO_x、颗粒物排放连续监测系统技术要求

及检测方法(试行)

HJ 1007—2018　固定污染源废气碱雾的测定——电感耦合等离子体发射光谱法

HJ 1006—2018　固定污染源废气挥发性卤代烃的测定气袋采样——气相色谱法

GB/T 16157—1996　固定污染源排气中颗粒物测定与气态污染物采样方法

HJ 618—2011　环境空气 PM_{10} 和 $PM_{2.5}$ 的测定重量法

HJ 482—2009　环境空气二氧化硫的测定甲醛吸收——副玫瑰苯胺分光光度法

HJ 479—2009　环境空气氮氧化物(一氧化氮和二氧化氮)的测定——盐酸萘乙二胺分光光度法

HJ 590—2010　环境空气臭氧的测定——紫外光度法

HJ 93—2013　环境空气颗粒物(PM_{10} 和 $PM_{2.5}$)采样器技术要求及检测方法

HJ 799—2016　环境空气颗粒物中水溶性阴离子(F^-、Cl^-、Br^-、NO_2^-、NO_3^-、PO_4^{3-}、SO_3^{2-}、SO_4^{2-})的测定——离子色谱法

HJ 693—2014　固定污染源废气氮氧化物的测定——定电位电解法

HJ 647—2013　环境空气和废气气相和颗粒物中多环芳烃的测定——高效液相色谱法

HJ 690—2014　固定污染源废气苯可溶物的测定索氏提取——重量法

GB 3768—1996　声学声压法测定噪声源声功率级反射面上方采用包络测量表面的简易法

HJ 706—2014　环境噪声监测技术规范噪声测量值修正

HJ 998—2018　土壤和沉积物挥发酚的测定——4-氨基安替比林分光光度法

GB 17378.3—2007　海洋监测规范第 3 部分:样品采集储存与运输

GB 17378.5—2007　海洋监测规范第 5 部分:沉积物分析

GB/T 21191—2007　原子荧光光谱仪

HJ 613—2011　土壤干物质和水分的测定——重量法

HJ/T 298—2007　危险废物鉴别技术规范

HJ/T 299—2007　固体废物浸出毒性浸出方法——硫酸硝酸法

HJ/T 300—2016　固体废物浸出毒性浸出方法——醋酸缓冲溶液法

HJ 782—2016　固体废物有机物的提取——加压流体萃取法

GB 34330—2017　固体废物鉴别标准通则

GB 5085.1—2007　危险废物鉴别标准腐蚀性鉴别

GB 5085.3—2007　危险废物鉴别标准浸出毒性鉴别

GB 5085.4—2007　危险废物鉴别标准易燃性鉴别

GB 5085.5—2007　危险废物鉴别标准反应性鉴别

GB 5085.6—2007　危险废物鉴别标准毒性物质含量鉴别

HJ 557—2010　固体废物浸出毒性浸出方法——水平振荡法

HJ 997—2018　土壤和沉积物醛、酮类化合物的测定——高效液相色谱法

HJ 962—2018　土壤 pH 值的测定——电位法

HJ746—2015　土壤氧化还原电位的测定——电位法

HJ 784—2016　土壤和沉积物多环芳烃的测定——高效液相色谱法

HJ 695—2014　土壤有机碳的测定燃烧氧化——非分散红外法

HJ 615—2011　土壤有机碳的测定重铬酸钾氧化——分光光度法

附录B　各类监测分析方法测定项目

方　　法	测 定 项 目
重量法	悬浮物、可滤残渣、矿化度、SO_4^{2-}、石油类
容量法	酸度、碱度、溶解氧、溶解 CO_2、总硬度、Ca^{2+}、Mg^{2+}、氨氮、Cl^-、CN^-、S^{2-}、COD、BOD_5、高锰酸盐指数、游离氯和总氮、挥发酚等
分光光度法	Ag、As、Be、Ba、Co、Cr、Cu、Hg、Mn、Ni、Pb、Fe、Sb、Zn、Th、U、B、P、氨氮、NO_2^-、NO_3^-、凯氏氮、总氮、F、CN^-、SO_4^{2-}、S^{2-}、游离氯和总氯、浊度、挥发酚、甲醛、三氯乙醛、苯胺类、硝基苯类、阴离子表面活性剂、石油类等
原子吸收光谱法	K、Na、Ag、Ca、Mg、Be、Ba、Cd、Cu、Zn、Ni、Pb、Sb、Fe、Mn、Al、Cr、Se、In、Ti、V、S^{2-}、SO_4^{2-}、Hg、As 等
电感耦合等离子体原子发射光谱法	K、Na、Ca、Mg、Be、Ba、Pb、Zn、Ni、Cd、Co、Fe、Mn、Cr、V、As、Al 等
气相分子吸收光谱法	NO_2^-、NO_3^-、氨氮、凯氏氮、总氮、S^{2-} 等
离子色谱法	F^-、Cl^-、NO_2^-、SO_4^{2-}、HPO_4^{2-}、PO_4^{3-} 等
电化学法	电导率、E_h、pH 值、DO、F^-、Cl^-、Pb、Ni、Cu、Cd、Mo、Zn、V、COD、BOD、可吸附有机卤化物、总有机卤化物等
气相色谱法	苯系物、挥发性卤代烃、挥发性有机物、三氯乙醛、五氯酚、氯苯类、硝基苯类、六六六、DDT、有机磷农药、阿特拉津、丙烯腈、丙烯醛、元素磷等
高效液相色谱法	多环芳烃、酚类、苯胺类、邻苯二甲酸酯类、阿特拉津等
气相色谱-质谱法	挥发性有机物、半挥发性有机物、苯系物、二氯酚和五氯酚、邻苯二甲酸酯和己二酸酯、有机氯农药、多环芳烃、二噁英类、多氯联苯、有机锡化合物等
非色散红外吸收法	总有机碳、石油类
荧光光谱法	苯并[α]芘等
比色法和比浊法	I^-、F^-、色度、浊度等
生物监测法	浮游生物测定、着生生物测定、底栖动物测定、鱼类生物调查、初级生产力测定、细菌总数测定、总大肠杆菌群测定、粪大肠杆菌群测定、沙门氏菌属测定、粪链球菌测定、生物毒性实验、Ames 实验、姐妹染色体互换(SCE)实验、植物微核实验等

参考文献

[1] 奚旦立,孙裕生. 环境监测[M].4 版.北京:高等教育出版社,2010.

[2] 杨俊,王鹤茹. 环境工程实验指导书[M]. 武汉:中国地质大学出版社,2015.

[3] 张键.环境工程实验技术[M]. 镇江:江苏大学出版社,2015.

[4] 潘大伟,金文杰. 环境工程实验[M]. 北京:化学工业出版社,2014.

[5] 张莉,余训民,祝启坤. 环境工程实验指导教程:基础型、综合设计型、创新型[M]. 北京:化学工业出版社,2011.

[6] 王琼,尹奇德.环境工程实验[M].2 版.武汉:华中科技大学出版社,2018.

[7] 廖润华,朱兆连,刘媚. 环境工程实验指导教程[M]. 北京:中国建材工业出版社,2017.

[8] 王娟.环境工程实验技术与应用[M]. 北京:中国建材工业出版社,2016.